■ 高等学校网络空间安全专业系列教材

信息安全管理

严承华 陈 璐 主 编
周大伟 刘 鹏 李 强 熊俊芬 副主编

清华大学出版社
北 京

内 容 简 介

本书围绕信息安全管理的知识体系，明确信息安全管理“做什么”，从信息安全风险管理得到的安全需求出发，以信息安全管理的技术和要求为指导，结合组织信息安全系统的建设情况，引入合乎要求的信息安全控制规范中技术和管理的手段及方法，明确在信息安全管理体系的实施中该“怎么做”。全书共 9 章，主要讲述了信息安全管理基础、信息安全管理体系、信息安全风险管理、信息安全等级管理、信息安全管理控制规范、信息灾备管理、信息安全保密管理、信息安全策略管理和信息安全管理政策法规。

本书内容翔实，案例丰富，可作为高等学校网络空间安全、信息安全、信息工程、计算机科学与技术等专业的教材或教学参考书，也可作为相关领域专业技术和管理人员的参考或培训资料。

图书在版编目(CIP)数据

信息安全管理/严承华，陈璐主编. —北京：清华大学出版社，2024.2
高等学校网络空间安全专业系列教材
ISBN 978-7-302-65008-9

Ⅰ. ①信…　Ⅱ. ①严…　②陈…　Ⅲ. ①信息系统－安全管理－高等学校－教材　Ⅳ. ①TP309

中国国家版本馆 CIP 数据核字(2024)第 002525 号

责任编辑：袁勤勇
封面设计：何凤霞
责任校对：韩天竹
责任印制：刘海龙

出版发行：清华大学出版社
网　　址：https://www.tup.com.cn，https://www.wqxuetang.com
地　　址：北京清华大学学研大厦 A 座　　**邮　　编：**100084
社 总 机：010-83470000　　**邮　　购：**010-62786544
投稿与读者服务：010-62776969，c-service@tup.tsinghua.edu.cn
质量反馈：010-62772015，zhiliang@tup.tsinghua.edu.cn
课件下载：https://www.tup.com.cn，010-83470236
印 装 者：大厂回族自治县彩虹印刷有限公司
经　　销：全国新华书店
开　　本：185mm×260mm　　**印　　张：**14.5　　**字　　数：**336 千字
版　　次：2024 年 2 月第 1 版　　**印　　次：**2024 年 2 月第 1 次印刷
定　　价：56.00 元

产品编号：100762-01

在以信息化为核心的新一轮变革中，信息安全的地位和作用日益重要，信息系统面临的安全问题也愈加凸显。从信息系统到系统平台，纵横交错的往来信息无一不处于信息安全系统中，构成了实时的、无缝隙的、全方位的安全保障屏障。

信息化发展到现阶段，单纯的管理或技术都不能解决信息安全问题，我们要做的是确定控制点和控制目标。就单个的控制点而言，不论是采用管理手段还是技术手段，清晰地定义信息安全的控制点，然后去实现控制目标，是信息安全管理体系化的主要特点之一；就全部控制点而言，应该是相互关联的，是系统化的，而不是各自为政的。因此，随着信息化的建设、应用的深入发展，对信息管理人员的知识素质提出了新的要求，迫切需要其全面熟悉掌握如何进行信息安全风险评估与风险管理，如何进行等级保护，以及如何建立和实施信息安全管理体系等内容，为进一步提高信息安全保障能力奠定基础。

本书共9章，内容涵盖了信息安全管理概念和现状，信息安全风险管理、信息安全等级管理、信息灾备管理、信息安全保密管理、信息安全策略管理、信息安全管理政策法规等实现信息安全管理体系所需的具体安全技术和标准规范，信息安全管理体系的建设和实施，信息安全管理控制规范和信息安全保障体系等以明确安全管理与保障的内涵及具体操作方法。

本书在信息安全管理内容编排中加入相关工作法规制度，并将人员管理、资产管理、物理环境安全管理、通信和操作管理中的内容根据工作实际进行裁剪，并补充相关案例、融入优秀成果，以便于案例教学、模拟场景、研讨等实践教学环节的组织实施，满足融合式培养的要求。

本书的编写和出版得到了海参机要局、海军工程大学教保处和信息安全系的大力支持，还得到了高校教学改革项目和教材编写项目的立项支持。在本书的编写过程中，参阅了大量相关书籍、论文和国家标准，在此向相关作者表示感谢。

由于编者水平有限，时间仓促，书中疏漏和不妥之处在所难免，恳请读者批评指正。

编　者

2023年12月

目录

第1章 信息安全管理基础 /1

第2章 信息安全管理体系 /26

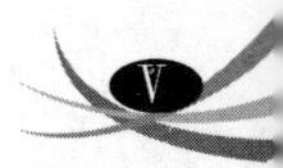

第1章 信息安全管理基础

信息安全管理是信息安全保障的重要组成部分，是保障信息系统安全的有力手段。推进信息化建设，必须高度重视信息安全管理工作，建设可靠的信息安全保障体系，确保信息安全。本章对信息安全管理、信息安全管理相关概念、信息安全保障体系等内容进行阐述。

1.1 信息安全管理概述

1.1.1 信息安全概况

21世纪是计算机和网络技术快速发展的信息时代，人类社会在经历了机械化、电气化之后，进入了全新的信息化时代，信息无所不在。信息、物质和能量是组成任何系统的三大要素。美国著名未来学家阿尔温·托尔勒说过："谁掌握了信息，控制了网络，谁将拥有整个世界。"目前，信息产业已超过机械、石油、电力、钢铁等传统产业，成为当前世界上的第一大产业。信息和信息技术每时每刻都在影响着人们的生活和工作。人们利用计算机和通信网络可以方便地交换信息，改善生活质量，提高工作效率，降低生产成本，提高管理水平。信息就如同水、电、石油等资源一样已成为人类不可或缺的基础资源，也逐渐成为各个国家高度重视的战略资源。然而，信息技术是一把双刃剑，网络信息和服务在给合法用户带来便利的同时，也面临着各种各样的安全威胁：敌对势力、黑客和恶意软件对网络上的信息进行肆无忌惮的攻击破坏；网上海量的新闻、图片、视频的真伪令人难以区分；在电子政务、电子商务和电子金融等各种信息化活动中，交易数据的真实性和可靠性无法确保；网络有害信息肆意泛滥、个人隐私数据大规模泄露严重危害网民的身心健康和社会安定。信息安全已经成为国家安全的重要方面，如果解决不好将直接危及国家的经济、金融、政治和国防安全。

"安全"一词并没有统一定义，对安全的基本含义可以理解为：客观上不存在威胁，主观上不存在恐惧。信息安全指保证信息在传输、存储和变换过程中的机密性(confidentiality)、完整性(integrity)、不可否认性(non-repudiation)、可控性(controllability)及可用性(availability)等基本安全，即保证信息系统(包括硬件、软件、数据、人、物理环境及其基础设施)在运行过程中不因偶然或者恶意的原因遭到破坏、更改、泄露，能够连续可靠正常地运行，信息服务不中断，从而实现业务连续性。

1.1.2 信息安全的基本需求

1. 信息安全面临的威胁

网络环境下的信息安全体系是保证信息安全的关键，包括计算机安全操作系统、各种安全协议、安全机制（数字签名、消息认证、数据加密等）。信息系统所面临的威胁来自很多方面，并且随着时间动态变化，这些威胁可以宏观地分为自然威胁和人为威胁。

自然威胁主要由于自然界不可抗因素，如地震、洪灾、火灾、电磁辐射和干扰、各种软硬件设备自然老化或出现故障、操作人员的误操作等，对这类威胁的防治主要是根据威胁的来源，增加系统可靠性、进行数据备份等。

人为威胁是对信息的人为攻击，主要指偶发性威胁、蓄意入侵、计算机病毒等，这些攻击手段都是通过攻击系统弱点，以便达到破坏欺骗、窃取数据等目的。人为攻击又可分为被动攻击和主动攻击。

1）被动攻击

被动攻击主要是对系统的保密性进行攻击，如搭线窃听、对文件或程序的非法复制等，以获取他人信息。被动攻击又分为两类：一类是窃取消息的内容；另一类是进行业务流分析，即通信双方对通信内容进行加密处理后，敌人虽然无法从截获的密文消息得到消息的具体内容，但却有可能从中获得消息格式、通信次数和消息长度，以此判断双方位置，确定双方身份，这些信息对通信双方来说可能是敏感的。例如，电子邮件用户不想让他人知道自己正在和谁通信、电子现金的支付者不想让别人知道自己正在消费等。被动攻击没有对截获的消息做任何修改，因而是难以检测的，所以对抗被动攻击的重点在于预防而非检测。

2）主动攻击

主动攻击指攻击者对截获的数据流进行篡改、删除或产生某些假数据流来对通信双方的正常通信进行扰乱和破坏。主动攻击大致可以分为以下 4 类。

（1）中断（interruption）。

中断指破坏通信网络的可用性，使发送方无法发送信息，或发送的信息无法被接收方正常接收。例如，攻击者对发送方进行拒绝服务攻击，或切断其线路连接，使其无法提供服务，破坏其可用性。

（2）篡改（modification）。

篡改指攻击者对通信网络中传输的数据进行篡改，破坏消息的完整性。例如，修改数据库文件中的数据、替换某一程序使其执行不同的功能、修改网络中传送的消息内容等。

（3）伪造（fabrication）。

伪造指攻击者冒充合法用户身份伪造虚假信息并通过通信网络传送，使接收方无法分辨真伪，是对消息真实性的攻击。

（4）抵赖（repudiation）。

当交易一方发现交易行为对自己不利时就有可能对之前的交易行为进行抵赖或否认。抵赖包括发送方的抵赖和接收方的抵赖两种情况。例如，发送方发出某个订货请求后声称自己没发过，或接收方收到某个订货请求后声称自己没收到。

2. 信息安全要素

为了防御信息系统面临的各种安全威胁，一个安全的信息系统应该实现的安全要素包括以下几方面。

（1）设备安全，即保障存储、传输、处理信息的设备的安全，具体包括设备稳定性、设备可靠性及设备可用性。信息系统设备稳定可靠的工作是第一位的安全，是信息系统安全的物质基础。

（2）数据安全，即确保通信网络中传输的信息（数据）本身的安全。数据安全主要包括确保数据的“五性”，即机密性、完整性、可用性、可控性和不可否认性，其中保密性、完整性和可用性是数据安全的核心属性。机密性指要求只有合法的发送方和接收方才能获得消息内容，其他非授权者无法获知消息内容。完整性指数据是正确的、真实的、完整无缺的，在存储和传输过程中未被篡改和破坏。可用性指信息可被合法用户正常访问并随时使用的特性。可控性指网络系统和信息在存储和传输过程中的可控程度。不可否认性指通信双方在通信过程中不可否认或抵赖本人的真实身份、发送信息的行为和信息的内容。

（3）内容安全，即确保通信网络中传输的信息内容在政治上是健康向上的，在法律上是合法合规的，在道德上是与中华民族优良传统相一致的。

（4）行为安全，包含行为秘密性、行为完整性和行为可控性，是一种动态的安全性。行为秘密性指行为的过程和结果不能危害数据的秘密性。行为完整性指行为的过程和结果不能危害数据的完整性，行为的过程和结果都是可预期的。行为可控性指当行为的过程偏离预期时，能够发现、控制并纠正。

3. 信息安全的特点

信息安全具有系统性、相对性、有代价性和动态性 4 个特点。

1）系统性

系统性包含两层含义：其一，信息安全的解决方案需要各种安全产品、技术手段、管理措施有机结合起来，而不能通过几项离散的安全产品或技术手段来解决安全问题；其二，信息安全不仅是单纯的技术性问题，还与管理、法律、道德及人们的行为模式等紧密联系在一起，需要综合考虑各方面的因素来解决。

2）相对性

任何信息系统的安全都是相对的，没有永不可破、绝对完善的信息安全系统。

3）有代价性

信息系统安全存在代价和成本问题，作为安全管理者和安全技术的提供者，应该注重权衡安全性和所耗费的代价这两方面的因素。如果只注重效率和开销，就必定要以牺牲安全作为代价；如果只关注安全性，成本就会上升。

4）动态性

信息安全与威胁互为矛盾，处在不断变化和发展的过程中，其敏感性、竞争性和对抗性都是很强的，这就需要不断检查、评估和调整相应的安全策略。安全无止境，并不存在一劳永逸的信息安全解决方案，也没有一蹴而就的安全。

1.2 信息安全管理相关概念

1.2.1 信息安全管理概念

1. 信息安全管理概念

信息安全管理是组织为实现信息安全目标而进行的管理活动，是组织完整的管理体系中的重要组成部分，是为保护信息资产安全，指导和控制组织关于信息安全风险的相互协调的活动。信息安全管理是通过维护信息的机密性、完整性和可用性等，管理和保护组织所有信息资产的一系列活动。

信息安全是"三分技术、七分管理"。技术是物质的基础，管理是行动的灵魂。建立和健全信息安全管理体制，明确各级组织和专业主管部门的职责，是信息安全的组织保证。同时还要明确这些组织机构如何实施管理，即不仅要知道谁来干，还要知道应该怎么办，也就是说，要有相应的行为原则和运行机制。

信息安全管理是信息安全保障体系建设的重要组成部分，对于保护信息资产、降低信息系统安全风险和指导信息安全体系建设具有重要作用。信息安全管理涉及信息安全的各方面，包括制定信息安全政策、风险评估、控制目标与方式选择、制定规范的操作流程、对人员进行安全意识培训等一系列工作。

2. 信息安全管理体制概念

信息安全指信息系统正常运转，信息资源保持真实性、完整性和可用性的一种状态。信息安全管理，则是指围绕防止信息系统、信息资源、信息设备免受损坏、破坏和攻击而展开防护行动，保护信息系统正常运转，保证信息的真实性、完整性和可用性而采取的能动性活动。信息安全与国家的防务活动密切相关，可能影响其他相关信息的安全问题。因此，不能仅仅将信息安全看作是内部的事，而应当看作是整个国家、整个民族成败兴衰和生死存亡的大事情。信息安全管理是人类社会有组织的行为，人即是管理者，是管理活动的主体。在信息时代，信息发挥着越来越大的作用，信息活动渗透于社会活动的各个领域。这使得信息安全管理活动成为一种社会性的活动，不是由几个人或几个组织能够单独地胜任和完成的，需要形成一个社会化的管理体系，其中也就包括有信息安全管理体制。

信息安全管理体制是负责信息安全的管理机构设置、职责分工及其相互关系的制度。其通常由一系列的法规来体现，并作为管理的依据。从总体上看，信息安全管理体制由 4 个层次构成：一是信息化领导管理体制，二是指挥体制，三是信息安全的政策制定与行政指导机构，四是信息安全的技术监督与技术服务机构。前两个层次，是平时与战时整体管理中对两种状态下信息安全方面的专项管理；后两个层次，从专业化行政指导和技术监督服务两方面，履行对信息安全的专业管理。这 4 个层次各有自己的体系，即行政领导管理体系（随着建设发展的历史阶段形成）、指挥系统（视实际需求确定）、信息安全与保密管理系统和信息安全技术监测、服务支持系统。除了技术系统外，其他两个体系或系统都是纵向的树状管理体系。在行政领导管理体系中，建立有信息化领导小组、信息化专家咨询委员会和信息化工作办公室，以及各大单位相应管理机构的全新体制。这一新体系理所当然地担负着信息安全的管理职责。

信息安全不仅需要依靠平时努力，在信息化建设过程中，要时时处处关注信息安全工作，为取得国家的信息优势地位做出积极贡献。而且要将信息安全意识贯穿于斗争准备当中，采取多种形式，创新信息安全防护技术，开发信息安全产品，加强对信息的安全防护。防护对象既包括信息资源本身，又包括各种实用信息系统，提高信息设备、信息化武器装备的抗辐射、抗干扰、抗病毒、抗打击等信息防护能力。

3. 信息安全管理模型

信息安全管理从信息系统的安全需求出发，以信息安全管理相关标准为指导，结合组织的信息系统安全建设情况，引入合乎要求的信息安全等级保护的技术控制措施和管理控制规范与方法，在信息安全保障体系基础上建立信息安全管理体系。信息安全管理模型如图 1-1 所示。

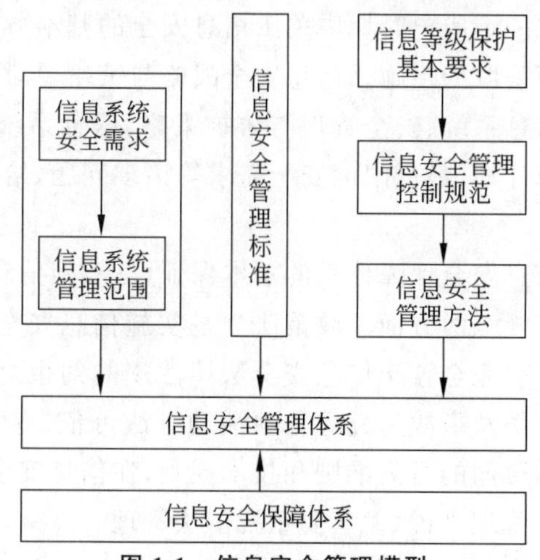

图 1-1 信息安全管理模型

信息系统安全需求是信息安全的出发点，包括保密性需求、完整性需求、可用性需求、抗抵赖性需求、可控制性需求和可靠性需求等。信息安全管理范围是由信息系统安全需求决定的具体信息安全控制点，对这些实施适当的控制措施可确保组织相应环节的信息安全，从而保证整个组织的整体信息安全水平。信息安全管理标准是在一定范围内获得的关于信息安全管理的最佳秩序，是对信息安全管理活动或结果，规定共同的和重复使用的具有指导性的规则或特性的文件。

信息安全管理控制规范是为改善具体信息安全问题而设置的技术或管理手段，并运用信息安全管理相关方法来选择和实施控制规范，为信息安全管理体系服务。信息安全保障体系则是保障信息安全管理各环节、各对象正常运作的基础，在信息安全保障过程中，要实施信息安全工程。

1.2.2 信息安全管理主要内容

信息安全管理研究的主要内容包括管理体制、战略和策略、法规标准、风险管理、等级管理、测评认证、应急响应、人员管理、资产管理、效能评估及建设管理等。

1. 管理体制

管理体制指为了信息安全管理目标的顺利达成，建立合理的信息安全管理组织机构，并依据相关运行机制有效实施管理措施而进行的一系列调控活动。通过建立合理的信息安全管理的组织机构、配备恰当的人员，实现人与人的协作和人与事的配合，形成功能完备的信息安全管理运行机制，为信息安全管理工作的高效运行和顺利实现提供优质的组织保障。

信息安全管理体制涉及行政机构设置、权限划分、构成及任务区分、隶属关系等，从宏观上确定了信息安全管理体系的结构，对信息安全管理的人员、资产、技术、设备、环境、体制编制、政策法规、标准规范、管理理论、管理方法、教育训练、政治工作及后勤保障等各方面进行优化配置，提高信息安全管理效益，形成高效运行机制。

2. 战略和策略

信息安全战略是在一定历史时期内关于信息安全的基本方略。信息安全策略管理是为实现信息安全战略而采取的措施。信息安全战略与策略要对信息安全威胁、安全环境、需防护的关键信息与信息系统、安全管理与防护策略、信息系统内部的多级防护流程、应急响应组织与技术保障计划、最低限度安全需求等诸多问题，给出科学、明确的回答。

3. 法规标准

法规标准是构建信息安全保障体系的基本保证，是实施信息安全管理的基本依据，主要包括政策法规和标准规范两方面。政策法规是实施信息安全的政策依据和法律保障，各项安全保障活动都必须完全置于信息安全法律法规的约束之下，使信息安全保障的规划、建设、管理、使用、评估及事故追究等各项活动有法可依、有章可循。标准规范是建设信息安全保障体系必须遵循的行为准则和技术规则，在信息安全保障过程中具有权威性、强制性。对于信息安全管理来说，尤其要重视依法管理。

4. 风险管理

风险管理指在风险分析的基础上，通过风险辨识、风险评估和风险评价，以可接受的费用识别、控制、降低或消除可能影响信息系统的安全风险的过程。风险管理是识别、控制、降低或消除安全风险的活动，通过风险评估来识别风险大小，通过制定信息安全方针，采取适当的控制目标与控制措施对风险进行控制，使风险被避免、转移或降低至一个可被接受的水平。在风险管理方面应考虑控制费用与风险之间的平衡。

信息安全风险管理在确定信息安全需求的基础上，根据风险评估的结果，一般采取降低风险、避免风险、转移风险、接受风险和残余风险等方法进行相应的风险管理。这些是信息安全风险管理行之有效的几种措施。

5. 等级管理

等级管理指为了信息安全管理目标的顺利达成，遵循各部门、各单位业务分级管理的内在规律，从保障业务分级管理需求出发，分类分级保护业务信息资源安全，保障信息系统安全连续运行。信息安全等级管理涉及分类规则、分级规则、安全需求、等级划分，以及针对各级各类的信息安全保护措施的制定等管理内容。

6. 测评认证

测评认证指为了信息安全管理目标的顺利达成，对有关信息安全产品的安全性进行测评和认证的管理活动。信息安全产品和信息系统固有的敏感性和特殊性，直接影响着国家的安全利益和经济利益。当下，对信息技术的安全、可信的要求十分迫切，安全性测评与认证已成为信息化时代的客观需求。对信息安全测评和认证的管理涉及建立一批有资质的测评机构、协调配合的信息安全测评认证体系、颁布安全标准及实行测评与认证制度（采取第三方测评与认证方式，统一监督和管理），对信息、信息安全产品的研制、生产、销售、使用和进出口实行严格有效的控制和管理。

7. 应急响应

应急响应指为应对网络与信息安全突发事件，确定领导和组织机构，建立工作机制和处置流程，制定和实施预定方案，以及采取检测、预警、保护、响应、恢复、反制的安全策略和技术措施的过程。

8. 人员管理

人员管理是体现以人为本管理原则的最基本的工作内容与活动方式，也是信息安全管理当前面临的重大课题。信息安全人员管理研究的主要方向包括人员编配、调整、培训，以及日常的人事管理等其他组织工作。

9. 资产管理

资产管理指对信息系统中所有与信息安全资产相关的安全问题和环节进行的管理。信息安全资产管理主要可分为信息安全设备管理、信息安全数据和软件管理等。

10. 效能评估

效能评估指为了信息安全管理目标的顺利达成，信息安全管理人员运用掌握的管理资源与信息作用于信息和信息系统，确保信息和信息系统处于安全可用状态，形成对信息和信息系统的安全管理效果。信息安全管理效能是完成管理任务程度的一种定量描述。信息安全管理效能与其所处管理环境、完成规定的管理任务有关，条件不同、规定的管理任务不同，效能也会不同。信息安全管理效能评估是从系统观点出发，运用系统科学、数学知识对系统中各管理方案完成特定信息安全管理任务程度所进行的对比分析。效能分析的目的在于为决策者选择最佳方案提供科学的数量依据。

11. 建设管理

建设管理是信息安全管理一项不可或缺的内容，是信息安全管理的关键环节。信息安全建设管理主要包括安全理论建设管理、安全设施建设管理、安全保障建设管理等内容。

1.3　信息安全保障体系

随着全球信息化进程的迅猛发展，信息安全作为信息化时代国家安全的重要组成部分，地位和作用日益突出。信息安全保障直接关系国家安危和战争胜负。推进信息化建设，必须高度重视信息安全保障工作，建设可靠的信息安全保障体系，确保信息安全。

1.3.1 信息安全保障概述

随着信息安全保障的范畴不断拓展延伸，信息安全保障工作的内涵和特征也随之发展变化。科学把握信息安全保障工作的内涵、特征和地位作用，是构建信息安全保障体系的前提。

1. 信息安全保障工作的内涵

信息安全保障工作就是综合运用技术、管理、法规和相关力量，通过有效抵御侦察窃密、攻击破坏、技术故障和自然灾害等威胁，确保信息安全而采取的活动。

与传统的保密概念相比，信息安全保障工作的内涵有了明显拓展：信息安全保障范围，由过去的文档保密，发展到保障信息内容安全、信息交互安全和信息认知安全。信息存储的数字化和信息传播的网络化，使得每一台设备、每一名工作人员都成为安全保障的节点，电磁空间和网络空间成为信息安全保障的主要领域。因此，信息安全保障工作范围更广，涉及对象更多，任务更加繁重。

信息安全保障环节由过去的信息加密、通信抗干扰发展为风险评估、监测预警、安全防护、应急响应、灾难恢复和信息反制等多个环节构成的完整体系。

信息安全保障力量由过去个别部门的少数力量，发展为情报、通信、频管、保密、保卫等多个部门的力量，专业类型涵盖了安全防护、监测预警、测评认证、技术安全检查、应急响应、信息反制等多个类别。

信息安全保障工作性质由过去的保障性工作，发展为信息相关工作的重要方面。信息安全保障工作，既是服务建设的保障活动，又是在网络空间和电磁空间抵御敌对势力攻击破坏、保卫国家安全的活动，直接关系体系能力的形成和信息化建设效益的发挥。

2. 信息安全保障工作的主要特征

信息安全保障工作的特征主要包括保护对象的广泛性、安全防护的系统性、攻击防御的统一性、安全保障的动态性等。

(1) 保护对象的广泛性。

信息安全的保护对象涉及所有以声、光、电、磁、纸、胶片或其他约定形式为介质或载体的信息资源，以及各类信息系统和信息基础设施等。

(2) 安全防护的系统性。

信息安全保障工作涉及信息化建设的各个领域，是一项政策性、技术性极强的系统工程。涉及信息安全保障工作的组织管理、安全法规的制定与落实、安全环境的基础条件、信息系统的网络拓扑、信息资源配置、网络设备和安全设备配置，以及用户及管理员的技术水平、道德素养、职业习惯等诸多因素。为适应信息系统一体化结构的发展趋势，信息安全保障工作必然要成体系发展。

(3) 攻击防御的统一性。

信息攻击与信息安全防护是信息安全保障工作不可或缺的两种手段。必须密切跟踪敌对势力信息攻击技术发展情况，全面评估安全防护水平和抗攻击能力，有针对性地采取防范措施，不断提高信息防御能力。与此同时，还要努力发展多种信息攻击手段，实现以攻促防、攻防结合。

(4) 安全保障的动态性。

信息安全威胁技术的不断发展,要求信息安全保障工作必须及时调整安全策略,提高“风险检测、实时响应、策略调整、风险降低”的自适应能力,在动态中确保有效防护。固守一成不变的安全策略和方案,只会降低安全保障作用。

3. 信息安全保障目标

以信息化建设需求为牵引,应用深度防御的战略思想,构建符合航空航天、数据链、办公自动化、业务信息处理等信息系统安全需求的信息安全保障体系。

应用先进的信息技术和信息安全技术,构建和完善适应信息安全保障,防范可能发生的信息攻击和破坏,将信息安全事件造成的损失减少到实际应用可接受的限度,确保网络基础设施和信息系统,以及重要数据的机密性、完整性、可用性和可控性,实现对信息基础设施和信息系统的全面安全防护,形成信息安全防护、安全控制、反击威慑的能力,使信息安全保障体系的总体保障能力达到发达国家的同等水平,为信息系统的信息安全提供全程、全时、全方位的信息安全保障。

4. 信息安全保障要求

信息安全保障体系的构建应坚持积极防范、技管并举、体系防护的原则,总体要求如下:以风险管理(包括供应链风险管理)为前提,涵盖预警、防护、检测、响应和恢复等环节;以信息安全保障体系框架为总体技术依据,贯穿信息系统全寿命周期,运用信息系统安全工程方法,按照“规划—实施—检查—处理”的过程持续改进,符合信息安全相关法规标准的要求。

具体来说,信息安全保障要求包括组织管理要求和技术要求。

组织管理要求包括:建立信息安全保障的统一的权威管理机构,全面推进整体发展;增强安全责任和危机意识,加强安全培训和教育;建立以信息管理、风险管理、策略管理、网络防护管理、运行监管、应急响应、测评认证和密码管理为核心的一体化管理保障体系;形成系统完善、科学合理的信息安全管理、指挥、监控、调度与协调能力;健全信息安全保障法律法规,完善相关标准规范。

技术要求包括:加强信息安全保障顶层规划设计,快速提升体系对抗能力;加强信息安全基础技术研究,确保关键技术独立自主;加强信息基础设施建设,解决重“建”不重“管”问题;建立整体的安全机制,提升信息安全技术保障能力;统一设计规范标准,确保信息系统安全互联互通。技术要求可归纳为信息处理安全保护能力,以及信息网络与边界防护两方面的能力需求。

1.3.2 信息安全保障体系框架

信息系统,指领域内信息获取、传递、存储、加工、维护和使用的系统。信息安全保障,指综合运用以密码为基础的信息安全技术,以及法律、管理、教育等手段,积极应对新变革的挑战和各种现实威胁,有效保护信息系统的安全,保证信息的机密性、完整性、可用性,为建设信息化,打赢信息化战争提供安全保障的活动。

信息安全保障覆盖各个部门、各个信息领域、各项业务工作,贯穿信息和信息系统的全生命周期和全过程,涉及各个层次,支撑各个信息系统的应用。就其结构形式来说,是一个全方位、多层次的多维立体结构。

1. 总体结构

按照深度防御的战略思想和“人-技术-运维”的信息安全保障理念，依据信息安全保障总目标，信息安全保障总体框架由组织、管理、技术三维组成，如图 1-2 所示。

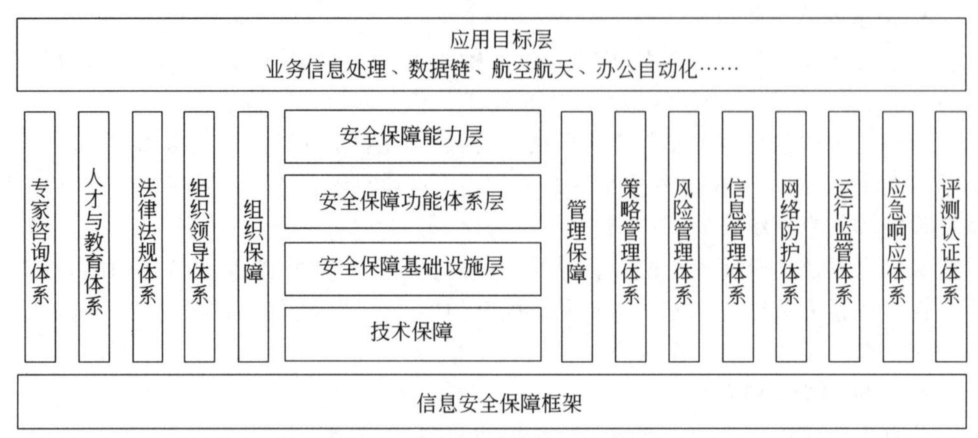

图 1-2 信息系统框架总体结构

其中，组织保障主要指实施信息安全保障的机构、人员，以及法规、制度等，是信息安全保障行为的主体，也是信息安全保障所依赖的组织基础和基本队伍。其主要包括组织领导体系、法律法规体系、教育培训体系、专家咨询体系和人才培养体系等。其核心是健全领导体制，落实机构设置，明确人员编制和职责分工，建立为保证信息和信息系统安全所必需的法律、法规、条例、规章、制度，以及安全策略、安全规划、技术标准，确保信息化建设和管理有法可依，有案可循，协调各职能部门、各机构人员在信息安全保障工作中的分工和合作，并对人员实施管理、作用、培训、考核和监督，发挥组织领导、专家队伍、专业人员的积极性和创造性，保证安全目标的实现。

管理保障指为了保障信息安全所采取的一系列活动，是信息安全保障体系的重要组成部分。由实施安全管理的机构和人员，依据相关法规、政策和策略，综合运用技术体系提供的物资基础设施、功能和技术手段，通过建立的策略管理体系、风险管理体系、信息管理体系、网络防护体系、运行监管体系、应急响应体系和测评认证体系，实施信息安全保障的具体操作和调度控制，实现目标管理、过程管理、监督控制管理。

技术保障指信息安全保障所提供的设施、功能和能力的总称，是信息安全保障全部活动所依赖的物质基础和技术基础。按照“基础、功能、能力、目标”来划分，可划分为 4 层，即信息安全保障的基础设施层、功能体系层、能力层和应用目标层。

信息安全保障基础设施层指：①各业务职能部门为实现通用或特定信息的采集、加工、预处理所建设的信息处理基础设施；②以骨干网络、地区网络为主体的计算机网络和其他信息网络基础设施，以及为保护网络安全运行所建设的防护设施；③以保障信息和信息系统机密性、完整性、不可抵赖性为目的，以管理为主体的基础设施。

信息安全保障功能体系层指技术保障体系（主要指信息安全基础设施）必须提供的安全保障功能，包括信息防护体系、网络与边界保护体系、网络信任体系、装备保障体系、安

全服务支撑体系、信息系统安全工程体系等。

信息安全保障能力层是技术保障根本能力的体现，主要指形成“信息处理安全保护能力”和“网络及其边界保护能力”。

应用目标层指信息化条件下开展的各种应用，如航空航天、数据链、办公自动化和业务信息处理等，应用目标是信息安全保障的根本要求。

2. 主要环节

信息安全保障的主要环节包括预警、防护、检测、响应和恢复。

1）预警

预警环节应采用风险评估的方法，利用共享的信息及时预测风险并进行有效提示和警告，应做到以下4点。

（1）利用传感器网络构建信息共享能力，并形成信息分析能力；

（2）针对潜在的和正在进行的攻击进行分析，建立有效的提示和警告，主要的攻击类别举例可参考表1-1；

（3）为预警和预警信息的快速分发制订政策、程序和流程；

（4）融合各种情报信息、传感器数据、分析数据及其他信息到预警流程中。

表1-1　攻击类型列表

攻击类型	描　述
被动攻击	包括流量分析、监视未受保护的通信、解密弱加密的数据流、获得鉴别信息（如口令）。被动攻击可导致信息或数据文件在用户未察觉的情况下泄露给攻击者。例如，信用卡号和医疗文件等个人信息遭到泄露
主动攻击	包括企图绕过或破坏系统的保护特性、引入恶意代码及窃取或修改信息。其实现方式包括攻击骨干网络、利用传输中的信息、对某个区域边界进行渗透或攻击某个正在设法连接到一个物理和逻辑区域上的合法的远程用户。主动攻击所造成的结果包括泄露或传播数据文件、拒绝服务或更改数据
临近攻击	指未授权的个人以更改、收集或拒绝访问信息为目的而在物理上接近网络、系统或设备。实现临近攻击的方式是偷偷进入或开放访问，或两种方式同时使用
内部人员攻击	可以是恶意的或非恶意的。恶意内部人员攻击可以有计划地窃听、窃取或损坏信息；以欺骗方式使用信息，或拒绝其他授权用户的访问。非恶意内部人员攻击则通常由疏忽、缺乏技术知识或为“完成工作”等无意间绕过安全策略的行为造成
分发攻击	指在产品分发过程中恶意修改硬件或软件。这种攻击可在产品中引入“后门”程序等恶意代码，以便日后在未获授权的情况下访问信息或系统功能

2）防护

防护环节应采用纵深防御策略和宽度防御策略对保障对象进行分等级保障，以保护信息和信息系统的可用性、完整性、真实性、保密性和不可否认性。

在防护阶段组织会根据信息系统安全事件的指导方针和处理原则建立起相应的规章制度，包括：应急值班制度，针对已知和未知攻击的应急响应预案、预警和报警的方法、备份机制。在此阶段，相关部门还要协调信息系统的各部门共同检测系统的安全性和进行相关人员的安全培训等。

3）检测

检测环节应对部署的安全产品、集成安全产品后信息系统和相应基础设施的安全状况进行检测，以判断是否达到设计要求，并能为进一步采取防护措施提供依据，包括：

（1）安全产品应通过相应主管部门授权机构的测评认证；

（2）安全状况检测应对安全产品集成到信息系统后是否能协调一致地完成安全功能，功能是否达到设计要求做出判断；

（3）应建立动态的检测和报告机制，提高检测的实时性。

在检测阶段，主机的安全由驻留主机的预警和报警代理进行监控，网络的安全通过防火墙、入侵检测、网络通信分析、病毒检测等进行监控，同时还对系统自身的安全状况进行定期的自检，当发现有可能或已经存在安全事件时，按预定方法进行警告。

4）响应

响应环节是在已确认紧急事件发生的情况下，根据应急响应预案进入应急反应流程，运用有效的工具和能力对信息安全事件做出反应，此时要及时通知其他相关部门避开攻击，并通过网络监控设备和系统应急响应监控软件阻断正在侵犯系统的行为，缓解系统的负载和网络的流量，识别进攻源，并通过路由器、防火墙等封堵入侵的源地址，隔离被病毒感染的系统，及时识别并切断它的网络连接，避免信息系统进一步被破坏，当信息系统受到破坏时应使其损失降到最低。此外，还要通过审计系统日志来分析事件发生的起因和系统内部存在的漏洞，并提交系统安全改进建议，避免类似事件再次发生。信息安全事件的应急处理应符合信息安全事件应急处理的有关要求。

5）恢复

恢复环节应采取必要的措施来应对信息安全事件所造成的破坏，以使信息系统从灾难造成的故障或瘫痪状态恢复到可正常运行状态，并将其支持的业务功能从灾难造成的不正常状态恢复到可接受状态。

为做好恢复工作，应按信息系统容灾有关要求做好容灾备份工作。

3. 体系框架

信息安全保障体系框架如图 1-3 所示，其核心是“人-技术-运维”。也就是说，由机构、人员组成信息安全保障行为的主体，借助于技术体系所提供的物资基础和技术能力，全面实施管理体系构成的所有活动，达到信息安全保障的总体目标。

图 1-3 中的要素及关系如下。

（1）输入要求包括系统安全要求、信息安全法规和政策、各环节安全需求及系统体系结构；

（2）信息安全保障体系构建主要涉及人员、技术和运维 3 个要素；

（3）保障对象包括局域计算环境、区域边界、网络及其基础设施；

（4）支持性基础设施负责对保障对象提供信息安全保障服务；

（5）自主可信产品的选用和产品测评认证提供基础性支撑；

（6）输出结果为符合信息安全保障要求和具备完成使命任务的能力。

其中，“运维”指保障信息系统安全运行的过程，包括维护工作。

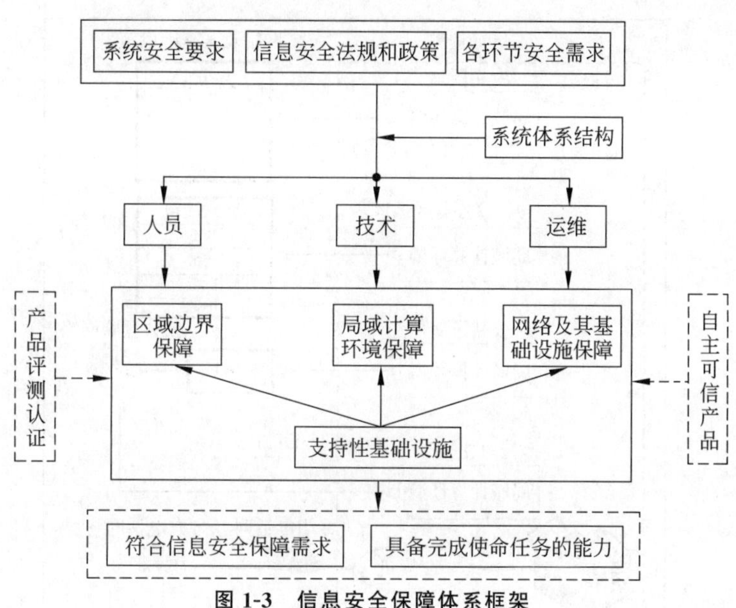

图 1-3　信息安全保障体系框架

1）保障对象和目标

信息安全保障的对象（图 1-4）包括局域计算环境、区域边界和网络及其基础设施。其中，网络基础设施主要包括网络管理系统、域名服务系统等基础设施。而支持性基础设施是保障以上 3 类对象安全的重要基础。

下面分别给出这 3 种保障对象的保障目标。

（1）局域计算环境。

应确保信息在进入、离开或驻留客户机、服务器时的可用性、完整性、真实性、保密性和不可否认性，保障目标是：

① 确保对客户机、服务器和应用实施充分保护，以防止拒绝服务和数据未授权泄露等；

② 确保数据的保密性和完整性；

③ 防止客户机和服务器的未授权使用；

④ 确保客户机和服务器符合安全配置要求；

⑤ 确保对所有客户机和服务器的安全配置进行管理；

⑥ 确保各类应用易于集成，不会造成对安全性的损害；

⑦ 对内部和外部的受信任人员及系统从事的违规和攻击活动具有充足的防护能力。

（2）区域边界。

应对进出指定区域的数据流进行有效的控制和监视，保障目标是：

① 确保对指定区域进行充分防护；

② 针对变化性的威胁，采用动态抑制服务；

③ 确保区域与网络保持可接受的可用性，并能防范拒绝服务攻击；

④ 确保区域间或区域与远程用户所交换的数据受到保护，不被泄露；

⑤ 为区域内由于技术或配置问题无法自行实施保护的系统提供边界防护；

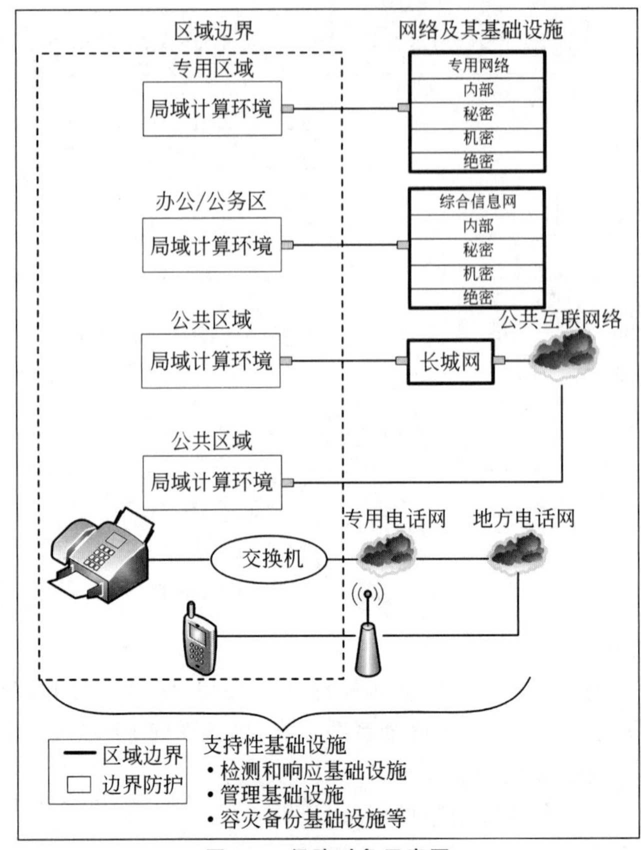

图 1-4 保障对象示意图

⑥ 提供风险管理方法，有选择地允许重要信息跨区域边界流动；

⑦ 对区域内的系统和数据进行保护，避免遭到外部攻击的破坏；

⑧ 对向区域外发送或接收信息的用户提供强制认证及访问控制；

⑨ 确保对进出该"区域"的数据流进行有效的控制措施，包括防火墙、边界防护、虚拟专网及对远程用户的访问控制等。

(3) 网络及其基础设施。

应避免数据传输中的拒绝服务攻击，对传输的数据按照安全策略进行保护，保障目标是：

① 确保整个广域网上交换的数据不会泄露给任何未经授权的网络访问者；

② 确保广域网支持关键任务和数据任务，防止拒绝服务攻击；

③ 防止受保护信息在发送过程中的延时、误传或未发送；

④ 保护数据流分析；

⑤ 确保保护机制不干扰授权的骨干网与局域网间的正常运行。

2) 保障等级

依据所处理信息的密级及信息系统遭到破坏后的危害程度的不同，可将保障等级分为 5 级，如表 1-2 所示。

表 1-2　保障等级划分

等　级	描　述
5	处理绝密信息或遭受攻击破坏后会给安全与利益造成特别严重损害
4	处理机密信息或遭受攻击后会给安全与利益造成严重损害
3	处理秘密信息或遭受攻击后会给安全与利益造成比较严重损害
2	处理内部信息或遭受攻击后会给安全与利益造成一定损害
1	处理公开信息

3）保障策略

在风险管理(包括供应链风险管理)的前提下，应采取如下保障策略。

(1) 多点防御。

应在多点布置保护机制以便对抗所有面临的攻击，这些位置至少包括局域计算环境、区域边界和网络及其基础设施。

(2) 分层防御。

应在攻击者和目标之间分层部署安全机制，每一种安全机制均应包括防护和检测措施。分层防御示例如表 1-3 所示。

表 1-3　分层防御示例

攻击类别	第一层防御	第二层防御
被动攻击	链路和网络层的加密及数据流安全	安全产品应用
主动攻击	保护区域边界	保护计算环境
内部人员攻击	物理和人员安全	经鉴别的访问控制，审计
临近攻击	物理和人员安全	技术方面的监控对策
分发攻击	可信软件开发和发布	运行时完整性控制

(3) 选用可信产品。

选用的产品应通过相应测评认证，宜选用具有自主知识产权的产品。

(4) 部署安全基础设施。

应部署强健的安全基础设施。

① 密钥管理基础设施，以支持其中融合的所有信息安全保障(information assurance，IA)技术，并对攻击具有高度的抵御性。提供密码基础设施，支持密钥、权限、证书管理功能，对使用网络服务的用户进行身份标识。

② 检测与响应基础设施，分析和关联检测结果，并在必要时作出反应。

③ 其他基础设施。

信息安全保障所依赖的物资基础、技术基础，全部体现在技术保障体系的“基础设施层”上。这一层的“信息处理基础设施”“信息网络及其防护基础设施”“密码基础设施”，不是某一个部门、某一个单位所能担当和完成的，是共同事业。特别是“信息处理基础设施”,关系到每一个部门和单位。

4）保障要素

(1) 人。

“人”即组织,是安全保障的核心,是指挥信息安全活动的“神经中枢”。信息安全保障工作的规划、建设、发展、动作、实施等一切活动,全部依赖组织领导体系中的人决策、指挥。相关人员应根据操作过程所总结的规律及其需求,提出机构调整和职责分工等方面的建议;考察、应用、检验技术体系所提供的设施完备性、功能有效性和技术可靠性,对技术能力和手段达不到的领域和环节,加强人工调控力度,并提出应用技术需求。技术的发展和运用,反过来也会影响管理行为和方式、制约机构和队伍的构成要素,甚至提出人员的更迭及其素质要求。因此,对人员应有如下要求。

① 任用的各类人员均应通过相应部门的审查;

② 按安全策略分配角色和责任,落实资源;

③ 对各类人员进行可追溯性管理;

④ 对各类人员进行能力培训及认定(人员能力要求参见表 1-4)。

表 1-4 信息安全保障人员能力要求

能力类别	高级技术人员	中级技术人员	一般工作人员
技术应用能力	全面了解信息安全技术	全面了解信息安全技术	对信息安全技术有一定了解
	深刻理解所应用技术的原理	理解所应用技术的原理	了解所应用技术的技术原理
	深刻理解所应用技术产品的开发过程	深刻理解所应用技术产品的开发过程	理解所应用技术产品的开发过程
	深刻把握所应用技术的应用环境	准确把握所应用技术的应用环境	把握所应用技术的应用环境
	充分了解所应用技术的相关原理	了解所应用技术的相关原理	了解所应用技术相关技术情况
	6 年以上的相关工作经验	4 年以上的相关工作经验	2 年以上的相关工作经验
	3 年以上的相关技术研究或开发经验	2 年以上的相关技术研究或开发经验	1 年以上的相关技术研究或开发经验
技术操作规范	全面了解信息安全技术的操作原则	全面了解信息安全技术的操作原则	了解信息安全技术的操作原则
	熟练掌握所应用技术的基本技巧	熟练掌握所应用技术的基本技巧	掌握所应用技术的基本技巧
	熟练掌握所应用技术的主要工具的使用方法	掌握所应用技术的主要工具的使用方法	能够使用所应用技术的主要工具
	充分了解所应用技术应用环境的操作规程	准确了解所应用技术应用环境的操作规程	了解所应用技术应用环境的操作规程
	6 年以上的相关工作经验	4 年以上相关工作经验	2 年以上的相关工作经验
	3 年以上的相关技术操作经验	2 年以上相关技术操作经验	1 年以上的相关技术操作经验

续表

能力类别	高级技术人员	中级技术人员	一般工作人员
技术管理水平	具有丰富的技术管理经验	具有较丰富的技术管理经验	具有一定的技术管理经验
	全面了解信息安全技术	全面了解信息安全技术	较全面了解信息安全技术
	对所管理的技术原理有深刻理解	对所管理的技术原理有准确理解	对所管理的技术原理有基本理解
	对技术应用环境有充分了解	对技术应用环境有完整了解	对技术应用环境有一定了解
	6年以上的相关管理经验	4年以上相关管理经验	2年以上的相关管理经验
	3年以上的相关技术工作经验	2年以上相关技术工作经验	1年以上的相关技术工作经验

信息安全管理人员，包括处于信息安全保障系统决策层、管理层、执行层等各个层次的管理人员。决策层主要指信息安全保障主管部门的领导人员，负责制订信息安全方面的政策制度和规划计划，对信息安全保障履行全面、统一的指导职能。管理层主要指负责决策实施、协调的人员，对信息资源、网络资源及其他基础设施安全保障等各方面的工作行使组织领导、控制等职能。执行层主要指掌握信息安全保障专业知识和技能的直接从事信息安全保障系统运用和维护的管理人员。

(2) 技术。

技术保障指信息系统安全保障所提供的设施、功能和能力的总称，是信息安全保障全部活动所依赖的物质基础和技术基础。

信息安全技术保障是全面提供信息系统安全保护的复杂系统，保护范围涵盖国防信息基础设施、信息安全保障基础设施和各类信息系统，这些保护范围是一个紧密联系的整体，相互间既有纵深关系，又有横向的协作关系，每个范围都有各自的安全目标和安全保障职责。

针对信息系统不同的业务性质和安全环境，对系统进行分类分级保护。根据按域划分的原则和思想，分为信息网络及边界安全域、信息处理安全域。根据安全策略需要，安全域可以包括多层子域，相互关联的安全域也可以组成逻辑域。信息安全技术保障旨在突出信息网络及边界安全保护能力和信息处理安全保护能力，提高信息系统安全保障的整体效能。

按照“基础、功能、能力、目标”来划分，信息安全技术保障可划分为4层，即信息安全保障基础设施层、功能体系层、能力层和目标层。具体分层结构如图1-5所示。

信息安全保障基础设施层包括信息网络及其防护基础设施、信息处理基础设施。信息网络和信息处理基础设施是信息系统的公共支撑性基础设施，信息网络包括自动化网络、训练信息网、综合信息网络、地域网等各种网络，信息处理基础设施包括公共应用平台、专业应用平台等。

信息安全保障功能体系层包括信息保护体系、网络防护体系、网络信任体系、装备保障体系、安全服务支撑体系、信息系统安全工程体系。信息系统安全工程体系主要指信息安全保障工程的规划、设计、实施、验收等工程理论和技术体系。网络防护体系指信息网

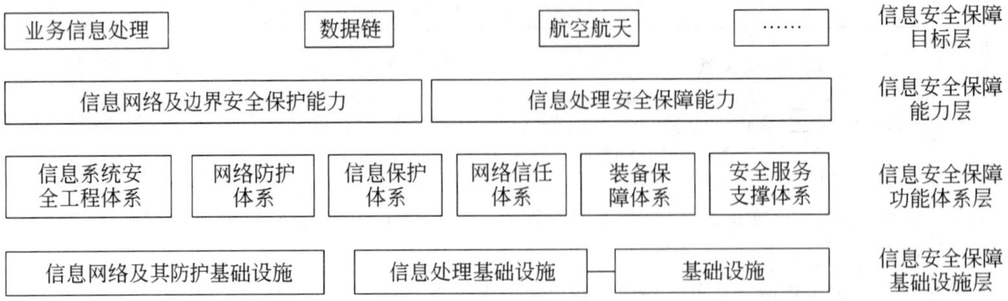

业务信息处理　数据链　航空航天　……　信息安全保障目标层

信息网络及边界安全保护能力　信息处理安全保障能力　信息安全保障能力层

信息系统安全工程体系　网络防护体系　信息保护体系　网络信任体系　装备保障体系　安全服务支撑体系　信息安全保障功能体系层

信息网络及其防护基础设施　信息处理基础设施—基础设施　信息安全保障基础设施层

图 1-5　信息安全技术保障

络安全防护技术体系。信息保护体系指对信息保密性采取的存储加密、传输加密等信息保护技术。网络信任体系指以密码基础设施为核心，为信息系统提供的数字签名、身份认证、访问控制等技术手段而形成的网络信任环境。装备保障体系指为保障信息系统安全所配备的各类信息安全保密装备的使用、调配、维护等装备保障技术和手段。安全服务支撑体系主要指由网络安全防护设施所提供的支撑性技术服务。

信息安全保障能力层是技术保障根本能力的体现，主要指在功能体系层的技术保障支持下，形成信息网络、边界安全防护能力和信息处理安全保障能力，从而为信息安全保障目标层提供全面、系统的信息安全技术保障能力。信息安全保障目标层指信息安全保障的根本要求，是信息化条件下开展的各种应用，如航空航天、数据链、办公自动化、业务信息处理等信息系统。

信息安全保障体系构建时应执行统一的技术标准，包括信息安全基础标准、信息安全技术与机制标准、信息安全管理标准和信息安全应用标准。根据安全技术要求、各环节安全需求和实际运行需求，确定恰当的安全技术措施。安全技术措施的示例见表 1-5。

表 1-5　可选安全技术措施

保 障 对 象	安全技术措施
局域计算环境	● 用户身份鉴别 ● 自主访问控制 ● 标记和强制访问控制 ● 系统安全审计 ● 用户数据完整性保护 ● 用户数据保密性保护 ● 客体安全重用 ● 程序可信执行保护
区域边界	● 区域边界访问控制 ● 区域边界包过滤 ● 区域边界安全审计 ● 区域边界完整性保护
网络及其基础设施	● 通信网络安全审计 ● 通信网络数据传输完整性保护 ● 通信网络数据传输保密性保护 ● 通信网络可信接入保护

(3) 运维。

信息安全的实现,依赖于整个信息安全保障体系的良好运行和维护。要保证信息安全保障体系的运行和维护,必须综合运用信息安全保障的技术手段、专业力量和法规制度,抓好信息安全保障的重要环节,确保信息内容、信息系统、信息基础设施、信息交互、信息认知等方面的安全。信息安全保障体系的运行和维护主要包括以下5方面的活动。

一是应根据组织的使命、业务、资产和技术等方面的特性来确定安全策略。安全策略是用于所有与安全活动相关的一套规则,是系统的行为规范。信息系统的安全策略管理用于协调信息系统的安全机制,统一规范信息系统各过程、各环节的安全行为,是信息安全管理保障的核心活动。策略管理分为决策和实施两个层次。安全管理保障体系的管理机构、管理人员位于执行层。在行动决策之前,要依据信息系统的状态、风险、能力,对已经出现或可能出现的安全事件发出预警报告,由组织保障体系的决策层做出决策、形成策略,由安全管理保障体系的管理机构实施调度控制管理。安全策略分为管理策略和技术策略两个方面。管理策略是面向实体的执行层策略,管理策略根据管理层提出的具体要求,调度其他安全动作体系,实施各种安全管理操作。技术策略是面向管理者的决策层策略,技术策略旨在提供信息处理安全保障能力,提供信息网络与边界保护能力,为决策者提供物资基础和能力基础。安全策略的实施过程是安全策略向安全行为的转化操作过程。在信息系统中,策略管理通常由策略服务器和策略代理来实现。策略服务器负责策略的生成、存储、分发、审计和监督等,策略代理负责策略的解释、实施等。

二是应建立风险评估制度,重要的系统应通过第三方评估。风险评估指运用科学的方法和手段,系统分析网络与信息系统面临的威胁及其脆弱性,评估信息安全事件一旦发生可能造成的后果,及时发现安全漏洞和安全隐患,有针对性地提出防护对策和整改措施,为化解和控制信息安全风险提供科学依据。风险评估是信息安全的基础性工作,是实现风险管理的重要方法和手段,是安全管理最核心的内容。因而,必须努力推动重要信息系统和基础信息网络的风险评估工作,重点是建立信息系统安全风险评估制度,强化对各种潜在威胁、薄弱环节和防护措施进行的可靠性量化分析,定期对信息系统及其安全防护系统达到的安全级别和可信程度进行测试、评价和认证,对重要信息系统统一组织专业力量进行第三方信息安全风险评估和安全级别评估。加强对各种新的安全威胁研究,走攻防互促的路线,确立以攻验防、以攻促防的建设思路,在攻防互验中检验和完善系统、演练战法、训练人才。建立攻防演练常态化机制,建设网络攻防对抗靶场,开展经常性的对抗演练活动,实际检验信息系统的安全防护能力,提高风险控制能力,提升信息安全保障水平。

三是部署的信息安全产品应通过相应的认证,并通过主管部门的认可。信息安全测评认证是堵塞漏洞,降低安全风险,强化保密和防敌破译的根本手段,是技术安全保密工作的重要组成部分,对信息安全起到规范和基础性的作用。信息安全管理以测评认证为准绳,测评认证的范围包括安全设备、安全组织、安全管理和安全审计等内容。信息安全测评认证工作实行统一管理,经批准,成立相应的信息安全测评认证权威机构,由信息安全测评认证中心及其授权中心(实验室)负责实施。用于安全保障的任何密码设备(模块)或系统都必须经过严格的安全测试和独立的安全评估。为确保安全防护产品中的密码质量，由密码分析测评认证中心负责对安全防护产品中的密码进行测评认证。测评对象主要为系统使用的安全防护产品中的密码或密码技术，如防火墙、代理服务器、安全路由器等安全产品中用于敏感信息加密、访问控制、数据完整性保护的密码算法及产品等。

四是组织应建立并实施信息安全管理体系。这里所说的信息指相关的信息内容，在存在方式上，主要体现在信道上所传输的，以及计算机等信息媒体所存储的数据资源。保障这类信息内容的安全是当前乃至今后的主要任务，是关系到各部门乃至各人的具体行为。建立信息安全管理体系的目标，是实现信息及其生命周期内全过程的管理，切实保障其机密性、完整性、可用性、可控性和不可否认性。信息安全管理体系的构成体现在 3 个方面：①信息构成是一个整体，包括各个部门的和个人的信息。因此，保障所有信息的安全要涵盖各个部门，包括每个人员，使之成为一致的行为规范。特别是各个部门建设的信息系统，要落实“谁建设谁负责”的管理责任，每个人都要对自己保管、存储、使用、传输的信息负安全责任。②信息安全管理体系在信息类型上划分保密级别，在时间上覆盖信息的全生命周期。信息管理就是要体现信息的保密等级和使用范围，以及全生命周期内的有效管理。信息有公开、敏感、秘密、机密、绝密之分，使用和传输信息要按级别分范围保管和使用。即使是公开信息，也有使用范围和时间的问题。对于敏感级以上的信息，要按照保密规定采取相应的管理方式。信息的生命周期指从产生、采集、录入、存储、传输、撤除和销毁的全部过程。信息安全管理是一个连续不间断的全过程管理。③信息安全管理集中体现在保密管理上，保障信道上传输信息的机密性是第一位的问题。信息加密存储和传输是网络条件下行之有效的机密性保护手段。使用不使用密码是信息拥有者的责任，保障密码的可用性是部门的职能。在网络化信息化时代，要重视密码基础设施的建设，切实落实密码、密钥在各信息系统的配用和管理，为信息和信息系统的开发者和使用者提供安全机制，落实密码服务，保障信息安全管理。

五是应对信息系统的安全运行状况进行监测，对攻击实施动态的预警、防护、检测、响应和恢复，实现对信息与系统及其行为与内容的完整性、可信性、有效性和一致性监管。在信息安全保障过程中，运行监测体系提供信息网络与信息处理系统运行监测服务，确保信息网络与信息处理系统的可用性、可靠性和可控性，是确保信息畅通和安全保密的重要组成部分，主要指通过行政和法规手段，规范信息基础设施、产品或设备的服务、培训、运行、使用、监控和管理等行为。运行服务管理的内容主要有网络配置管理、网络故障管理、网络性能管理、业务持续性管理等；监测管理的内容包括机构人员、设备环境、制度落实等内容，并提供必要的应急响应和技术咨询服务。应指定专门机构和人员负责日常安全监测管理工作，要定人、定职、定责，建立有效的奖惩措施和责任追究办法，落实安全监管的责任制制度。

1.3.3 信息安全保障的实施

1. 实施流程

信息安全保障建设是一项复杂的系统工程，其直接和应用系统对接，用于提供信息处理安全保护能力，以及信息网络和边界安全保护能力。具体信息系统开展信息安全保障工作时，可按照图 1-6 所示流程开展。

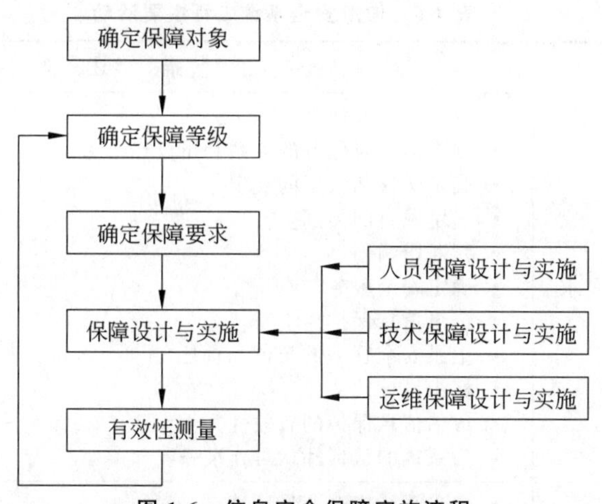

图 1-6　信息安全保障实施流程

1）确定保护对象和保障要求

确定保障对象是建立保障体系的第一步，保障对象可能是局域计算环境、区域边界和网络及其基础设施中的一个或多个的组合，主要包括以下活动：确定保障对象名称；确定保障对象类别；确定保障等级（保障等级划分见表 1-2）。

识别保障要求是明确保障体系要保障的内容，应在系统全寿命周期的各阶段完成如下活动：识别法律法规与合同的要求；进行风险评估并识别由此带来的要求；识别技术应用、措施应用带来的安全要求。

2）保障设计与实施

保障设计与实施是保障体系建设的关键环节，应在系统全寿命周期的各阶段完成如下活动：人员能力识别；人员任用管理；技术能力识别；技术控制措施应用；技术控制措施应用管理；运维能力识别；运维管理。

3）有效性测量

有效性测量是保障体系建设有效性的重要环节，应在系统全寿命周期的各阶段完成如下活动：针对所有保障措施设计有效性测量方法；对有效性测量进行管理；分析保障体系的差距；提出新的保障要求。

信息系统的安全保障应按信息安全系统工程方法实施（各项活动参见表 1-6），并符合《信息安全技术　信息系统安全工程管理要求》（GB/T 20282—2006）。

实施信息安全保障还应考虑系统全寿命周期内的保障。在系统的科研（包括预先研究、立项论证、方案阶段、工程研制阶段、装备试验、设计定型和生产定型）、采购、使用保障及退役和报废阶段应纳入信息安全保障的需求，对信息安全保障建设进行跟踪和管理，同时还要注意收集分析相关信息安全保障活动的数据。

2. 信息安全保障实施现状

目前实施信息安全的管理力量主要分 3 级。各级网络安全防护中心主要配发了以下几类装备：一是边界防护装备，主要有防火墙、隔离网关和接入控制系统；二是安全监控装备，主要有流量采集和流量监控系统、入侵检测系统、信息审计和舆情监测系统；三是安

表 1-6　信息安全系统工程主要活动

活　　动	描　　述
识别信息安全保障需求	• 分析组织的使命 • 判断信息对任务的关系和重要性 • 确定法律和法规的要求 • 确定威胁的类别 • 判断影响 • 确定安全服务 • 记录信息保护需求 • 记录安全管理的角色和责任 • 标识设计约束 • 评估信息保护的有效性 • 为系统的认证和认可作准备
定义系统安全需求	• 定义系统安全背景环境 • 定义安全运行方案 • 制定系统安全要求基线 • 审查设计约束 • 评估信息保护的有效性 • 为系统的认证和认可作准备
设计系统安全体系结构	• 实施功能分析和功能分配 • 评估信息保护的有效性 • 为系统的认证和认可作准备
开展详细的安全设计	• 确保对安全体系结构的遵循 • 实施均衡取舍研究 • 定义系统安全设计要素 • 评估信息保护的有效性 • 支持系统的认证和认可
实现系统安全	• 支持对安全的实现和集成 • 支持测试和评估 • 评估信息保护的有效性 • 支持系统的认证和认可 • 支持安全培训
评估信息安全保障的有效性	• 要在多项活动中评估信息安全保障的有效性：发觉信息安全保障需求、定义系统安全要求、定义系统安全体系结构、开展详细的安全设计以实现系统安全 • “评估信息保护的有效性”中的各项任务和子任务已经列入上述的活动中

全管理装备，主要有安全态势和安全事件处理系统和安全管理系统；四是安全服务装备，主要有防病毒系统、漏洞扫描系统、补丁分发系统和安全认证系统。

下面分别介绍综合信息网和指挥专网安全防护系统装备情况。

综合信息网安全防护系统具有网络边界防护、病毒防范、入侵检测、风险评估、信息监控、数据加密及身份验证等安全防护功能，以“监、管”为主，可实现三级防护，达到接入用户可管、攻击可防、信息可控等防护目标。

指挥专网安全防护系统具有网络边界防护、病毒防范、入侵检测、风险评估、漏洞修复、线路加密及身份验证等安全防护功能，以"防、控"为主，可实现五级防护，达到接入用户可管、攻击可防、信息可控和行为可溯等防护目标。

信息安全保障存在如下的问题。

一是安全态势掌握不全。对隐蔽攻击的发现能力较弱，全面态势感知能力不足，监测手段点位覆盖能力有限，目前有效监测范围仅为全网50%左右。

二是末端管控能力不足。缺乏终端接入和用户上网行为监管手段，违规使用无线设备、乱插乱用移动载体、跨网使用笔记本计算机等破坏网络边界安全的问题屡禁不止。

三是软硬件种类多、型号杂，安全缺陷和漏洞复杂。

各级网络安全防护中心主要依托骨干网络、用户网络安全防护系统、信息安全服务系统和安全防护基础设施，实时监控网络安全态势，综合分析评估安全风险和防护效能，制定和调整安全策略，监测和审计用户、信息、服务的安全性，组织安全事件查处和应急响应，提供安全防护服务保障与技术支持。通过有效的安全管理，最终实现上网用户全员可管、用户行为全时可控、安全责任全程可究。主要工作包括维护管理的信息网络，组织开展策略管理、监测预警、安全服务、应急响应和审计评估等安全管理活动。

1）组织策略管理

网络安全策略指在一个网络环境中关于安全问题采取的原则，对安全使用的要求，以及如何保证网络的安全运行。

信息网络安全策略按技术实现所处的信息层次，可分为物理安全策略、网络安全策略、主机安全策略、应用安全策略和数据安全策略；按技术实现采用的具体方法可分为等级保护策略、加密策略、密钥管理策略、访问控制策略、安全审计策略和灾难恢复策略。首先是制定策略，依据网络安全相关管理法规和标准，结合网络安全防护中心工作实践，针对防火墙、入侵检测、防病毒、补丁分发、漏洞扫描、主机监控、安全认证、网络安全监测、网络接入控制、IP网络保密机、网络交换和网络终端等系统和设备提出详细的安全策略实施要求。然后根据制定的统一安全策略，组织力量对所属网络进行部署和维护。

2）组织监测预警

信息网络安全监测预警是综合运用多级多类安全监测和控制系统，对信息网络实施全时监测、监控和预警。

信息网络安全监测预警的主要任务是掌握安全态势，启动安全预警；对安全事件分析判定、调查取证和处置，纠察违规行为，发布安全通报。

信息网络安全监测预警的重点包括网络病毒传播、网络攻击、违规操作、有害信息发布、网络舆情变化和防护设施异常等情况。

按照"广域监测、局域管控"原则，根据源或目的IP地址所属网络的接入关系，由相应安防中心或自动化站进行协查处置，必要时可根据行政隶属关系协调相应安防中心协查处置。

3）组织安全服务

信息网络安全服务主要包括开展安全防护技术支持服务，实施防病毒、补丁升级和安全认证等公共安全服务基础设施运维管理，在线网络安全分析评估和防护技术指导，提供防护工具、系统补丁、法规标准和规划方案等安全资源信息。

4）组织应急响应

信息网络安全应急响应指为应对各种突发网络与信息安全事件的发生所做的准备，以及在事件发生后进行的响应、处理、恢复、跟踪的方法及过程。

应急响应的对象是网络与信息安全事件，主要指突然发生的可能造成网络与信息系统运行受阻、中断或瘫痪，网络信息和数据遭受破坏或被窃取，危及或严重影响信息安全的紧急事件、网络攻击事件、信息破坏事件、信息内容安全事件、设备设施故障、灾害性事件和其他安全事件。

应急响应的目标是提高应对网络与信息安全事件效能，预防和减少网络与信息安全事件造成的损失和危害，维护国家信息安全，确保指挥系统稳定。

应急响应的任务包括建立完善的网络与信息安全事件应急预案体系和应急处置指挥协调机制，对网络安全事件分析研判、响应处置与风险隔离，在极端情况下提供最低限度指挥保障手段。

应急响应组织实施是在相关部门领导下，由应急响应小组协调处置，相关通信和信息保障部(分)队具体实施。各级应急响应小组应根据重大网络信息安全事件可能突发的各类情况，制定应急响应预案。

应急响应处置坚持“先重点后一般、先全局后局部、先遏制后恢复、先处置后查证”的原则，应服从指挥、密切协作、反应迅速、处置果断；应急响应结束后，各级应急响应小组应及时组织相关通信和信息保障部(分)队调整安全策略，并完善应急响应预案。

5）组织审计评估

信息网络安全审计指为保证网络安全管理工作科学规范，对值勤台站(中心)和用户的网络安全防护情况进行分析审查的管理活动。

安全审计的内容包括网络安全防护规章制度落实情况、安全策略执行情况、网络安全防护手段及措施、安全事件处置的流程及方式方法。

安全审计的方式包括 3 种：一是人工审计，就是由审计员查看审计记录，再进行分析、处理；二是半自动审计，就是由计算机自动分析、处理审计记录，再由审计员最后决策、处理；三是自动化智能审计，就是借助计算机对审计记录进行分析、处理，再依靠专家系统作出判断。

安全审计在相关部门统一领导下，由网络安全防护中心组织实施。全网安全审计应每两年进行一次，管理区域内安全审计每年进行一次，地区内安全审计每半年进行一次；安全审计采取全面普查和重点抽查的方式进行；要及时汇总安全审计信息，分析网络安全状况和安全态势，并提交安全审计报告。

定期组织对下级区域网络进行风险评估，指导督促其修补网络漏洞，及时升级更新病毒库、补丁、漏洞扫描、网络安全监测与管理系统，并提供升级服务。

1.4 本章小结

信息系统安全管理包括对系统网络安全和信息自身安全的管理。支撑信息系统正常运转的信息网络，避免病毒感染、网络攻击和失泄密等事件发生，才能使网络安全得到有效保证，但带病入网、违规用网、病毒传播和网络攻击等问题，内部违规行为给对手攻击网络提供了可乘之机。因此，信息系统安全管理的主要工作应针对维护管理的信息系统和信息网络，组织开展策略管理、监测预警、安全服务、应急响应和审计评估等安全管理活动。通过有效的安全管理，最终实现系统用户全员可管、用户行为全时可控、安全责任全程可究，做到管住外联、终端、人员、外设和软件。

思　考　题

1. 什么是信息安全管理？信息安全管理的主要内涵是什么？
2. 信息安全管理的主要内容包括哪些？
3. 如何理解信息安全保障工作的地位和作用？
4. 简述信息安全保障体系建设的主要内容。
5. 简述信息安全保障框架，并与美国的IATF框架进行比较，分析它们的异同。
6. 思考如何保障信息网络的安全管理。

第2章 信息安全管理体系

信息安全管理体系(information security management system,ISMS)是组织在一定范围内建立的信息安全方针和目标,以及为实现这些方针和目标所采用的方法和文件体系,是基于业务风险方法,针对其整体业务活动建立、实施、运行、监视、评审、保持和改进文件化的信息安全管理体系,是组织整个管理体系的一部分。这个过程在组织管理层的直接授权下,由信息安全管理体系领导小组来负责实施,通过制定一系列的文件,建立一个系统化、程序化与文件化的管理体系,以保障组织的信息安全。

2.1 概　　述

信息安全管理体系是从英国发展起来的信息安全领域的一个概念,是管理体系(management system,MS)思想和方法在信息安全领域的应用。ISMS是各国、各种类型、各种规模组织解决信息安全问题的一个有效方法,ISMS认证成为组织向社会及相关方证明其信息安全水平和能力的一种有效途径。信息安全管理体系是组织机构按照信息安全管理体系相关标准的要求,制定信息安全管理方针和策略,采用风险管理的方法进行信息安全管理计划、实施、评审、检查和改进的信息安全管理执行的工作体系。ISMS实施过程的依据是《信息安全管理体系标准》(ISO/IEC 27001—2013,该标准是由BS7799-2标准发展而来的)。与此对应的我国国家标准是《信息技术安全技术信息安全管理体系要求》(GB/T 22080—2016)。

在信息安全管理体系实施过程中,采用了"规划(plan)—实施(do)—检查(check)—处置(act)"(PDCA)循环模型。PDCA循环是由美国质量管理专家戴明(W. E. Deming)提出的,因此又称为"戴明环"(Deming cycle),它是有效进行任何一项工作的合乎逻辑的工作程序,在质量管理中应用广泛,并取得了很好的效果。实际上,建立和管理信息安全管理体系与其他管理体系一样,需要采用过程的方法开发、实施和改进一个组织的ISMS的有效性,而PDCA循环是实施信息安全管理的有效模式,可应用于所有的信息安全管理体系过程,能够实现对信息安全管理只有起点、没有终点的持续改进,逐步提高信息安全管理水平。

信息安全管理体系具有以下特点。

(1) 强调基于系统、全面和科学的风险评估,体现以预防控制为主的思想;

(2) 强调全过程的动态控制,达到控制成本与风险的平衡;

(3) 强调关键资产的信息安全保护,保持组织的竞争优势和运作持续性。

信息安全管理体系的PDCA过程如图2-1所示。

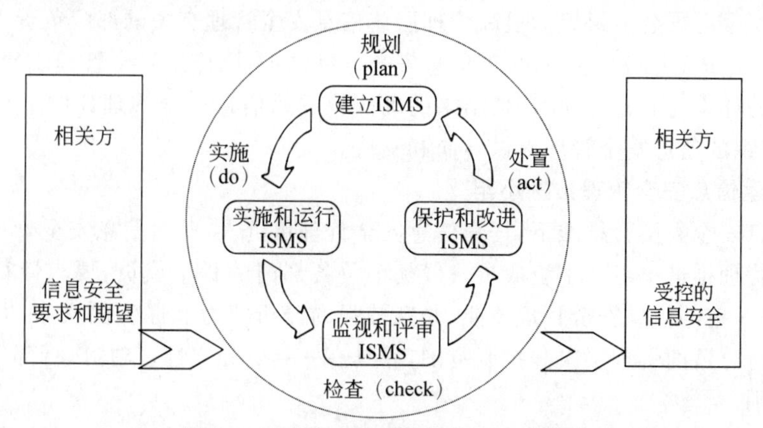

图2-1　应用与ISMS过程的PDCA模型

ISMS的PDCA具有以下内容。

(1) 规划(plan)：即建立ISMS。

建立与管理风险和改进信息安全有关的ISMS方针、目标、过程和规程，以提供与组织总方针和总目标相一致的结果。

(2) 实施(do)：即实施和运行ISMS。

实施与运行ISMS方针、控制措施、过程和规程。

(3) 检查(check)：即监视和评审ISMS。

对照ISMS方针、目标和实践经验，评估并在适当时测量过程的执行情况，并将结果报告管理者以供评审。

(4) 处置(act)：即保持和改进ISMS。

基于ISMS内部审核和管理评审的结果或其他相关信息，采取纠正措施以持续改进ISMS。

信息安全管理体系ISMS的建立和实施是按照整体管理的思路，目标是提升信息安全管理能力实现满足安全要求和期望的结果，即实现受控的信息安全，其特点可以概括为以下两点。

一是重点关注，全面布防。基于对关键资产的风险评估，确定保护重点；通过对133项控制措施的选择和落实，实现对信息安全的全面保障。

二是持续改进。通过PDCA的持续循环，确保管理体系适应安全环境和形势的变化。

2.2　信息安全管理体系的准备

2.2.1　组织与人员建设

为了顺利建立信息安全管理体系，首先需要建设有效的信息安全组织机构，对相关的各类人员进行角色分配，明确权限并落实责任。

1. 成立信息安全委员会

信息安全委员会由组织的最高管理层与信息安全管理有关的部门负责人、管理人员、技术人员等组成，定期召开会议，就信息安全方针的审批、信息安全管理职责的分配、信息安全事故的评审与监督、风险评估结果的确认等重要信息安全管理议题进行讨论并做出决策，为组织的信息安全管理提供导向和支持。

2. 组建信息安全管理推进小组

在信息安全委员会批准下，任命信息安全管理负责人，并由信息安全管理负责人组建信息安全管理推进小组。小组成员一般是单位各部门的骨干成员，要求懂得信息安全技术知识，有一定的信息安全管理技能，并有较强的分析能力和厚实的文字功底，这些组织机构要保持合适的管理层次和控制范围，并具有一定的独立性，坚持执行部门与监督部门分离的原则。

3. 保证有关人员的职责和权限得到有效明确

通过培训、教育、制定文件等方式，使得相关的每位工作人员明白自己的职责和权限，以及与其他部分的关系，确保全体人员各司其职，相互配合，有效地开展活动，为信息安全管理体系的建设作出贡献。

2.2.2 工作计划制订

为确保信息安全管理体系顺利建立，组织应该统筹安排，制订一个切实可行的工作计划，明确准备、初审、体系设计、实施运行和审核认证等不同阶段的工作任务和目标，以及责任分工，用以控制工作进度，并突出工作重点。总体计划批准之后，就可以针对具体工作项目制订详细计划。

在制订工作计划时，要充分考虑资源需求，如人员的需求、培训经费、办公设施、咨询费用等。如果寻求体系的标准或第三方认证，还要考虑认证的费用，组织最高管理层应确保提供建立体系所必需的人力与财力资源。

2.2.3 能力要求与教育培训

所有涉及信息安全管理工作的人员，要求具有相应的能力，组织应对其作出适当的规定，制定与实施相应的教育与培训计划。

1. 人员能力的要求

信息安全管理相关人员应具有适应其工作并承担责任的能力，这种能力以教育、培训和经验为基础。应根据岗位职责的需要，就各岗位的能力提出具体的可评价的要求，并将这些要求写在书面的任职条件中，作为人员招聘、上岗和转岗的条件和依据，当然，这些条件或依据应该随着组织环境、岗位要求等因素的变化而变化。

一般来说，对各种不同的信息安全相关人员都要有一定的教育背景、培训和经历等要求，具体如下。

(1) 教育：从事不同的对信息安全有影响的工作所需要的最低学历教育，其目的是使受教育者获得未来用到的知识。

(2) 培训：从事某一岗位之前所需要接受的上岗培训和工作中的继续教育培训，其

目的是使受训者获得目前工作所需要的知识与技能。

(3) 经历：为更有效完成工作而需要的相关工作经验和专业实践技能。

2. 教育培训的要求

教育和培训对于提高信息安全管理体系的质量、保持其稳定性和促进其发展等方面都发挥着重要作用。所有本单位人员及相关第三方都应接受相关的教育与培训，包括法律责任、专业技能、安全需求、业务控制，以及正确使用信息处理设备等。

(1) 确定教育与培训的需求：根据工作岗位对从业者的现在与将来的知识与能力要求、从业者本身的实际能力，以及从业者所面临的信息安全风险，确定信息安全管理教育与培训需求；或者说，信息安全管理教育与培训应考虑不同层次和不同阶段的职责、能力、文化程度及所面临的风险。

(2) 编制教育与培训的计划：主管部门根据各部门提出的岗位信息安全管理教育与培训需求，以及组织对教育与培训的相关基本要求，编制信息安全管理教育与培训计划，包括教育与培训对象、项目与要求、主要内容、责任部门(人)、日程表、考核方式等。

(3) 确定教育与培训的内容和方式：教育与培训的内容包括信息安全相关的专业继续教育，相关的法律法规、规章制度、政策和标准的培训，信息安全知识和安全技能的培训，信息安全意识的培训等。另外，可采用内部培训、外部培训、实习、自学和学术交流等不同方式来实施教育与培训的计划。

2.2.4　信息安全管理体系文件

信息安全必须从整体去考虑，必须做到“有计划、有目标、发现问题、分析问题、采取措施解决问题、后续监督避免再现”这样的全程管理的路线，而整个的过程必须有一套完整的文件体系来控制和指引。

信息安全管理体系文件是按照信息安全管理标准要求建立管理模型的依据，同时也是伴随ISMS体系建设过程产生的一系列体系文件，即作为管理的依据，信息安全管理体系需要编写各种层次的ISMS文件，这是建立信息安全管理体系的重要基础性工作，也是ISO/IEC 27001—2013等标准的明确要求。

从总体来看，ISMS文件具有以下作用。

(1) 阐述声明的作用。ISMS文件是客观描述信息安全管理体系的法规性文件，为组织的全体人员了解信息安全管理体系提供了必要的条件，有的ISMS文件还起到了对外声明的作用，如单位向客户提供的《信息安全管理手册》等。

(2) 规定和指导的作用。ISMS文件规定了组织人员的行为准则，以及如何做相关工作的指导性意见，对人员的信息安全行为起到了规范和指导的作用。

(3)记录和证实的作用。ISMS文件中的记录具有记录和证实信息安全管理体系运行有效的作用，其他文件则具有证实信息安全管理体系客观存在和运行适用性的作用。

信息安全管理体系文件没有刻意的描述形式，但根据ISO9000质量体系标准的成功经验，在具体实施中，为便于运作并具有操作性，建议把ISMS管理文件分成以下几个层次。

1. 适用性声明

适用性声明(statement of applicability,SOA)是组织为满足安全需要而选择的控制目标和控制措施的评论性文件。在适用性声明文件中,应明确列出组织根据信息安全要求从 ISO/IEC 27001—2013 或 GB/T 22080—2016 中选择控制目标与控制措施,并说明选择与不选择的理由,如果有额外的控制目标和控制措施要一并说明。

2. ISMS 管理手册

ISMS 管理手册是阐明 ISMS 方针,并描述 ISMS 管理体系的文件。ISMS 管理手册至少应包括信息安全方针,ISMS 的体系范围,信息安全策略管理,控制目标与控制措施,程序及其引用,关于手册的评审、修改与控制等内容。

3. 程序文件

程序是为进行某项活动所规定的途径或方法。程序文件应描述安全控制或管理的责任及其相关活动,是信息安全政策的支持性文件,是有效实施信息安全政策、控制目标和控制措施的具体方法。

信息安全管理的程序文件包括为实施控制目标和控制措施的安全控制(如防病毒控制)程序文件,以及为覆盖信息安全管理体系的管理与动作(如风险评估)的程序文件。程序文件的内容通常包括活动的目标与范围(why)、做什么(what)、谁来做(who)、何时做(when)、在何地做(where)、如何做(how),应使用什么样的材料、设备和文件,如何对活动进行控制与记录,即所谓的“5W1H”。

4. 作业指导书

作业指导书是程序文件的支持性文件,用以描述具体的岗位和工作现场如何完成某项工作任务的详细做法,包括作业指导书、规范、指南、报告、图样和表格等。例如,系统控制规程、维护手册、作业指导书等可以被程序文件所引用,是对程序文件中整个程序或某些条款的补充或细化。

由于组织的规模与结构、被保护的信息资产、风险环境等因素的不同,运行控制程序的多少、内容也不同;即使运行控制程序相同,但由于其详略程度不同,其作业指导书的多少也不尽相同。

5. 记录

作为 ISMS 运行结果的证据,记录是一种特殊的文件,在编写信息安全方针手册、程序文件和作业指导书时,应根据安全控制与管理要求确定组织所需要的信息安全记录,组织可以通过利用现有的记录、修订现有的记录和增加新的记录等方式来获得。记录可以提供完成活动的证据及取得的成果。

记录可以是书面记录,也可以是电子记录,每一种记录应进行标识,并保证其可追溯性,其内容和格式也应该符合组织业务动作的实际过程,并反映活动结果,同时要方便使用。

文档化是实施 ISMS 的重要工作,风险评估是编制 ISMS 文件的依据,对 ISMS 的文件和记录要采取一定的保护和控制措施。文件是 ISMS 的一个关键要素,是组织内部的“法”,也是 ISMS 审核的依据。记录是文件执行情况的客观证据,为各项控制措施是否有效实施、ISMS 是否有效运行提供客观证据。层次化的文档是 ISMS 建设的直接体现,也是 ISMS 建设的成果之一。因此，文档所包括的方针、策略、标准、指南和记录等的作用是使信息安全管理体系有章可循、有据可查。

2.3 信息安全管理体系的建立

建立信息安全管理体系，首先要建立一个合理的信息安全管理框架。从信息系统的所有层面进行整体安全建设，并从信息系统本身出发，通过建立资产清单，进行风险分析，选择控制目标与控制措施等步骤建立信息安全管理体系，如图 2-2 所示。

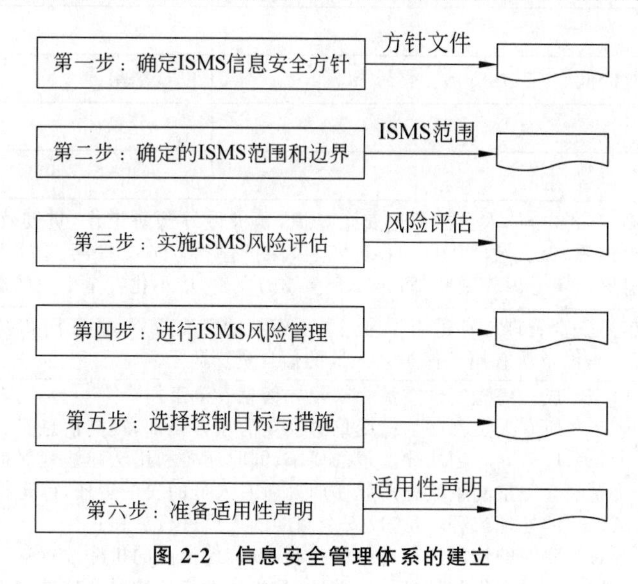

图 2-2 信息安全管理体系的建立

2.3.1 确定 ISMS 信息安全方针

ISMS 信息安全方针是统领整个体系的目的、意图和方向，是组织的信息安全委员会或管理者制定的一个高层的纲领性文件，用来阐明管理层的承诺，提出信息安全管理的方法，用于指导如何对资产进行管理、保护和分配的规则及指示。其内容应当简明扼要、语言精练、容易理解并便于记忆，切忌空洞。

信息安全方针必须要在 ISMS 实施的前期制定出来，根据使命、业务、组织、位置、资产和技术等方面的特性，确定 ISMS 方针，表明最高管理层的承诺，指导 ISMS 的所有实施工作。制定 ISMS 方针应该参考以下原则：①包括制定目标的框架和建立信息安全工作的总方向和原则；②考虑使命、业务和法律法规的要求，以及合同中的安全义务要求；③在组织的战略性风险管理环境下，建立和保持 ISMS；④建立风险评价的准则；⑤得到管理层的批准。表 2-1 给出了某单位的信息安全方针的示例。

制定信息安全方针应包括：

（1）总体目标和范围；

（2）管理层意图、支持目标和信息安全原则的阐述；

表 2-1 ×××单位信息安全方针

文件名称	×××单位信息安全方针	
编号	×××-001	
版本	Version 1.0	
密级	秘密	
文件审定	姓名	部门
复核计划	复核时间	复核结果
目标	提高×××全体人员的信息安全意识，积极做好预防工作，贯彻落实安全方针和各项安全措施，保护敏感信息和各种资料，保护包括业务支撑网、业务网、×××范围内的信息资产免受内外威胁，防止安全事故的发生，最小化安全事故的影响	
适用范围	本信息安全管理方针适用于×××所有与业务支撑网、业务岗和×××网络相关的业务活动，以及所有用于保护×××的信息资产	
相关内容	• ×××成立信息安全委员会来领导信息安全工作； • ×××所有人员都必须接受信息安全的教育培训，提高信息安全意识； • ×××应遵守各项法律法规的要求，同时还要利用法律法规保护信息系统的利益； • 建立一套完整的事故处理程序明确所有人员的安全责任，确定报告可疑和发生的信息事故的处理流程，对违反安全制度的人员进行惩罚； • 要对互联网的访问进行严格的控制，以确保信息的机密性； • 保护×××软件和信息的完整性，防止病毒与各种恶意软件的入侵； • 任何人在未经审批的情况下，不得将信息资产带离×××； • 所有×××人员都要严格遵守×××的安全方针、程序和制度； • 控制对内外部网络服务的访问，保护网络化服务的安全性与可用性； • 对用户权限和口令进行严格管理，防止对信息系统的未授权访问； • 对重要信息备份保护，以保证信息的可用性； • 实施业务持续性计划，对重要的机房和设备进行容灾备份，以保证×××主要业务流程不受重大故障和灾难的影响； • 定期对本方针进行回顾和评审	
实施时间	本方针自签发之日起，正式实施	

签署人：×××

职务：×××单位×××

日期：××××年××月××日

(3) 考虑业务和法律法规的要求，以及合同中的安全义务要求；

(4) 信息安全控制的简要说明等；

(5) 方针应使每一个员工明确负有的信息安全责任。

最高层的方针应在一页之内，而低层的信息安全策略管理应使每一个员工都能得到。信息安全策略管理通常不是一篇文档，根据组织的复杂程度可能分成几个层次，根据需求有不同的主题，每个主题的策略都应简洁、清晰地阐明什么行为是组织所希望的，适用于哪些资产和处理过程。信息安全的具体策略可以包括环境安全策略、数据访问控制安全策略、数据加密与数据备份策略、病毒防护策略、系统安全策略、身份认证与授权策略、互联网安全策略、紧急响应/事故处理/灾难恢复策略、口令管理策略、安全教育策略、维护策略、审计策略等。

2.3.2 确定ISMS范围和边界

组织应根据使命、业务、组织、位置、资产和技术等方面的特性，确定ISMS的范围和边界，例如整个组织，或组织的某个部门。另外，确定ISMS的范围和边界还应该包括对范围的任何删减的详细说明和正当性理由。例如，在存在上下级ISMS关系，并且下级ISMS使用上级的ISMS的控制时，上级ISMS的控制活动可以被认为是下级ISMS策划活动的"外部控制"，下级ISMS有责任确保这些外部控制能够得到充分的保护。

范围确定的标准主要看组织的业务需求，而不是组织的范围有多大，ISMS范围就有多大。在定义ISMS范围时，应着重考虑以下因素。

(1) 组织现有部门。组织内现有部门和人员均应根据信息安全方针和策略，担负起各自的信息安全职责。

(2) 办公场所。有多个办公场所时，应考虑不同办公场所给信息安全带来的不同的安全需求和威胁。

(3) 资产状况。在不同地点从事商务活动时，应把在不同地点涉及的信息资产纳入ISMS管理范围。

(4) 所采用的技术。使用不同计算机和通信技术，将会对信息安全范围的划分产生很大的影响。

2.3.3 实施ISMS风险评估

风险评估是进行安全管理必须要做的最基本的一步，它为ISMS的控制目标与控制措施的选择提供依据，也是对安全控制的效果进行测量和评价的主要方法。

组织应考虑评估的目的、范围、时间、效果、人员素质等因素，确定适合ISMS、适合相关业务的信息安全和法律法规要求的风险评估方法。风险评估应符合《军队信息安全风险评估指南》(GJB/Z 155—2011)的要求。风险评估方法可以参照《IT安全管理技术》(ISO/IEC 13335—3：1998)中描述的风险评估方法的例子，或《IT系统风险管理指南》(SP800—30)等提供的风险评估的步骤和方法。另外，还可以参考一些组织提出的风险评估工具，例如，卡内基-梅隆大学软件工程研究所下属的CERT协调中心开发的可操作的关键威胁、资产和薄弱点评估工具OCTAVE(Operationally Critical Treat，Asset，and Vulnerability Evaluation)，Microsoft公司提供的安全风险评估工具MSAT(Microsoft Security Assessment Tool)，英国政府中央计算机与电信局(Central Computer and Telecommunications Agency，CCTA)开发的一种支持定性分析的风险分析工具CRAMM(CCTA Risk Analysis and Management Method)，美国国家标准技术局(National Institute of Standards and Technology，NIST)发布的安全风险自我评估的自动化工具 ASSET(Automated Security Self_Evaluation Tool)等。

风险评估的质量直接影响 ISMS 建设的成败。在英国的信息安全管理标准 BS7799 中把风险定义为特定的威胁利用资产的一种或一组脆弱点,从而导致资产的丢失或损害的潜在可能性。风险评估是对信息和信息处理设施的威胁、影响和脆弱点及三者发生的可能性评估,即利用适当的风险评估工具,包括定性和定量的方法,确定资产风险等级和优先控制顺序等。

风险评估的过程主要包括风险识别和风险评估两大阶段。在风险评估过程中,首先要对 ISMS 范围内的信息资产进行鉴定和估价,然后对信息资产面对的各种威胁和脆弱性进行评估,同时对已存在的或规划的安全控制措施进行鉴定。

1. 风险识别

需要识别的风险范围包括以下 3 方面。

(1) ISMS 范围内的信息资产及其估价,以及资产负责人。

资产识别是对被评估信息系统的关键资产进行识别和合理分类,并进行价值估计。在识别过程中,需要详细识别核心资产的安全属性,重点识别出资产在遭受泄密、损害等破坏时所遭受的影响,为资产影响分析及综合风险分析提供参考数据。

(2) 信息资产面临的威胁,及威胁发生的可能性与潜在影响。

威胁识别是根据资产所处的环境条件和资产以前遭受威胁损害的情况来判断资产所面临的威胁,识别出威胁是由谁或什么事物引发,以及威胁影响的资产是什么,即确认威胁的主体和客体。威胁评估涉及管理、技术等多个方面,所采用的方法多是问卷调查、问询、IDS 取样、日志分析等,可以为后续的威胁分析及综合风险分析提供参考数据。

(3) 可被威胁利用的脆弱性及被利用的难易程度。

脆弱性识别是针对每一项需要保护的信息资产找出每一种威胁所能利用的脆弱性,并对脆弱性的严重程度进行评估。或者说,就是对脆弱性被威胁利用的可能性进行评估,并最终为其赋予相对等级值。

2. 风险评估

风险评估的主要内容有以下 4 点。

(1) 评估因安全故障或失效而可能导致的组织业务损害,考虑因资产的机密性、完整性、可用性等的损失而导致的潜在后果;

(2) 评估与这些资产相关的主要威胁、脆弱性和影响造成此类事故发生的现实可能性,以及已经实施的安全控制措施;

(3) 测量风险的大小,并确定优先控制等级;

(4) 根据风险接受准则,对风险评估结果进行评审,判断风险是否可接受或需要处理。

更详细的风险评估过程与方法可参见第 3 章“信息安全风险管理”相关内容。

2.3.4 进行 ISMS 风险管理

根据风险评估的结果,以及相关的法律法规、合同和业务的需要,可以通过以下 4 种方法进行风险管理。

1. 接受风险

接受风险是在确切满足组织策略和风险接受准则的前提下，不做任何应对，不引入控制措施，有意识地、客观地接受风险。一般情况下，是应该采取一定的措施来避免安全风险产生安全事故，防止由于缺乏安全控制而对正常业务运营造成损害。特殊情况下，当决定接受高于可接受水平的风险时，应获得管理层的批准，如果认为风险是组织不能接受的，那么就需要考虑其他的方法来应对这些风险。

2. 避免风险

避免风险是组织决定绕过风险(例如，通过放弃某种业务活动或主动从某一风险区域撤离)，从而达到规避风险的目的。另外，还有以下规避风险的诸多方式。

(1) 如果没有足够的保护措施就不处理特别敏感的信息；

(2) 由于接入互联网可能会招致黑客的攻击，于是放弃使用互联网；

(3) 把办公场所设在有防雷设施的高层建筑以防止洪水、雷电等灾害；

(4) 做好重要信息数据的备份工作。

采用避免风险的措施时需要在业务需求与资金投入等方面进行权衡。

尽管有黑客的威胁，但由于有业务的需要，组织不可能完全放弃使用互联网，这时可考虑降低风险的方式；而把整个组织撤离到安全场合可能会需要巨大的投入，这时可考虑采用转移风险的方式。

3. 降低风险

降低风险是通过选择控制目标与控制措施来降低评估确定的风险。为了使风险降低到可接受的水平，需要结合以下各种控制措施来降低风险。

(1) 减少威胁发生的可能性；

(2) 减轻并弥补系统的脆弱性；

(3) 把安全事件的影响降低到可接受的水平；

(4) 检测意外事件，并从意外事件中恢复。

4. 转移风险

转移风险是组织在无法避免风险时的一种选择，或在减少风险很困难、成本很高时采取的一种方法。例如，对已评估确认的价值较高、风险较大的资产进行保险，把风险转移给保险公司。另外还有以下转移风险的方式。

(1) 把关键业务的处理过程外包给拥有更好设备和高水平专业人员的第三方组织。要注意的是，在与第三方签署服务合同时，要详细描述所有的安全需求、控制目标与控制措施，以确保第三方提供服务时也能提供足够的安全。尽管这样，在许多外包项目的合同条款中，外购的信息及信息处理设施的安全责任大部分还是落在组织自己身上，对这一点要有清醒的认识。

(2) 把重要资产从信息处理设施的风险区域转移出去，以减少信息处理设施的安全要求。比如，一份高度机密的文件使得存储与处理该文件的网络风险倍增，将该文件转移到一个单独的 PC 上，风险也就明显降低。

在风险被降低或转移后，还会有残余风险。对于残余风险，也应该有相应的控制措施，以避免不利的影响或风险被扩大的可能性。

2.3.5 选择控制目标与措施

信息安全控制措施是组织为解决某方面信息安全问题的目的、范围、流程和步骤的集合，可以理解为信息安全策略管理，如防病毒策略、防火墙策略、访问控制策略等。

组织应根据信息安全风险评估结果，针对具体风险制定相应的控制目标，并实施相应的控制措施。在选择控制目标与控制措施时，应考虑组织的文件以及策略的可实施性。控制措施的选择可以参考第5章"信息安全管理控制规范"相关内容，当然也可以根据组织的实际情况选择其他的控制措施。

对控制目标与控制措施的选择应当由安全需求来决定，选择过程应该是基于最好的满足安全需求，同时要考虑风险平衡与成本效益的原则，并且要考虑信息安全的动态系统工程过程，对所选择的控制目标和控制措施要及时加以校验和调整，以适应不断变化的情况，使信息资产得到有效的、经济的、合理的保护。

2.3.6 准备适用性声明

《信息安全管理体系要求》附录A给出了推荐使用的一些控制目标和控制措施，《信息技术安全技术信息安全管理实用规则》的第5章～第15章提供了最佳的实践建议和指南。组织可以只选择适合本机构使用的部分，而不适合使用的可以不选择。对于这些选择和不选择，都必须做出声明，即建立适用性声明文件。

适用性声明文件中记录了组织内相关风险控制目标和针对风险所采取的各种控制措施，并包括这些控制措施的被选择或未选择的原因。表2-2给出了一个适用性声明的示例。

表2-2 适用性声明

控制（ISO/IEC 27001—2005附录A）	是否选择	说　明
A.5.1.1 信息安全方针文件	是	参见《×××公司信息安全方针》，编号：×××-001
A.10.10.3 日志信息的保护	是	在系统出现异常或故障时，利用日志信息追溯原因时非常重要。使用适当的方法保护记录日志的设施和日志信息，是实施的基本控制手段之一
A.11.4.2 外部连接的用户鉴别	是	外部用户通过互联网访问公司内部网自主办理业务，具有高风险性。使用适当的鉴别方法控制远程用户的访问，这是实施的基本控制手段之一
……	……	……
A.15.3.2 信息系统审计工具的保护	否	公司没有这类保护要求。这项控制不适用

文件内容应简明扼要，不泄露组织的保密信息。文件的准备是对组织内的人员声明对信息安全风险的态度，特别是向外界表明组织已全面、系统地审视了信息安全系统等态度，并将所有应该得到控制的风险控制在可被接受的范围内等。

2.4　信息安全管理体系的实施和运行

信息安全管理体系的规范建立和有效运行是实现信息安全保障的有效手段。信息安全管理体系建立之后，ISMS体系文件编制完成，组织应按照文件的控制要求进行审核与批准并发布实施。至此，信息安全管理体系即进入运行阶段。

在运行期间，要在实践中检验ISMS的充分性、适用性和有效性。特别是在初期阶段，组织应加强管理力度，通过实施ISMS手册、程序、作业指导书等体系文件，以及教育培训计划、风险处理计划等，评价控制措施的有效性，充分发挥体系本身的各项职能，及时发现存在的问题，找出问题的根源，采取纠正措施，并按照控制程序对体系进行更改，以达到进一步完善ISMS的目的。在实施ISMS的过程中，必须充分考虑各种因素，如宣传贯彻、实施监督、考核评审、信息反馈与及时改进等，还要考虑实施的培训费、报告费等各项费用，以及解决人员习惯的冲突、不同机构/部门之间的协调等问题。

在具体的实施和运行ISMS过程中，应该做到以下工作。

(1) 做好动员与宣传。在实施ISMS的前期应召开全体人员会议，由上层管理者做宣传动员，承诺对组织中实施ISMS的支持，带头执行ISMS的有关规定，并明确提出对各级人员信息安全的职责要求。

(2) 实施培训和安全意识教育计划。ISMS文件的培训是体系运行的首要任务，培训工作的好坏直接影响体系运行的结果。组织应通过恰当的方式，对全体人员实施各种层次的培训，内容包括信息安全意识、信息安全知识与技能及ISMS运行程序等，以确保有关ISMS职责的人员具有相应的执行能力。这些方式包括：

- 确定从事影响ISMS工作人员所必要的能力；
- 提供培训或采取其他措施(如聘用有能力的人员)以满足这些需求；
- 评价所采取措施的有效性；
- 保持教育、培训、技能、经历和资格的记录；
- 确保所有相关人员意识到他们的信息安全活动有相关性和重要性，以及如何作出贡献。

(3) 制订与实施风险处置计划。为管理信息安全风险，制订风险处置计划，以识别适当的管理措施、资源、职责和优先顺序，并实施该计划，以达到已识别的控制目标，包括资金安排、角色和职责的分配等。

(4) 实施所选择的控制措施，并评价其有效性。

实施风险分析之后选择的控制措施，以满足控制目标的需要，并确定如何测量所选择的控制措施的有效性，以使得管理者和人员确定控制措施达到既定的控制目标。另外，还要指明如何用这些测量措施来评估控制措施的有效性，以产生可比较的和可再现的结果。

(5) 管理ISMS的运行。实施对ISMS的运行管理，包括以下内容：

- 管理ISMS的资源；
- 对有关体系运行的信息进行收集、分析、传递、反馈、处理、归档等管理；
- 建立信息反馈与信息安全协调机制，对异常信息反馈和处理，对出现的体系设计不

周、项目不全等问题加以改进,完善并保证体系的持续正常运行;

- 实施能够迅速检测安全事件和响应安全事故的程序,以及其他控制措施等。

(6) 保持ISMS的持续有效。ISMS毕竟只提供一些原则性的建议,如何将这些建议与组织自身状况结合起来,构建符合实际情况的ISMS,并保持其有效运行,才是真正具有挑战性的工作。

组织可以通过ISMS的监视和定期的审核来验证ISMS的有效性,并对发现的问题采取有效的纠正措施并验证其实施结果,ISMS的运行环境不可能一成不变,当组织的信息系统、组织结构等发生重大变更时,应根据风险评估的结果对ISMS进行适当的调整。

2.5 信息安全管理体系的监视和评审

2.5.1 监视和评审过程

信息安全管理体系的监视和评审能够识别出与ISMS要求不符合的事项,进而分析出不符合事项和潜在不符合事项发生的原因,并提出需实施的应对措施,这个过程是ISMS的PDCA过程的"C"处置阶段,组织在此阶段应该做以下工作。

(1) 执行监视、评审规程和其他控制措施,以达到如下目的:迅速检测过程运行结果中的错误;迅速识别试图的和得逞的安全违规及事故;使管理者能够确定分配给人员的安全活动或通过信息技术实施的安全活动是否如期执行;通过使用指示器等,帮助检测安全事件并预防安全事故;确定解决安全违规的措施是否有效等。

(2) 在考虑安全审核结果、事件、有效性测量结果、所有相关方的建议和反馈的基础上,定期评审ISMS的有效性,包括满足ISMS方针和目标,以及安全控制措施的评审。

(3) 检查控制措施的有效性以验证安全要求是否被满足。

(4) 定期进行风险评估的评审,以及对残余风险和已确定的可接受的风险级别进行评审,并且要考虑各方面的变化,如使命、组织情况、技术情况、业务目标和过程、已识别的威胁、已实施的控制措施的有效性、外部事态(如法律法规环境的变更、合同义务的变更和社会环境的变更)等。

(5) 定期进行ISMS内部审核和管理评审。表2-3给出了内部审核与管理评审在目的、依据等方面的区别。

表2-3 ISMS的内部审核与管理评审的比较

	ISMS内部审核	ISMS管理评审
目的	确保ISMS运行的符合性、有效性	确保ISMS持续的适宜性、充分性、有效性
依据	《信息安全技术 网络安全等级保护基本要求》(GB/T 22239—2019)标准、体系文件、法律法规	法律法规、相关方的期望、内部审核的结论
结果	提出纠正措施并跟踪实现	改进ISMS,提高信息安全管理水平
执行者	与审核领域无直接关系的审核员	最高管理者

2.5.2　ISMS 内部审核和管理评审

1. 内部审核

组织应该按照计划的时间间隔进行 ISMS 内部审核，以保证其文件化过程、信息安全活动及实施记录能够满足 GB/T 22239—2019 等标准要求和声明的范围，检查信息安全实施过程符合组织的方针、目标和计划要求，并向管理者提供审核结果，为管理者提供信息安全决策的依据，组织内部审核要确定 ISMS 的控制目标、控制措施、过程和程序是否达到如下要求。

(1) 符合标准及相关法律法规的要求；

(2) 符合已识别的信息安全要求，如安全目标、安全漏洞、风险控制等；

(3) 得到有效的实施和保持；

(4) 按期望运行。

内部审核方案应做好策划，规定审核的目的、范围、准则、时间安排和方法等，并考虑被审核过程和区域的状况及重要性，以及上次审核的结果，对审核方案作出适时调整。受审核区域的负责人应确保及时采取措施以消除发现的不符合因素并查明其原因。应以形成文件的方式，记录规定策划和实施审核、报告结果和保持记录的职责及要求，并保持审核活动跟踪、采取措施验证等报告。最终的内部审核报告应该是正式的，这是审核的关键成果，其内容应包括审核的目的及范围、审核准则、审核部门及负责人、审核组成员、审核时间、审核情况、审核结论、分发范围等。表 2-4 给出了一个内部审核报告的示例。

表 2-4　ISMS 的内部审核报告

×××单位信息安全管理体系审核报告
一、审核目的
对×××单位现有的信息安全管理体系作全面审核，了解其信息安全管理体系运行的有效性和符合性，评价其是否具备申请 GB/T 22239—2019 认证的条件。
二、审核范围
GB/T 22239—2019 所要求的相关活动及所有相关职能部门。
三、审核准则
1. GB/T 22239—2019 标准。
2. ISMS 信息安全手册、程序文件及其他相关文件。
3. 组织适用的 ISMS 法律法规及其他要求。
四、审核组成员
审核组长：马×× 审核员：刘××、李××、谢××、林××、张××
五、审核时间
2023 年 2 月 13 日—2023 年 2 月 15 日

续表

×××单位信息安全管理体系审核报告
六、审核概况
按计划，审核组6人于2023年2月13日开始进行了为期3天的现场审核。 审核组检查了单位信息安全管理体系有关的各个部门，包括××部、××部等，查看了单位的各个部门和设施，并同××、××和××等20余人进行了交谈，针对所有GB/T 22239—2019的要求进行了抽样取证。 通过检查，审核组发现，×××单位在文件规定和实际行动方面已按照GB/T 22239—2019标准的要求，建立了信息安全管理体系，但各部门对GB/T 22239—2019标准、程序文件的熟悉方面尚存在一定的差距，需要进一步完善和提高。例如：……，这些不符合项目已得到责任部门的确认，详见附件1。 需要指出的是，审核是抽样的，可能有些实际存在的问题未被发现……各部门要按照GB/T 22239—2019标准和单位信息安全管理体系要求进行自查，并采取相应措施改进。
七、审核结论
1. ×××单位的信息安全管理体系运行有效，具体表现在：…… 2. ×××单位的信息安全管理体系基本符合GB/T 22239—2019标准要求。 3. 审核组建议×××单位在30天内对本次审核提出的不符合项目完成纠正后，可以申请GB/T 22239—2019的正式认证。
八、本报告分发范围
1. ××(领导)、××(分管领导)、××部门 2. 受审核部门成员 3. 审核组成员
九、附件
1. ×××单位信息安全管理体系审核不符合报告 2. 审核会议记录 审核组长：马×× 2023年2月20日

2. 管理评审

组织的最高管理者应该按照计划的时间间隔(至少每年一次)评审信息安全管理体系，以确保其持续的适宜性、充分性和有效性，管理评审过程应确保收集到必要的信息，以供管理者对ISMS是否有改进的机会和变更的需要，以及安全方针和安全目标等进行评价，评审结果应清楚地写入文件，并保持记录。

1) 管理评审的时机

一般而言，每年做一次管理评审是适宜的，有的认证机构每半年做一次监督审核，因此单位应每6个月做一次管理评审。但如果发生如下情况之一时，应适时进行管理评审：在进行第三方认证之前；单位内、外部环境(如组织结构、标准、法律法规等)发生较大变化时；新的ISMS进行正式运行时，或其他必要时候(如发生重大信息安全事故时)。

2) 评审输入

包含评审输入的报告应在评审前两周提交给信息安全管理负责人。管理评审的输入应包括以下内容。

(1) ISMS 审核和评审的结果；

(2) ISMS 方针、风险控制目标和控制措施的实施情况；

(3) 事故、事件的调查处理情况；

(4) 纠正和预防措施的实施情况；

(5) 相关方的投诉、建议等反馈；

(6) 组织用于改进 ISMS 业绩和有效性的技术、产品或程序；

(7) 对于法律法规及其他要求的符合性报告；

(8) 关于 ISMS 的总体运行和局部运行的有效性测量报告；

(9) 风险评估报告，包括上次风险评估未充分指出的脆弱性或威胁，以及上次管理评审所采取措施的跟踪报告；

(10) 任何可能影响 ISMS 变更的因素，如法律法规变化、机构人员的调整、市场变化等；

(11) 改进的建议。

3) 评审输出

管理评审的输出应包括与以下方面有关的任何决定和措施。

(1) ISMS 有效性的改进；

(2) 风险评估和风险处置计划的更新；

(3) 必要时修改影响信息安全的规程和控制措施，以响应内部或外部可能影响 ISMS 的事态，包括使命、业务要求、安全要求、影响现有业务要求的业务过程、法律和法规的要求、合同义务、风险级别或接受风险的准则等变更；

(4) 资源配置是否充足，是否需要调整；

(5) 控制措施有效性测量方式的改进。

2.6 信息安全管理体系的保持和改进

通过对信息安全管理体系的监视和评审，确定与 ISMS 要求不符的应实施的纠正措施、改进措施和预防措施等，再在信息安全管理体系的保持和改进实施这些措施，其中改进措施主要通过纠正与预防性控制措施来实现，同时对潜在的与标准要求不相符合的事项采取预防性控制措施。

2.6.1 纠正措施

组织应采取措施，消除不合格的、与 ISMS 要求不符合的因素，以防止问题再次发生。纠正措施应形成文件，并规定以下方面的要求。

(1) 识别在实施和运行 ISMS 过程中的不符合因素；

(2) 确定这些不符合因素产生的原因；

(3) 对确保这些不符合不再发生所需的措施进行评价；

(4) 确定和实施所需要的纠正措施，并记录结果；

(5) 评审所采取的纠正措施。

2.6.2 预防措施

组织应针对潜在的和未来的不合格因素确定预防措施，以防止其发生。所采取的预防措施应与潜在问题的影响程度相适应。

预防措施应形成文件，并规定以下方面的要求。

（1）识别潜在的不符合因素的原因；

（2）对预防这些不符合因素发生所需的措施进行评价；

（3）确定和实施所需要的预防措施，并记录结果；

（4）评审所采取的预防措施；

（5）识别发生变化的风险，并通过关注变化显著的风险来识别预防措施的要求；

（6）应根据风险评估的结果来确定预防措施的优先级。

2.6.3 控制不符合项

对于轻微的不符合项，可采取口头纠正和辅导，不必采取更进一步的纠正与预防措施。而对于严重的不符合项，信息安全管理部门应积极采取补救措施，下达纠正与预防任务给相关责任部门，并要求其在规定的时间内完成相关原因分析和确定纠正与预防措施后回传，以减少或消除其不利影响。所涉及的相关责任部门要负责分析其原因，并制定详细的纠正与预防措施，明确责任人和完成日期，经信息安全管理部门审核，确保其可行性和不产生新的 ISMS 风险，并在信息安全管理部门的监督检查和协调指导下验证纠正与预防措施的执行。

2.7 本章小结

信息安全管理体系是组织在一定范围内建立的信息安全方针和目标，以及为实现这些方针和目标所采用的方法和文件体系，其实施过程采用了 PDCA 循环控制模型，相关的实施依据是 GB/T 22080—2016 和 GB/T 22239—2019 等标准。

在建设信息安全管理体系之前，要做好相关的组织与人员建设、制定切实可行的工作和教育培训计划、明确各种层次的 ISMS 文件规范等一系列工作。

建立信息安全管理体系首先要建立一个合理的信息安全管理框架，并从信息系统本身出发，通过建立资产清单，确定信息安全方针和系统边界范围，进行风险分析，选择控制目标与控制措施，并进行适用性声明等步骤，从而建立规范的信息安全管理体系。

在信息安全管理体系的实施和运行期间，要注意宣传贯彻、信息反馈等事项，并充分考虑工作习惯的纠正、部门间的协调等问题，同时要在实践中检验 ISMS 的充分性、适用性和有效性，以达到进一步完善 ISMS 的目的。

信息安全管理体系的监视和评审强调组织的 ISMS 内部审核和管理评审过程，能够识别与 ISMS 要求不符合的事项，进而分析出不符合事项和潜在不符合事项的发生原因，并提出需要实施的应对措施。

在信息安全管理体系的保持和改进阶段，要通过实施纠正与预防性控制措施来实现系统的改进，并对潜在的不符合标准要求之处采取预防性控制措施。

实施信息安全管理体系的认证，是根据相关标准建立完整的信息安全管理体系，达到动态的、系统的、全员参与的、制度化的、以预防为主的信息安全管理方式，用最低的成本，达到可接受的信息安全水平，并从根本上保证业务的持续性。

思考题

1. 什么是信息安全管理体系？简述其功能和作用。

2. 简述信息安全管理体系的PDCA过程内容。

3. 如何理解信息安全管理体系的信息安全方针？如何制定信息安全方针和具体策略？

4. 如何建立信息安全管理体系？

5. 如何实施和运行信息安全管理体系？

6. ISMS内部审核与管理评审的区别是什么？

7. 如何保持和改进信息安全管理体系？

第3章 信息安全风险管理

信息化建设过程中，以计算机网络为基础的信息系统的广泛应用，使信息面临着越来越严峻的安全威胁，停留在技术层面的安全措施已难以抵御因系统脆弱性引起的安全风险。因此，系统研究信息安全风险管理问题，有效控制风险，防止信息安全事件的发生，已成为当前信息安全保障中的一项基础性工作。

3.1 概　　述

进行有效的风险管理，必须首先了解信息安全风险的含义，明确信息安全风险的相关要素及其相互关系，为风险识别、风险分析、风险计划、风险跟踪和风险应对等后续工作奠定基础。

3.1.1 信息安全风险

只有从风险管理角度出发，系统地分析信息安全所面临的威胁及其存在的脆弱性，评估安全事件一旦发生可能造成的危害程度，才能对风险要素进行准确识别与分析，进一步提出有针对性的防护对策和整改措施。

1. 风险和信息安全风险

"风险"一词被广泛应用于许多领域，如投资风险、医疗风险、决策风险、安全风险等，其含义也会因其应用领域不同而有所差异。从一般意义讲，风险指"可能发生的危险"。系统工程学中，风险指"用于度量在技术性能、成本进度方面达到某种目的的不确定性"。而在指挥决策学中，将风险理解为在决策条件不确定的决策过程中，所面临的无法保证决策方案实施后一定能达到所期望效果的危险。对上述概念进行比较分析，可以发现无论是一般意义上的风险还是特殊应用领域的风险，其概念至少要包含风险的两个基本属性：不确定性和危害性，即风险何时何地发生难以把握，风险一旦发生会带来不利影响和危害。风险的不确定性指风险造成的危害能否发生，以及将会造成危害程度的无规则性和偶然性。风险是客观存在的，而且不以人的意志为转移。但是风险是否发生、在何时何地发生，以及所造成的损失和危害的程度和范围等则是不确定的，不可能被事先准确地加以预测和推断。风险的危害性指风险可能会导致各种损失和破坏，这些可能发生的不同程度的损失和破坏，会对开展正常的实践活动造成干扰、影响和危害。正因为风险具有这种危害性，才使得人们对风险和风险管理问题格外重视。

由此，可以将信息安全风险归结为破坏信息安全或对信息安全带来危害的不确定性。

国内外较为统一和公认的"信息安全风险"的定义是人为或自然的威胁主体利用信息系统及其管理体系中存在的薄弱点，致使信息安全事件发生的可能性及其对活动和所属资产造成影响的组合。简单地讲，信息安全风险就是信息安全事件发生的可能性及其发生后所带来的影响的组合，即可能性越大，风险越高；资产受到的影响和损失越大，风险也越大。

2. 信息安全风险的内涵

解析信息安全风险的内涵，无法脱离对信息安全的诠释。学术界对"信息安全"没有一个统一的概念，若以信息系统为对象，信息安全指对处理信息的信息系统及其涉密信息的安全防护和保持。该定义强调两点：一是信息系统的安全防护，确保系统能安全、可靠和不间断地运行，为依靠信息技术而开展工作的各级机构提供服务和保障；二是涉密信息的安全性保护，确保信息的保密性、完整性、可用性、可控性和抗抵赖性，防止涉密信息被未授权者获悉、使用、更改和破坏。

在充分理解和把握"信息安全风险"和"信息安全"两个概念的基础上，经过分析融合，可以对"信息安全风险"的含义给出一个比较确切的解释。信息安全风险指人为或自然的威胁主体利用信息系统或组织管理体系中存在的薄弱点，对组织的信息资产、任务活动造成损害或影响的潜在可能性，即信息安全事件发生的可能性及其将会带来的后果的组合。

3.1.2　信息安全风险的相关要素

风险评估是对信息资产所面临的威胁、存在的弱点、风险事件造成的影响，以及三者综合作用在当前安全措施控制下所带来的与安全需求不符合的风险可能性评估。风险评估是风险管理的基础，是进一步确定信息安全需求和改进信息安全管理策略的重要途径，属于组织信息安全管理体系策划的过程。信息系统是信息安全风险评估的对象，信息系统中的资产、信息系统面临的可能威胁、系统中存在的脆弱性、安全风险、安全风险对业务的影响，以及系统中已有的安全控制措施和系统的安全需求等构成了信息安全风险评估的基本要素。

1. 资产

资产(asset)指对组织具有价值的信息或资源，是安全策略保护的对象。资产能够以多种形式存在，包括有形的或无形的、硬件或软件、文档或代码，以及服务或形象等诸多表现形式，如表3-1所示。

表3-1　信息系统中的资产分类

分　类	说　明
软件	系统软件：操作系统、语言包、开发系统、各种库/类等。 应用软件：办公软件、数据库软件、工具软件等。 源程序：各种共享源代码、可执行程序、开发的各种代码等
硬件	系统和外围设备：计算机设备、网络设备、存储设备、传输及保障设备等。 安全设备：防火墙、IDS、指纹识别系统等。 其他技术设备：打印机、复印机、扫描仪、供电设备、空调设备等

续表

分 类	说 明
服务	信息服务：对外依赖该系统开展服务而取得业务收入的服务。 网络通信服务：各种网络设备、设施提供的网络连接服务。 办公服务：各种 MIS 系统提供的为提高工作效率的服务。 其他技术服务：照明、电力、空调、供热等
流程	包括 IT 和业务标准流程、IT 和业务敏感流程，其中敏感流程具有给组织带来攻击或引入风险的潜在可能，如电信公司在新开通线路时可能会引入特殊风险
数据	在传输、处理和存储状态的各种信息资料，包括源代码、数据库数据、系统文档、运行管理规程、计划、报告、用户手册、各类纸质上的信息等
文档	各种文件、传真、财务报告、发展计划、合同等
人员	除了掌握重要信息和核心业务的人员，如主机维护主管、网络维护主管、网络研发人员之外，还包括其他可以访问信息资产的组织外用户
其他	形象与声誉、关系等

在信息安全体系范围内为资产编制清单是一项重要工作，每项资产都应该清晰地定义、合理地估价，并明确资产所有权关系，进行安全分类，记录在案。根据资产的表现形式，可将资产分为软件、硬件、服务、流程、数据、文档、人员等。

2. 威胁

威胁(threat)指可能对组织或资产导致损害的潜在原因。

威胁有潜力导致不期望发生的安全事件发生，从而对系统、组织、资产造成损害。这种损害可能是偶然性事件，但更多的可能是对信息系统和服务所处理信息的直接或间接的蓄意攻击行为，如非授权的泄露、修改、停机等。根据威胁来源，表 3-2 给出了威胁的分类。

表 3-2 安全威胁分类

分类编号	威 胁 名 称	威 胁 描 述
T1	操作失误	应该执行而没有执行响应的操作，或无意执行了错误的操作
T2	滥用权限	通过采用一些措施，超越自己的权限访问了本来无权访问的资源，或滥用自己的权限做出破坏信息系统的行为
T3	行为抵赖	对自己的操作行为或记录进行否认
T4	信息泄露	信息泄露给不应了解的他人
T5	社会工程	利用受害者心里弱点、好奇心、信任、贪婪等心理陷阱进行欺骗、伤害或获取重要信息
T6	漏洞利用	利用网络、主机或应用系统漏洞非法侵入系统，造成信息泄露或使系统受损
T7	行为探测	对网络、主机、应用等进行扫描探测
T8	身份假冒	非法用户冒充合法用户进行操作

续表

分类编号	威胁名称	威胁描述
T9	获取权限	用户获取自己规定权限之外的权限
T10	密码攻击	对系统进行的密码分析与破坏
T11	拒绝服务	利用拒绝服务手段造成系统服务、资源访问性能下降或不可用
T12	恶意代码	故意在信息系统上执行恶意任务的程序代码
T13	窃取数据	通过窃听、入侵等手段盗取重要信息或数据
T14	篡改数据	非法修改信息,破坏信息的完整性使系统的安全性降低或信息不可用
T15	物理破坏	通过物理的接触造成对软件、硬件、数据的破坏
T16	网络欺骗	利用电磁欺骗、IP欺骗、Web欺骗等攻击系统的行为
T17	其他杂项威胁	未知的畸形流量、杂项攻击、非标准协议、网络流量超标等发生的可能性
T18	数据意外受损	系统/网络的关键数据服务器发生意外故障
T19	系统故障	对业务实施或系统运行产生影响的设备硬件故障、通信链路中断、系统本身或软件缺陷等问题
T20	电源中断	电源发生中断
T21	灾难	火灾、水灾、雷击、鼠害、地震等自然灾害
T22	电磁泄漏截取	设备电磁辐射不符合要求,造成电磁携带信息泄露
T23	管理不到位	安全管理无法落实,不到位,造成安全管理不规范,或管理混乱,从而破坏信息系统正常运行
T24	其他	其他

威胁主要来源于环境因素和人为因素,其中人为因素包括恶意的和非恶意人员,具体如下。

(1) 环境因素:指地震、火灾、水灾、电磁干扰、静电、灰尖、潮湿、超常温度等环境危害,以及软件、硬件、数据、通信线路等方面的故障。

(2) 恶意人员:对组织不满的或别有用心的人员对信息系统进行恶意破坏,会对信息的机密性、完整性和可用性等造成损害。

(3) 非恶意人员:缺乏责任心、安全意识或专业技能不足导致信息系统故障、被破坏或被攻击,但本身无恶意企图。

3. 脆弱性

脆弱性(vulnerability)指可能被威胁所利用的资产或若干资产的薄弱环节。例如,操作系统存在漏洞、数据库的访问没有访问控制机制、系统机房没有门禁系统等。

脆弱性是资产本身存在的,如果没有相应的威胁,单纯的脆弱性本身不会对资产造成损害,而且如果系统足够强健,则再严重的威胁也不会导致安全事件造成损失。这说明,威胁总是要利用资产的脆弱性来产生危害。

资产的脆弱性具有隐蔽性,有些脆弱性只在一定条件和环境下才能显现,这也是脆弱性识别中最为困难的部分。要注意的是,不正确的、起不到应有作用的或没有正确实施的安全控制措施本身就可能是一种脆弱性。

脆弱性主要表现在技术和管理两个方面，其中技术脆弱性指信息系统在设计、实现和运行时，涉及的物理层、网络层、系统层、应用层等在技术上存在的缺陷或弱点，管理脆弱性则是指组织管理制度、流程等方面存在的缺陷或不足。

常见的一些脆弱性种类如表 3-3 所示。

表 3-3　信息系统常见的脆弱性

分　　类	示　　例	说　　明
技术脆弱性	未安装杀病毒软件	可能发生系统信息被病毒侵害
	使用口令不当	可能导致系统信息的非授权访问
	无保护的外网连接	可能破坏联网系统中存储与处理信息的安全性
管理脆弱性	安全培训不足	可能造成用户缺乏足够的安全意识，或产生用户错误
	机房钥匙管理不严	可能形成资产的直接丢失或物理损害等
	离职人员权限未撤销	可能引起泄密或业务活动受到损害

4. 安全风险

安全风险(security risk)指使得威胁可以利用脆弱性，从而直接或间接造成资产损害的一种潜在的影响，并以威胁利用脆弱性导致一系列不期望发生的安全事件来体现。

资产、威胁和脆弱性是信息安全风险的基本要素，是信息安全风险存在的基本条件，缺一不可。没有资产，威胁就没有攻击或损害的对象；没有威胁，如果资产很有价值，脆弱性很严重，安全事件也不会发生；系统没有脆弱性，威胁就没有可利用的切入点，安全事件也不会发生。

通过确定资产价值，以及相关的威胁和脆弱性水平，就可以得出最初的信息安全风险的量度值。

根据以上分析，安全风险是关于资产、威胁和脆弱性的函数，即信息安全风险可以形式化表示为 $R=f(a,t,v)$，其中 R 表示安全风险，a 表示资产，t 表示威胁，v 表示脆弱性。

5. 影响

影响(influence)主要指安全风险对业务的影响，即威胁利用资产的脆弱性导致资产价值损失等不期望发生事件的后果。

这些后果可能表现为直接形式，如物理介质或设备损坏、人员损伤、资金损失等，也可能表现为间接形式，如公司信用和名誉受损、市场份额减少、承担法律责任等。在信息安全领域，直接损失常常容易计算且程度较小，而间接损失往往难以估计且程度严重。

6. 安全控制措施

安全控制措施(security control measure)指为保护组织资产、防止威胁、减少脆弱性、限制安全事件的影响、加速安全事件的检测及响应而采取的各种实践、过程和机制。

有效的安全控制措施通常是为了提供给资产多级的安全，而应用不同安全控制措施的综合，以实现检测、威慑、防止、限制、修正、恢复、监测和提高安全意识的功能。例如，一个信息系统的安全访问控制，往往是人员管理、角色权限管理、审计管理、数据库安全、物理安全，以及安全培训等的组合。有些安全控制措施已作为环境或资产固有的一部分而存在，或已存在于系统或组织之中。

安全控制措施的实施领域包括组织政策与资产管理、物理环境、技术控制和人员管理等方面。

7. 安全需求

安全需求(security requirement)指为保证组织业务战略的正常运作而在安全控制措施方面提出的要求。

信息安全体系的安全需求来源于以下3个方面。

1）风险评估的要求

评估组织面临的风险，以及该风险的出现将会带来怎样的业务损失，为了降低风险，需要采取的相应安全措施。例如，关键数据或系统的机密性、可用性、完整性需求，信息系统运行时的实时监控需求，安全事件带来的应急响应需求等。

2）法律、法规和合同的要求

在信息安全体系文件中应详细规定组织、贸易伙伴、服务提供商和签约客户需要遵守的有关法律、法规与合同的要求，如数据版权保护、文件保密管理、组织记录的保护等，要保证任何安全控制措施不得违反或损害任何法律法规、商业合同的要求。

3）业务规则、业务目标和业务信息处理的要求

在信息安全体系文件中应详细规定与组织的业务规则、业务目标和业务信息处理相关的安全需求，信息安全体系应支持组织获得竞争优势、现金流和赢利能力的要求，并保证实施安全控制措施不得妨碍业务的正常运营。

3.1.3 风险要素的相互关系

依据《信息安全风险评估指南》，图3-1描述了风险要素之间的关系。

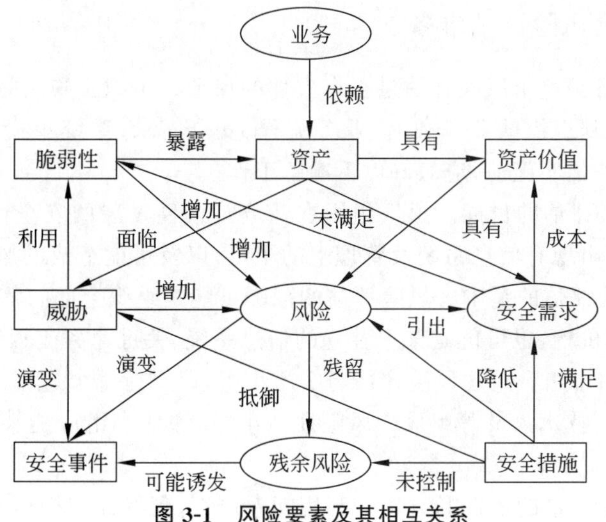

图3-1 风险要素及其相互关系

风险评估围绕着资产、威胁、脆弱性和安全控制措施等基本要素展开。风险要素之间存在着以下关系。

(1) 相关业务依赖资产去实现,依赖程度越高,要求其风险越小;

(2) 资产具有价值,相关业务对资产的依赖程度越高,资产价值越大;

(3) 风险由威胁主体引发,威胁越多则风险越大,并可能演变成安全事件;

(4) 资产存在安全脆弱性,资产的脆弱性可能暴露资产的价值,脆弱性越强则风险越大;

(5) 风险的存在及对风险的认识引出安全需求;

(6) 当安全需求未被满足时,产生脆弱性,安全需求通过安全措施得以满足,需结合资产价值考虑实施成本;

(7) 安全措施可以抵御威胁,减少脆弱性,降低安全事件造成的影响;

(8) 在实施控制措施后还会有残余风险,残余风险不可能也没有必要降为零;

(9) 残余风险应受到密切监视,防止诱发新的安全事件。

3.2 信息安全风险评估过程

详细的风险评估方法在流程上可能有一些差异,但基本上都是围绕资产、威胁、脆弱性的识别与评价展开,进一步分析不期望事件发生的可能性及对组织的影响,并考虑如何选择合适的安全控制措施,将安全风险降低到可接受的程度。

从总体上看,风险评估过程可分为 4 个阶段。第一阶段为风险评估准备;第二阶段是风险识别,包括资产的识别与估价、威胁的识别与评估和脆弱性的识别与评估等工作;第三阶段是风险分析,包括计算风险、风险的影响分析等,并在此过程建立相关评估文档;第四阶段为根据风险计算结果进行相应的风险管理过程,并提交风险评估报告。

信息安全风险评估的流程如图 3-2 所示。

3.2.1 信息安全风险评估准备

风险评估准备是整个风险评估过程有效性的保证。组织实施风险评估是一种战略性考虑,其结果将受到组织的业务战略、业务流程、安全需求、系统规模与结构等方面的影响,因此,在风险评估实施前,应做好以下准备工作。

(1) 确定风险评估的目标。根据组织在业务持续性发展的安全性需要、法律法规的规定等内容,识别出现有信息系统及管理上的不足,以及可能造成的风险大小。

(2) 明确风险评估的范围。风险评估的范围可能是组织全部的信息及信息处理相关的各类资产、管理机构,也可能是某个独立的信息系统、关键业务流程等。

(3) 组建评估小组。组建风险评估与实施小组,以支持整个过程的推进,如成立由机关、相关业务骨干、技术人员等组成的风险评估小组,评估小组应能够保证评估工作的有效开展。

(4) 确定风险评估的依据和方法。利用问卷调查、现场面谈等形式进行系统调研,确定风险评估的依据,并考虑评估的目的、范围、时间、效果、人员素质等因素来选择具体的

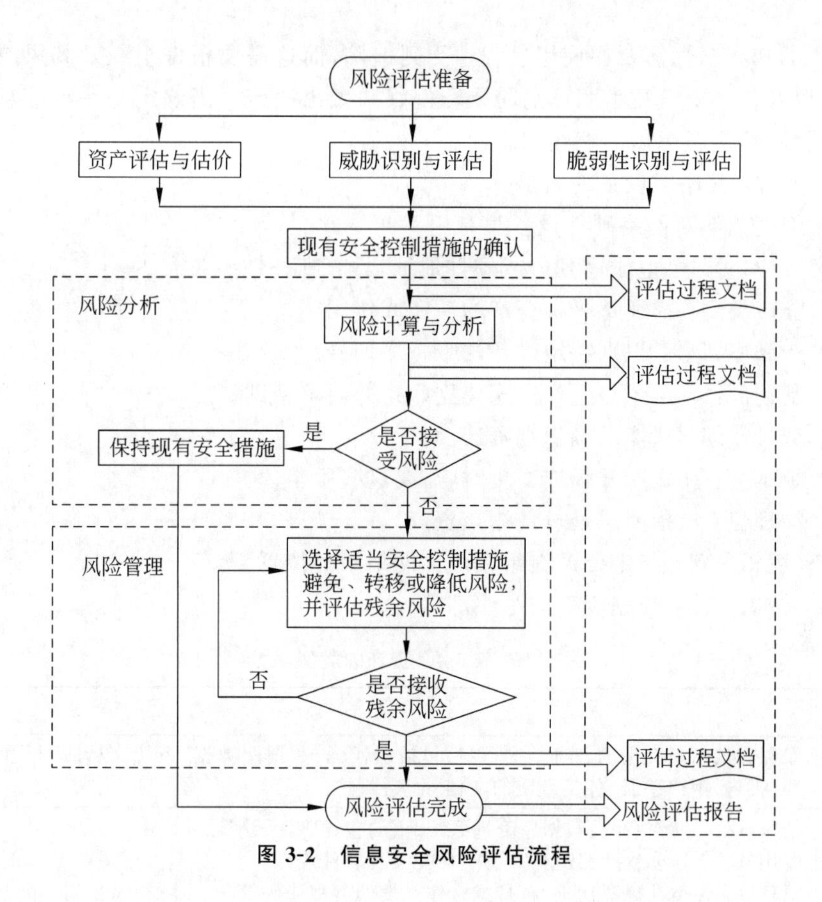

图 3-2 信息安全风险评估流程

风险计算方法和风险评估工具，并使之能与组织环境和安全要求相适应。

(5) 制定方案。应制定指导评估实施活动的评估方案，包括团队组织、人员培训、工作计划、时间进度安排等内容。

(6) 方案审批。上述所有内容确定之后，应形成较为完整的风险评估实施方案，评估方案应上报相关主管部门审核批准。

3.2.2 资产调查

风险识别始于信息资产的识别，根据资产的类型(见表 3-4)，管理者确认组织的信息资产，将它们归于不同的类，并根据它们在总体上的重要性划分优先等级，评估其价值。资产调查包括资产识别、资产定级、资产价值计算和安全措施识别。

1. 资产识别

资产识别是风险识别的必要环节，其任务是对确定的评估对象所涉及的资产进行详细的标识，并建立资产清单。

识别资产的方法主要有访谈、现场调查、文档查阅等方式。在识别的过程中要注意不能遗漏无形资产，同时要注意不同资产之间的相互依赖关系。

1) 识别软件和硬件

按计划识别软件和硬件，通过数据处理过程建立相关的信息资产清单，并明确每一种信息资产的哪些属性需要在使用过程中受到追踪，而这需要根据组织及其风险管理工作的需要，以及信息安全技术团体的需要和偏好来做出决定。当确定每一种信息资产需要追踪的属性时，应考虑以下潜在的属性。

(1) 名称：程序或设备的名单。

(2) IP 地址：对网络硬件设备很有用。

(3) MAC 地址：电子序列号或硬件地址，具有唯一性。

(4) 资产类型：描述每一种资产的功能或作用。

(5) 产品序列号：识别特定设备的唯一序列号。

(6) 制造商：有助于与生产厂家建立联系并寻求帮助。

(7) 型号或编号：能准确识别资产。

(8) 版本号：在资产升级或变更时，需要这些版本值。

(9) 物理位置：指明何处可使用该资产。

(10) 逻辑位置：指定资产在组织内部网络中的位置。

(11) 控制实体：控制资产的组织部门。

表 3-4 资产的类型

分类	描 述
数据	保存在信息媒介上的各种数据资料，包括源代码、数据库数据、系统文档、运行管理规划、计划、报告、用户手册、各类纸质的文档等
软件	系统软件：操作系统、数据库管理系统、语句包、开发系统等。 应用软件：办公软件、数据库软件、各类工具软件等。 源程序：各类共享源代码、自行或合作开发的各种代码等
硬件	网络设备：路由器、网关、交换机、网管设备等。 计算机设备：大型机、小型机、服务器、工作站、台式计算机、便携式计算机等。 存储设备：磁带机、磁盘阵列、磁带、光盘、移动硬盘等。 通信设备：卫星、电台、移动电话、固定电话、程控交换机、汇聚交换机、微波接力机、软交换设备、边界会话控制器等。 传输设备：不间断电源(UPS)、变电设备、空调、保险柜、文件柜、门禁、消防设备等。 安全保密设备：防病毒系统、防火墙、入侵检测系统、网络隔离控制设备、网络介入控制设备、网络安全管理设备、主机安全监控设备、身份鉴别系统、信源保密机、信道保密机等。 其他：打印机、复印机、扫描仪、传真机等
服务	信息服务：对外依赖该系统开展的各类服务。 网络服务：各种网络设备、设备提供的网络连接服务。 办公服务：为提高效率而开发的管理信息系统，包括各种内部配置管理、文件流转管理等服务
人员	掌握着重要信息和核心业务的人员，如指挥、研发、管理、保障人员等
制度	管理制度、执勤维护制度、系统运维制度等
其他	形象、士气等

2) 识别服务、流程、数据、文档、人员和其他

与软件和硬件不同，服务、流程、数据、文档和人力资源等信息资产不易被识别和引

证，因此，应该将这些信息资产的识别、描述和评估任务分配给拥有必要知识、经验和判断能力的人员。一旦这些资产得到识别，就要运用一个可靠的数据处理过程来记录和标识它们，如同在软件和硬件中使用一样。

对这些信息资产的维护记录应当较为灵活，在识别资产的过程中，要将资产与被追踪的信息资产的属性特征联系起来，仔细考虑特定资产中哪些属性需要跟踪。以下列出这些资产的一些基本属性。

(1) 服务。包括服务的描述、类型、功能、提供者、服务面向的对象、满足服务的附加条件等。

(2) 流程。包括流程的描述、功能、相关的软件/硬件/网络要素、参考资料的存储位置、更新数据的存储位置等。

(3) 数据。包括数据的类别、数据结构及范围、所有者/创建者/管理者、存储位置、备份流程等。

(4) 文档。包括文档的描述、名称、密级、制定时间、制定者/管理者，以及纸质的各种文件、传真、财务报告、发展计划、合同等。

(5) 人员。包括姓名/ID/职位、入职时间、技能等。

完成上述工作后，要填写资产及资产属性列表。该列表是所有资产的汇总表，包括了每个资产属性的详细信息，资产及资产属性列表形式见表 3-5，根据该表形成重要资产列表。

表 3-5　资产及资产属性列表

序号	资产名称	所属部门	…	应用描述	保密性等级	完整性等级	可用性等级	资产价值
1								
2								
3								
4								
⋮								
n								

2. 资产定级

一旦识别所有的信息资产，建立的资产清单必须反映每一项信息资产的敏感度和安全等级，并根据这些属性对资产制定一项分类方案，同时确定分类对组织的风险评估计划是否有意义。

可考虑以下资产分类方案：按机密性分类、按完整性分类和按可用性分类。每一种分类方案中可按从低到高的要求进行级别标识，即对每一项分类都指明特定信息资产的保护等级，具体赋值方法如下。

1) 保密性赋值

参照 GB/T 22239—2019 的防护要求，将资产保密性分为 5 级，即公开、内部、秘密、机密、绝密，依次赋值为 1、2、3、4、5。

2）完整性赋值

资产完整性分为5级，赋值方法见表3-6。

表3-6 资产完整性赋值

赋 值	等 级	描 述
5	很高	完整性价值非常关键，未经授权的修改或破坏会对造成重大的或无法接受的影响，对业务冲击重大，并可能造成严重的业务中断，难以弥补
4	高	完整性价值较高，未经授权的修改或破坏会造成重大影响，对业务冲击严重，较难弥补
3	中等	完整性价值中等，未经授权的修改或破坏会造成影响，对业务冲击明显，但可以弥补
2	低	完整性价值较低，未经授权的修改或破坏会造成轻微影响，可以忍受，对业务冲击轻微，容易弥补
1	很低	完整性价值非常低，未经授权的修改或破坏造成的影响可以忽略，对业务冲击可以忽略

3）可用性赋值

资产可用性分为5级，赋值方法见表3-7。

表3-7 资产可用性赋值

赋 值	等 级	描 述
5	很高	可用性价值非常高，合法使用者对信息系统及资源的可用度达到年度99.9%以上，或系统不允许中断
4	高	可用性价值较高，合法使用者对信息系统及资源的可用度达到每天90%以上，或系统允许中断时间小于10分钟
3	中等	可用性价值中等，合法使用者对信息系统及资源的可用度在正常工作时间内达到70%，或系统允许中断时间小于30分钟
2	低	可用性价值较低，合法使用者对信息系统及资源的可用度在正常工作时间内达到25%，或系统允许中断时间小于60分钟
1	很低	可用性价值可以忽略，合法使用者对信息系统及资源的可用度在正常工作时间内低于25%

3. 资产价值计算

完成资产的识别和定级之后，就必须赋予资产一个相对价值。在信息安全管理中，一般的做法是以定性分析的方式建立资产的相对价值，以相对价值作为确定重要资产的依据和为该资产投入多少保护资源的依据。

相对价值是一种比较性的价值判定，能确保在信息安全管理中，最有价值的信息资产被赋予最高优先级。或者说，资产受到威胁时所带来的损失是不可预知的，但评估值却有助于确保价值较高的资产首先得到保护。

资产的价值应当由资产的所有者和相关用户来确定，因为只有他们最清楚资产对组织业务的重要性，从而能较准确地评估出资产的实际价值。

在评估资产的价值时，要考虑资产的购买成本和维护成本，同时也要考虑资产的机密性、完整性和可用性等受到损害时对组织的影响程度。组织要通过广泛和仔细的调查研究,按要求制定出符合自己需要的信息资产评估价值级别。在资产的价值确定之后,应该按重要性列出资产,并按照 NIST SP 800-30 的建议,使用 0.1～1.0 的数值对其进行打分,即赋予一个权重因子,用来表示资产在组织中的相对重要性。资产价值分为 5 级,赋值方法见表 3-8。

表 3-8　资产价值赋值

赋　值	等　级	描　述
5	很高	资产的重要程度很高,其安全属性破坏后可能导致系统受到非常严重的影响
4	高	资产的重要程度较高,其安全属性破坏后可能导致系统受到比较严重的影响
3	中	资产的重要程度较高,其安全属性破坏后可能导致系统受到中等程度的影响
2	低	资产的重要程度较低,其安全属性破坏后可能导致系统受到较低程度的影响
1	很低	资产的重要程度都很低,其安全属性破坏后可能导致系统受到很低程度的影响,甚至忽略不计

4. 安全措施识别

评估人员归并汇总信息系统各资产所采取的安全措施,形成已有安全措施列表。根据已采取的安全措施及其发挥的效果,根据风险评估的结果,选择控制点及应采用的控制措施。

3.2.3　威胁分析

1. 威胁识别

任何信息资产都会面临各种各样的威胁。与威胁有关的信息可能从信息安全管理体系的参与人员和相关业务流程处收集获得。一项资产可能面临多个威胁,同样一个威胁可能对不同的资产造成影响。

威胁识别的任务是对信息资产面临的威胁进行全面的标识。

识别威胁的方法主要有基于威胁源分类的识别方法、基于某些标准或组织提供的威胁参考目录的识别方法等。

威胁源主要是一些环境因素和人为因素,根据表 3-2 的安全威胁分类,不同的威胁能造成不同形式的危害,在威胁的识别过程中应针对相关资产考虑这些威胁源可能构成的威胁。

很多标准对信息系统可能面临的威胁进行了列举。例如,《IT 安全管理技术》(ISO/IEC 13335)在附录中提供了可能的威胁目录明细,如地震、洪水、飓风、火灾、闪电、工业活动、炸弹攻击、使用武力、恶意破坏、断电、水供应故障、空调故障、硬件失效、电力波动、极端温度和湿度、灰尘、电磁辐射、静电干扰、偷窃、存储介质的未授权使用、存储介质的老化、操作人员失误、维修错误、软件失效、软件被未授权用户使用、软件的非法使用、恶意软件、软件的非法来源、用户身份冒充、未授权用户访问网络、用未授权方式使用网络设备、网络组件的技术性失效、传输错误、线路损坏、流量过载、窃听、通信渗透、流量分析、信息的错误路径、信息重选路由、抵赖、通信服务失效、资源的滥用等。这些参考目录可以作为进行威胁识别的重要依据。

威胁识别的具体方法包括访谈、问卷调查、动态检测等手段和工具。

2. 威胁评估

威胁评估是对威胁出现的频率和强度进行评估，这是风险评估的重要环节。

每种威胁都对信息资产的安全提出了挑战，在威胁识别之后，威胁评估的首要任务就是检查每种威胁对目标信息资产的潜在影响，提出下面的问题可以帮助理解威胁和威胁对信息资产的潜在影响。

(1) 当前哪些威胁对组织的信息资产产生了威胁？

因为并不是所有的威胁都会危及信息资产，所以此时可以检查表3-2中的每种分类，并排除那些不适用于本组织的威胁，这样做可以减少风险评估的时间。一旦确定好组织面临的威胁种类，还要识别每一类威胁中的特例，并排除那些不相干的威胁。

(2) 哪种威胁会对组织的信息资产带来最严重的危害？

在威胁评估的初期阶段，可以大概地由威胁攻击的频率，以及检查现有的准备等级和应改进的信息安全策略管理来确定威胁可能产生的危害程度。这样进行初步的信息收集，有助于按危险次序来划分威胁等级。

威胁评估的结果一般都是定性的。GB/T 22239—2019将威胁频度等级划分为5个等级，用来代表威胁出现的频率高低。等级数值越大，威胁出现的频率越高，如表3-9所示。

表3-9 威胁赋值表

赋值	等级	描述
5	很高	出现的频率很高(或≥1次/周)；在大多数情况下几乎不可避免；或可以证实经常发生过
4	高	出现的频率较高(或≥1次/月)；在大多数情况下很有可能会发生；或可以证实多次发生过
3	中	出现的频率中等(或≥1次/半年)；在某种情况下可能会发生；或被证实曾经发生过
2	低	出现的频率较小；一般不太可能发生；或没有被证实发生过
1	很低	威胁几乎不可能发生；仅可能在非常罕见和例外的情况下发生

在实际的评估中，威胁频率的判断依据应在评估准备阶段根据历史统计或行业判断予以确定，并得到被评估方的认可。

3. 安全威胁列表

根据资产面临的威胁，确定被评估各类资产面临的具体威胁，评估其威胁发生的频率，得到资产安全威胁列表。确定威胁发生的频率是风险评估的重要环节，应根据经验和有关的统计数据来判断威胁发生的频率或威胁发生的概率。威胁发生的频率可能受下列因素影响。

(1) 资产的吸引力；

(2) 资产转化成报酬的容易程度；

(3) 威胁的技术含量；

(4) 脆弱点被利用的难易程度。

资产安全威胁列表示例见表3-10。

表3-10　资产安全威胁列表示例

资 产 名 称	威 胁 名 称	威胁发生频率
资产A1	威胁T1	2
	威胁T2	1
	威胁T3	2
资产A2	威胁T5	4
…	…	…
资产An	威胁Ti	a
	威胁Tj	b
	…	…
	威胁Tk	c

注：a、b、c 为取值1～5的整数。

3.2.4 脆弱性分析

1. 脆弱性识别

脆弱性是信息资产固有的属性，表现为存在一系列的脆弱点或漏洞。脆弱性的识别主要按脆弱性的类型，即从技术和管理两方面进行。其中技术方面主要指软件、硬件和通信设施等方面存在的脆弱性，管理方面主要指在人员管理、业务管理和行政管理中的过程与控制等方面存在的脆弱性。

识别脆弱性的方法主要有问卷调查、工具检测、工人核查、渗透性测试和文档查阅等。在识别的过程中要注意其数据应来自于资产的所有者、使用者，以及相关业务领域的专家和软硬件方面的专业人员等。

对不同的识别对象，其脆弱性识别的具体要求应参照相应的技术或管理标准实施。例如，对物理环境的脆弱性识别应按《计算机场地通用规范》(GB/T 2887—2011)中的技术指标实施；对操作系统、数据库应按《计算机信息系统 安全保护等级划分准则》(GB 17859—1999)中的技术指标实施；对网络、系统、应用等信息技术安全性的脆弱性识别应按《信息技术 安全技术 信息技术安全评估准则》(GB/T 18336—2001)中的技术指标实施；对管理脆弱性识别方面应按《信息技术 安全技术 信息安全控制实践指南》(GB/T 22081—2016)的要求对安全管理制度及其执行情况进行检查，发现并管理脆弱性和不足。

2. 脆弱性赋值

与每一种威胁相关的脆弱性都应当评估出来，因为在一定条件下威胁会利用这些脆弱性导致安全事件的发生。

可以根据脆弱性对信息资产的暴露程度、技术实现的难易程度、流行程度等，采用等级方式对已识别的脆弱性的严重程度进行评估。由于很多脆弱性反映的是某一方面的问题，或可能造成相似的后果，评估时应综合考虑这些脆弱性，以确定这方面脆弱性的严重程度。

对于某个资产，其技术脆弱性的严重程度同时受到组织管理脆弱性的影响。因此，衡量资产的脆弱性还应参考技术管理和组织管理脆弱性的严重程度。

脆弱性严重程度可以进行等级化处理，不同的等级分别代表资产脆弱性严重程度的高低。等级数值越大，脆弱性严重程度越高。

脆弱性评估的结果一般也是定性的。GB/T 22239—2019 将脆弱性严重程度划分为5个等级，如表3-11所示。

表 3-11 脆弱性赋值表

赋　值	等　级	描　　述
5	很高	如果被威胁利用，将对资产造成完全损害
4	高	如果被威胁利用，将对资产造成重大损害
3	中	如果被威胁利用，将对资产造成一般损害
2	低	如果被威胁利用，将对资产造成较小损害
1	很低	如果被威胁利用，将对资产造成的损害可以忽略

在风险评估过程中，将会发现许多系统的脆弱点或漏洞，威胁也会以多种方式显露出来。为每一项信息资产建立脆弱性评估列表，并确定哪个脆弱性会对受保护的资产产生最大的威胁，这是风险识别人员每天都要面临的挑战。

在风险识别的最后，完成资产、威胁及脆弱性的列表清单。该清单将作为风险分析过程的支持文档。

3. 脆弱性列表

根据技术工具检测结果和问卷调查结果，确定被评估信息资产存在的安全脆弱性及其严重程度，得到资产安全脆弱性列表。资产脆弱性列表示例如表3-12所示。

表 3-12 资产脆弱性列表示例

资产名称	脆弱性名称	脆弱性严重程度
资产 A1	脆弱性 V1	3
	脆弱性 V2	2
	脆弱性 V3	4
	脆弱性 V4	3

续表

资产名称	脆弱性名称	脆弱性严重程度
资产 A2	脆弱性 V5	5
	脆弱性 V2	1
	脆弱性 V3	3
	脆弱性 V4	4
	脆弱性 V10	3
…	…	…
资产 An	脆弱性 Vi	a
	…	…
	脆弱性 Vj	b
	脆弱性 Vk	c

注：a、b、c 为取值1～5的整数。

3.2.5　已有安全措施分析与评估

安全控制措施可以分为预防性安全控制措施和保护性安全控制措施两种。预防性安全控制措施可以降低威胁利用脆弱性导致安全事件发生的可能性；而保护性安全控制措施可以减少因安全事件发生后对组织或系统造成的影响，如业务持续性计划。在识别脆弱性的同时，评估人员应对这些已采取的安全控制措施的有效性进行确认。该步骤的主要任务是对当前信息系统所采取的安全控制措施进行标识，并对其预期功能、有效性进行分析，再根据检查的结果来决定是否保留、去除或替换现有的控制措施。

安全控制措施的确认应评估其有效性，即是否真正地降低了系统的脆弱性，抵御了威胁。对有效的安全控制措施继续保持，以避免不必要的工作和费用，防止安全措施的重复实施。对认为不适当的安全控制措施应核实其是否应被取消或对其进行修正，或用更合适的安全控制措施替代。

已有安全控制措施的确认与脆弱性的识别存在一定的联系。一般来说，安全控制措施的使用将减少系统技术或管理上的脆弱性，但确认安全控制措施并不需要像脆弱性识别过程那样具体到每个资产、组件的脆弱性，而是一类具体控制措施的集合，为风险处理计划的制定提供依据和参考。

3.2.6　风险计算与分析

在完成了资产识别、威胁识别、脆弱性识别，以及已有安全措施确认后，将采用适当的方法与工具确定威胁利用脆弱性导致安全事件发生的可能性。综合安全事件所作用的资产价值及脆弱性的严重程度，判断安全事件造成的损失对组织的影响，即安全风险。

如前所述，风险可以表示为威胁发生的可能性、脆弱性被威胁利用的可能性、威胁的潜在影响三者的函数，在风险评估过程中，计算风险时还要减去一个常数，即现有安全控

制措施的实施降低的风险,可记为

$$R=R(A,T,V)-R_C=R[P(T,V),I(Ve,Sz)]-Rc$$

其中,R为安全风险,A为资产,T为威胁,V为脆弱性,Rc为已有控制所减少的风险,Ve为安全事件所作用的资产价值,Sz为脆弱性严重程度,P为威胁利用资产的脆弱性导致安全事件的可能性,I为安全事件发生后造成的影响。

由于Rc是一个常数,在函数表示式中可以省略,故上式可简化为

$$R=R[P(T,V),I(Ve,Sz)]$$

下面介绍计算该式的3个关键环节。

1. 计算安全事件发生的可能性

根据威胁出现频率及脆弱性的状况,计算威胁利用脆弱性导致安全事件发生的可能性,即安全事件的可能性$=P$(威胁出现频率,脆弱性)$=P(T,V)$。

在具体评估中,应综合攻击者技术能力(专业技术程度、攻击设备等)、脆弱性被利用的难易程度(可访问时间、设计和操作知识公开程度等)、资产吸引力、威胁出现的可能性、脆弱点的属性、安全控制措施的效能等因素来判断安全事件发生的可能性。

可能性分析方法可以是定量的,也可以是定性的。定量方法可将发生安全事件的可能性表示成概率形式,而定性方法将安全事件发生的可能性给予如极高、高、中、低等类似的等级评价。

2. 计算安全事件发生后造成的影响

根据资产价值及脆弱性严重程度,计算安全事件一旦发生后造成的影响,即

安全事件造成的影响$=I$(资产价值,脆弱性严重程度)$=I(Ve,Sz)$

安全事件的发生造成的影响可体现在以下方面:直接经济损失、物理资产损坏、业务持续性影响、法律责任、人员安全危害、信誉(形象)受损等。

部分安全事件造成的影响判断还应参照安全事件发生可能性的结果,对发生可能性极小的安全事件(如处于非地震带的地震威胁、在采取完备供电措施状况下的电力故障威胁等)可以不计算其影响或损失。

由于安全事件对组织影响的多样性,相关数据也比较缺乏,目前这种影响造成的损失的定量计算方法还不成熟,更多的是采用定性的分析方法,根据经验对安全事件发生后所造成的影响或损失进行等级划分,给予极高、高、中、低、可忽略等评价。

3. 计算风险值

根据计算出的安全事件的可能性以及安全事件造成的影响,计算风险值,即

风险值$=R$(安全事件的可能性,安全事件造成的影响)$=R[P(T,V),I(Ve,Sz)]$

评估者可根据自身情况选择相应的风险计算方法计算风险值,如矩阵法或相乘法。矩阵法通过构造一个二维矩阵,形成安全事件的可能性与安全事件造成的影响之间的二维关系;相乘法通过构造经验函数,将安全事件的可能性与安全事件造成的影响进行运算得到风险值。

3.3 信息安全风险管理

3.3.1 风险管理的概念

根据《信息安全技术信息安全风险管理指南》(GB/Z 24364—2009)的定义,信息安全风险管理是识别、控制、消除或最小化可能影响系统资源的不确定因素的过程。风险管理有两种方法,一种是前瞻性风险管理方法,通过风险评估、风险控制决策、实施风险控制和评定风险管理的有效性,实现事前最大程度地降低可能性;另一种方法是反应性风险管理方法,通过遏制和评估损害、确定损害部位、修复损害部位、审查响应过程并更新安全策略,实现事后降低影响并降低再次发生的可能性。将前瞻性风险管理方法和反应性风险管理方法相结合是风险管理的最佳实践。正确的风险管理流程让组织能够以最具成本效益的方式运行,并且使已知的业务风险维持在可接受的水平。它还使组织可以用一种一致的、条理清晰的方式来组织有限的资源并确定优先级,从而更好地执行风险管理过程。

风险管理包括4个阶段。①风险评估:综合定性和定量的风险评估方法,分析风险并确定风险,给出一份相对较短的经过详细检查的风险优先级列表。②风险控制:提议并评估潜在的控制解决方案,选择合适的控制措施并形成最合适的解决方案作为缓解顶级风险的推荐交给组织的安全指导部门。③实施控制:实际实施风险控制方案。④评定计划有效性:用于验证控制措施实际提供的保护程度,并观察环境变化。

3.3.2 风险管理的方法和过程

风险管理的方法包括前瞻性风险管理方法和反应性风险管理方法。前瞻性方法可以在事件发生之前,最大程度地降低坏事情发生的可能性;反应性方法可以在事件发生之后,遏制和评估受到的损害,确定并修复损害部位,并进行审查和策略更新,以最大程度地降低影响,并采取措施降低再次发生的可能性。如果这两种风险管理的主要方法都做好了,那么风险管理的两个阶段就能都管理好,这就是风险管理的方法。

在日常工作生活中提倡的是先做好事前的风险管理,前瞻性风险管理的过程包括4个阶段:风险评估、风险控制、实施控制和评估计划有效性。

风险评估阶段主要是综合运用定性和定量两种评估方法,给出一份相对较短的经过详细检查的最重要风险列表,风险评估是风险管理的起点。风险控制阶段主要是提议并评估潜在的控制解决方案,然后将最好的解决方案作为缓解顶级风险的推荐交给组织。实施控制阶段是组织实际实施控制解决方案。评定计划有效性阶段是用于验证控制措施实际提供的保护程度,并观察环境的变化,一旦环境发生变化,如发生了安全事件或增加了信息资产时,要考虑是否再次执行风险管理的这个过程。

可以看出风险管理具有永不终止的生命周期,通过这样一种前瞻性的风险管理方法,能让组织以最具成本效益的方式运行,并使风险维持在可接受水平。下面详细介绍风险管理过程的4个阶段。

1. 风险评估阶段

风险评估先要做好风险评估准备,例如,确定风险评估的范围,即要评估哪些资产、采用哪种风险评估方法、依据哪个风险评估标准、组成风险评估团队，并且要确定风险评估的方案。做好准备之后，就要在刚才确定的风险评估范围内进行资产识别、威胁识别和漏洞识别。然后确认一下现有的安全控制措施并进行风险的分析和计算。最后给出安全控制措施建议，并形成风险评估报告。

2. 风险控制

风险控制即考虑如何制定风险控制方案。

（1）对实施控制措施的优先级进行排序。

基于在风险评估报告中提出的风险级别对风险处理的实现行动进行优先级排序。在分配资源时，对标有不可接受的高等级（如被定义为“非常高”或“高”风险级的风险）风险项应该给予较高的优先级。

（2）评估所建议的安全选项。

风险评估结论中建议的控制措施对于具体的单位及其信息系统可能不是最适合和最可行的，因此要对所建议控制措施的可行性（如兼容性、用户接受程度）和有效性（如保护程度和风险控制级别）进行分析，目的是选择出最适当的控制措施。

（3）实施成本效益分析。

为了帮助管理层做出决策并找出成本有效性最好的控制措施，要实施成本效益分析，并为决策管理层提供风险控制措施的成本效益分析报告。

（4）选择风险控制措施。

在成本效益分析的基础上，管理人员应确定成本有效性最好的控制措施来降低单位的风险。

（5）责任分配。

遴选出那些拥有合适专长、技能，并且可实现所选控制措施的人员（内部人员或外部合同商）赋以相应责任。

（6）制定控制措施的实施计划。

制定控制措施的实施计划，计划内容主要包括风险评估报告给出的风险、风险级别及所建议的安全措施、实施控制的优先级队列、预期安全控制列表、实现预期安全控制时所需的资源、负责人员清单、开始日期、完成日期及维护要求等。

（7）分析计算残余风险。

风险控制可以降低风险级别，但是不能根除风险，因此安全措施实施后仍然存在残余风险。

风险评估报告中给出了所建议的控制措施，所以第一步就是要把这些推荐的控制措施进行优先级排序，但是风险评估报告中建议的控制措施对于具体的单位可能不一定适合和可行，所以第二步要对这些控制措施进行评估，以得到合适的清单。那么到底该如何控制风险呢？

风险控制有 4 种策略：规避风险、转移风险、降低风险和接受风险。规避风险通常在风险损失无法接受、又难以通过控制措施减低风险的情况下采用。转移风险一般用于那些发生概率低，但一旦发生会对组织产生重大影响的风险，通常只有当风险不能被降低或避免且被第三方（被转嫁方）接受时才被采用。降低风险通常在安全投入小于负面影响价值的情况下采用。接受风险是当要保护资产的成本抵不上安全措施的开销，或是在采取了降低风险和避免风险措施后的残余风险仍然较大时采用。

3. 实施控制阶段

首先要对人员进行责任分配，遴选出那些拥有合适专长和技能、可实现所选控制措施的人员，并赋以责任，然后按照上一阶段制定的风险控制实施计划进行实际控制措施的实施。目标就是将组织面临的风险降低到可以接受的水平以下。

4. 评估计划有效性阶段

主要是验证所选择的控制措施实际提供的保护效果如何，并观察环境变化。一旦出现组织新增信息资产时、系统发生重大变更时或发生严重信息安全事故时，当然也包括组织认为有必要时，都要重新开展风险评估。因此，风险管理是动态的、持续的管理过程，需要定期进行风险评估，还要根据环境的变化及时进行临时评估。

这 4 个阶段就组成了风险管理的过程。

3.3.3 风险管理与控制

1. 选择安全控制措施

在经过风险识别和风险计算后，就可以对不可接受的风险情况引入适当的安全控制措施，对风险实施管理与控制，将风险降低到可以接受的程度。

选择安全控制措施时，要考虑以下因素。

1）控制的成本费用

控制的选择要基于安全平衡的原则，要考虑技术的、非技术的控制因素，也要考虑法律法规的要求、业务的需求及风险的要求。

如果实施与维护这些控制的费用要高于资产遭受威胁所造成损失的预期值，那么所选择的控制措施是不适合的；如果控制费用比组织计划的安全预算还要高，也是不适当的。但如果因为控制费用预算的不足使得控制措施的数量与质量下降，又会使系统产生不必要的风险，因此，对此要特别注意。

2）控制的可用性

在使用所选择的安全控制措施时，有时候会发现有些控制因为技术、环境等原因，实施和维护起来非常困难，或根本就不可能实施和维护。另外，如果某些控制对用户来说不可操作或无法接受，那么这些控制也是不可行的。因此，在选择安全控制措施时，一定要注意控制的可用性，例如，可以采取相近的技术控制或非技术的物理、人员、过程等措施来替代或弥补那些可行性差的技术控制，或作为技术控制的备用项。

3）已存在的控制

所选择的安全控制措施应当与组织中已存在的控制有机结合起来，共同服务于安全目标。因此，需要注意它们之间的协调关系。

当已存在的控制不能提供足够的安全保障时，在选择新的安全控制措施之前，组织应先对是否取消原有的控制或是补充现有的控制作出决策。这种决策依赖于控制的成本大小、更新是否必需、安全需求是否迫切等因素。

所选择的控制与已存在的控制是否兼容（不存在冲突）。例如，物理访问控制可以用来补充逻辑访问控制机制，它们的结合可以提供更可靠的安全。

4）控制功能的范围和强度

控制功能的范围和强度主要要求所选择的安全控制措施能满足所有的控制目标与安全需求，要求控制措施的功能类型应该全面，如预防、探测、监控、威慑、纠正、恢复等功能，并能使得风险减少后的残余风险达到可接受的水平。

总之，无论选择什么样的安全控制措施，最终结果只能是把风险降低到可接受的水平，或作出正式的管理决策接受风险。选择安全控制措施就是为了控制风险。控制风险的方法包括避免风险、转移风险、降低风险和接受风险。

2. 规避风险

规避风险是一种风险控制战略，即防止信息资产的脆弱性被威胁的利用。因为是力求避免风险，而不是发现风险后再去处理，所以它是一种可以优先选择的方案。可以通过以下方式来避免风险。

1）政策的应用

应用政策可以强制性地使各管理层按照一定的制度和要求的程序进行安全工作。例如，如果组织需要更严格地进行系统准入机制，那么在各个信息系统中均可以实施高强度的身份识别和访问权限的控制政策。当然，单独的政策是不够的，有效的管理总是将政策的改变与对人员的训练、教育和技术的应用结合起来的。

2）培训和教育的应用

让人员知道新的或修改后的政策，这可能不足以保证他们能遵守这些政策。进行安全意识提升的培训和教育，对于建立一种更安全、更可控的信息系统环境，并在避免风险方面有积极作用。

3）打击威胁

打击对某种信息资产的威胁，或使该信息资产不直接面对威胁，就可以使得该信息资产避免风险。消除一种威胁虽然很困难，但抵制和打击一些威胁还是可能的。例如，如果系统容易遭受网络黑客的攻击，就必须采取一些法律和技术措施来对抗他们，并避免潜在攻击。

4）实施安全技术

任何信息安全系统都时时刻刻需要一些安全技术解决方案来有效地减少和避免风险，这些技术甚至涉及信息系统使用中的每个过程与步骤，而且有时候，还要采取一些主动规避或放弃一些业务活动、主动撤离一些风险区域的方式来避免风险。

3. 转移风险

转移风险是一种风险控制方法，它是组织在无法避免风险，或减少风险很困难，成本也很高时，将风险转向其他的资产、过程或组织。任何组织都不会将精力花在业务涉及的所有的方面，它们只会关注自己最擅长的方面，并依靠专家顾问或生产商等提供其他的专业建议。如果组织在安全管理方面经验不足，就应该任用具备专业水平的人员加以解决，甚至将一些复杂系统的管理风险转移到有相关管理经验的组织身上。

4. 降低风险

降低风险是一种风险控制方法，主要是通过实施各种预防和应急响应计划来减少因脆弱性而带来的攻击对资产的损害。降低风险的方法主要包括以下 3 种计划。

1）事件响应计划

事件响应计划是在事故或灾难尚未发生时，组织事先制定好的在事件发生时应该快速实施的措施列表。

2）灾难恢复计划

灾难恢复计划是在灾难事件发生时，组织用来控制损失的一些措施，如恢复丢失数据、重建丢失服务、关闭过程以保护系统等。

3）业务持续性计划

业务持续性计划是在确定灾难会影响组织后续业务运营时，组织执行的确保总体业务持续性的措施。

5. 接受风险

当信息系统的威胁和脆弱性已被尽可能控制时，通常仍然残留着一定的风险，这些风险并未被消除、转移或本来就处于控制计划之外，这被称为残余风险。残余风险的重要性要针对具体的组织环境来考虑。毕竟，信息安全的目标并不是要将残余风险完全消除，而是将残余风险降为最低。如果管理者已经确定残余风险的存在，而且组织中相关的决策部门也决定让这些残余风险适度存在，即接受风险，那么信息安全也算是实现了其首要目标。

接受风险是一个对残余风险进行确认和评价的过程。在实施安全控制措施之后，组织应该对风险的降低和残余的风险进行判断，作出业务决策来判断是否接受风险，或增加安全控制措施和控制费用将风险降低到可接受的水平，或接受风险，并承担随之发生的任何后果。

接受风险不一定是一种明智的决策。一般来说，只有当组织完成了以下工作，接受风险才是一项正确的战略。

(1) 确定影响信息资产的风险等级；

(2) 评估发生威胁和产生脆弱性的可能性；

(3) 近似地计算了该类攻击每年发生的概率；

(4) 估计攻击所造成的潜在损失；

(5) 进行了全面的成本效益分析；

(6) 评估使用的每一项安全控制措施。

组织在完成了风险识别与计算、风险管理和控制之后，可以将风险控制在一个可以接受的水平，但这并不意味着风险评估工作的结束。事实上，随着时间的推移和组织业务环境的变化，新的威胁和新的脆弱性会不断增加或显现。有关的法律法规也在变化，因此风险也是不断变化的。风险管理是一个动态的、持续改进的过程，组织需要进行动态的风险评估与风险管理，这也是动态安全观的要求。

3.4　风险评估工具

风险评估工具是风险评估的辅助手段，是保证风险评估结果可信度的一个重要因素。风险评估工具的使用不但在一定程度上解决了手动评估的局限性，而且它能够将专家的知识进行集中，使专家的经验知识被广泛地应用。

从功能应用的角度和目标而言，风险评估工具可分为预防、检测和响应 3 类。通常情况下，技术人员会把漏洞扫描工具称为风险评估工具，因为可以用它来发现系统存在的漏洞、不合理配置等问题，根据漏洞扫描结果提供的线索，利用渗透性测试分析系统存在的风险，所以漏洞扫描工具在对信息基础设施进行风险评估的过程中发挥着不可替代的作用。

风险评估与管理工具是一套集成了风险评估各类知识和判据的管理信息系统，以规范风险评估的过程和操作方法，或是用于收集评估所需要的数据和资料，基于专家经验，对输入输出进行模型分析，通常在进行风险评估后有针对性地提出风险控制措施。

风险评估与管理工具根据信息所面临的威胁的不同分布进行全面考虑，在风险评估的同时根据面临的风险提供相应的控制措施和解决办法。此类工具通常建立在一定的算法之上，风险由关键信息资产、资产所面临的威胁及威胁所利用的脆弱性三者来确定。也可以建立专家系统，利用专家经验进行风险分析，给出专家结论，在生命周期内需要不断进行知识库的扩充，以适应不同的需要。

根据实现方法的不同，风险评估与管理工具可以分为以下 3 种。

1）基于相关标准或指南的风险评估与管理工具

目前，国际上存在多种不同的风险评估或分析的标准或指南，不同方法侧重点有所不同，例如 NIST SP 800—30、BS7799、ISO/IEC 13335 等。以这些标准或指南的内容为基础，分别开发和建立相应的评估工具，完成遵循标准或指南的风险评估过程。例如，英国基于 BS 7799 标准认证并开发的 CRAMM、美国国家信息安全保障合作组织（National Information Assurance Partnership，NIAP）的 CC Toolbox、美国 NIST 根据 SP 800—26 完成 IT 安全自动化自我评估的 ASSET 等，其中 ASSET 可免费使用。

2）基于知识的风险评估与管理工具

基于知识的风险评估与管理工具并不仅仅遵循某个单一的标准或指南，还将各种风险分析方法进行综合，并结合实践经验，形成风险评估知识库，以此为基础完成综合评估。它还涉及来自类似组织（包括规模、商务目标和市场等）的最佳实践，主要通过多种途径采集相关信息，识别组织的风险和当前的安全措施，并与特定的标准或最佳实践进行比较，从中找出不符合的地方，同时产生专家推荐的安全控制措施。例如，Microsoft 公司推出的基于专家系统的 MSAT（Microsoft Security Assessment Tool）、英国 C&A System Security 公司推出的自动化风险评估与管理工具 COBRA（Consultative，Objective and Bi-Functional Risk Analysis）等，并且 COBRA 和 MSAT 可免费使用或试用。

3）基于定性或定量的模型算法的风险评估与管理工具

风险评估根据对各要素的指标量化及计算方法不同分为定性和定量的风险分析工具。基于标准或基于知识的风险评估与管理工具，都使用了定性分析方法或定量分析方法，或将定性与定量相结合。这类工具在对信息系统各组成部分、安全要素充分分析的基础上，对典型信息系统的资产、威胁和脆弱性建立定性的或量化、半量化的模型，并根据收集信息输入，得到风险评估的结果。例如，英国 BSI 根据 ISO 17799 进行风险等级和控制措施的过程式分析工具 RA/SYS（Risk Analysis System）、国际安全技术公司

(International Security Technology Inc)提供的半定量(定性与定量方法相结合)的风险评估工具 CORA(Cost-of-Risk Analysis)等。

信息基础设施风险评估工具包括脆弱性扫描工具和渗透性测试工具,主要用于对信息系统的主要部件(如操作系统、数据库系统、网络设备等)的脆弱性进行分析,或实施基于脆弱性的攻击。

1. 脆弱性扫描工具

脆弱性扫描工具也称为安全扫描、漏洞扫描器,评估网络或主机系统的安全性并且报告系统脆弱性。这些工具能够扫描网络、服务器、防火墙、路由器和应用程序发现其中的漏洞。通常情况下,这些工具能够发现软件和硬件中已知的安全漏洞,以决定系统是否易受已知攻击的影响,并且寻找系统脆弱点,如安装方面与建立的安全策略相悖等。

脆弱性扫描工具是目前应用最广泛的风险评估工具,主要完成对操作系统、数据库系统、网络协议、网络服务等的安全脆弱性检测。

一般的脆弱性扫描工具可以按照目标系统的类型分为以下3种。

(1) 面向主机的扫描器:用来发现主机的操作系统、特殊服务和配置的细节,发现潜在用户行为的风险,如密码强度不够,也可实施对文件系统的检查。其原理主要是根据已披露的脆弱性特征库,通过对特定目标发送指令并获得反馈信息来判断该漏洞是否存在。

(2) 基于网络监测的扫描器:通过旁路或串联入网络关键结点,针对网络中的数据流检测,例如,防火墙配置错误或连接到网络上易受到攻击的网络服务器的关键漏洞。其原理是通过分析网络数据流中特定数据包的结构和流量,分析存在的漏洞。

(3) 数据库脆弱性扫描器:对数据库的授权、认证和完整性进行详细的分析,也可以识别出数据库系统中潜在的脆弱性。其原理是根据数据库典型漏洞库和分析数据库访问语法特点来判断是否存在脆弱性。

目前常见的脆弱性扫描工具有 Nmap、X-scan、Nessus 和 Fluxay 等。

(1) Nmap(Network Mapper)是在自由软件基金会的通用公共许可证(GNU General Public License,GPL)下发布的一款免费的网络探测和安全审计工具。它能够扫描大规模网络以判断存活的主机及其所提供的 TCP、UDP 网络服务,支持流行的 ICMP、TCP 及 UDP 扫描技术,并提供一些较高级的服务功能,如服务协议指纹识别(fingerprinting)、IP 指纹识别、隐秘扫描(避开入侵检测系统的监视,并尽可能不影响目标系统的日常操作)及底层的滤波分析等。

Nmap 通过使用 TCP/IP 协议栈指纹来准确地判断目标主机的操作类型。首先,Nmap 通过对目标主机进行端口扫描,找出正在目标主机上监听的端口;其次,Nmap 对目标主机进行一系列的测试,利用响应结果建立相应目标主机的 Nmap 指纹;最后,将此指纹与指纹库中的指纹进行查找匹配,从而得出目标主机类型、操作系统的类型和版本及运行服务等相关信息。

(2) X-scan 是一款运行在 Windows 平台上免费的网络脆弱性扫描工具。它采用多线程方式对指定的 IP 地址段(或单个主机)进行安全漏洞检查,支持插件功能,提供了图形界面和命令行两种操作方式,扫描内容包括远程服务类型、操作系统类型及版本、各种弱口令漏洞、后门、应用服务漏洞、网络设备漏洞、拒绝服务漏洞等二十几个大类。目前

X-Scan 较稳定的版本是 Version 3.3。

X-Scan 采用由 NASL(Nessus Attack Script Language)脚本语言设计的插件库，共有两千多个插件。X-San 对 NASL 插件库进行筛选和简化，去除了许多不常用的插件，同时把多个实现同一扫描功能的插件筛选成一个插件，大大地简化了插件库，极大地提高了扫描的效率。X-Scan 把扫描报告与安全焦点网站(http://www.xfocus.net)相连接，对扫描到的每个漏洞进行“风险等级”评估，并提供漏洞描述、解决方案及详细描述链接，以方便网络管理员测试和修补漏洞。

(3) Nessus 是在 1998 年由法国青年 Renaud Derasion 提出的一款基于插件的 C/S 构架的脆弱性扫描器。它采用多线程方式，完全支持 SSL(Secure Socket Layer)，能自行定义插件，拥有很好的 GTK(GIMP Toolkit，跨平台的图像处理工具包)界面，提供完整的计算机漏洞扫描服务，具有强大的报告输出能力，支持输出 HTML、XML、LaTeX 和 ASCII 等格式的安全报告，并且会为每一个发现的安全问题提出解决建议。与传统的漏洞扫描软件不同之处在于，Nessus 可同时在本地(已授权的)或远程遥控，进行系统的漏洞分析扫描，其运行效能还能随着系统的资源而自行调整。目前 Nessus 最新的稳定版本是 2012 年 2 月发布的 Version 5。

Nessus 是目前最流行和最有能力的脆弱性扫描器之一，特别是针对 Unix 操作系统。最初它是免费和开源的，但分别在 2005 年和 2008 年停止开放源代码和提供注册版(registered feed)，但可以下载一个功能有限的免费家庭版试用。

Nessus 也采用 NASL 插件库，最新版有超过 46 000 个插件，而且还在不断增加，所有的插件都由 Nessus 官方网站进行维护。这些插件很多都是由全世界的网络安全爱好人员编写的，他们把写好的插件发给 Nessus 官方网站，然后工作人员再对这些插件进行测试，测试通过的就分配一个全球唯一的 ID 号，这样，就构成了针对不同操作系统、不同服务的强大的插件库。也正是此原因，许多插件实现的其实是同一功能。

(4) Fluxay(流光)是一款既能实现脆弱性扫描，又能进行渗透性测试的国产免费工具。其工作原理是：首先，获得计算机系统在网络服务、版本信息、Web 应用等方面相关的信息，采用模拟攻击的方法，对目标主机系统进行攻击性的安全漏洞扫描，如弱口令测试。如果模拟攻击成功，则视为系统存在脆弱性。或根据事先定义的漏洞库对可能存在的脆弱性进行逐项检测，按照匹配规则将扫描结果与漏洞库进行比对，如果满足匹配条件，则视为系统存在脆弱性。最后，根据检测结果向系统管理员提供安全分析和安全策略建议报告，并作为系统和网络安全整体水平的评估依据。目前 Fluxay 较新的稳定版本是 Fluxay 5.0。

2. 渗透性测试工具

渗透性测试工具根据脆弱性扫描工具扫描的结果进行模拟攻击测试，判断被非法访问者利用的可能性。这类工具通常包括黑客工具、脚本文件等。渗透性测试的目的是检测已发现的脆弱性是否真正会给系统或网络带来影响，能直观地让管理人员知道自己网络所面临的问题，了解当前系统的安全性，了解攻击者可能利用的途径，以便对危害性严重的漏洞及时修补。通常渗透性测试工具与脆弱性扫描工具一起使用，但可能会对被评估系统的运行带来一定影响。

目前常见的渗透性测试工具有Core Impact、Canvas和Metasploit等。

1) Core Impact

Core Impact渗透测试工具是全球公认最强的入侵检测和安全漏洞利用工具。它拥有一个强大的定时更新的专业漏洞数据库，是评估网络系统、站点、邮件用户和Web应用安全的最全面解决方案。目前Core Impact最新的稳定版本是2015年发布的Core Impact pro 2015 R1。

Core Impact具有以下特点。

(1) 通过使用渗透测试技术，能检测出新出现的关键性威胁，并追踪出对重要信息资产的威胁或攻击路径。

(2) 从攻击者的角度，通过可靠的测试方法，找出网络、Web应用程序和用户方面的安全漏洞，例如：

① 在网络服务器和工作站中，对防护漏洞进行渗透，确定可被利用的漏洞和服务。

② 测试用户对钓鱼、垃圾邮件和其他电子邮件威胁的反应。

③ 测试Web应用安全，如通过SQL注入和远程文件包含技术访问后端数据来控制Web应用，呈现基于Web攻击造成的后果。

④ 从误报中区分出真正的威胁，以加速和简化补救措施。

⑤ 配置和测试IDS、IPS、防火墙及其他安全设施的有效性。

⑥ 确认系统的升级、修改和补丁的安全性。

⑦ 建立和保持脆弱性管理办法的审计跟踪。

Core Impact是商业软件，价格较高。如果资金有限，可以考虑价格较便宜的Canvas或免费的Metasploit。当然，3个工具同时使用能达到更好的效果。

2) Canvas

Canvas是Aitel's ImmunitySec推出的一款专业的渗透测试工具。它包含了150个以上的漏洞，以及操作系统、应用软件等方面的大量安全漏洞。对于渗透测试人员来说，Canvas常被用于对IDS和IPS的检测能力的测试。Canvas支持的安装平台有Windows、Linux、MacOSX，以及其他环境(如移动手机、商业Unix)。有些平台下只能通过命令行的方式操作，有些可以通过GUI界面操作使用。Canvas工具在兼容性设计方面比较好，可以使用其他团队研发的漏洞利用工具，例如，使用Gleg、Ltd's VulnDisco、the Argeniss Ultimate0day漏洞利用包。目前Canvas最新的版本是2015年11月发布的Version 7.07。

Canvas具有以下特点。

(1) 能自动对网络、操作系统、应用软件等进行扫描，找出漏洞并自动进行攻击，并且在攻击成功后，自动返回目标系统的控制权。

(2) 扫描网络中的风险状况，具有针对远程攻击、应用程序攻击、本地攻击、Web攻击和数据库攻击等的渗透测试功能。

(3) 其漏洞库每天都进行更新，包含了未公开的漏洞，并可以指定漏洞对目标系统进行攻击测试。

Canvas每个月都发布稳定的版本，通过Web站点进行更新，同时更新漏洞利用模块和引擎程序，并且及时发邮件提醒和指导用户使用。

3）Metasploit

Metasploit是一款开源的、免费的安全漏洞检测工具。Metasploit Framework（MSF）在2003年以基于Perl脚本语言的开源方式发布，后来又用Ruby编程语言重新编写，提供了一个开发、测试和使用恶意代码、验证漏洞并进行安全评估的环境。它将负载控制、编码器、无操作生成器和漏洞整合在一起，使Metasploit Framework成为一种研究高危漏洞的途径，为渗透测试、shellcode编写和漏洞研究提供了一个可靠平台，并集成了大量的当前流行的操作系统和应用软件的exploit和shellcode，并且不断更新。目前Metasploit最新的稳定版本是Metasploit pro 4.9。

Metasploit主要基于Linux系统运行，也用于Windows操作系统，Metasploit使用简单，但功能强大。作为安全工具，Metasploit在安全检测和渗透测试中发挥着不容忽视的作用，并为漏洞自动化探测和及时检测系统漏洞提供了有力保障。

3.5 本章小结

信息系统的安全风险评估可以用来了解信息系统的安全状况，估计威胁发生的可能性，计算由于系统易受到攻击的脆弱性而引起的潜在损失，并帮助选择安全防护控制措施，将风险降低到可接受的程度，提高信息安全保障能力。

信息系统是信息安全风险评估的对象，信息系统中的资产、信息系统面临的可能威胁、系统中存在的脆弱性、安全风险、安全风险对业务的影响，以及系统中已有的安全控制措施和系统的安全需求等构成了信息安全风险评估的基本要素。风险评估基本上都是围绕资产、威胁、脆弱性的识别与评价展开，进一步分析不期望事件发生的可能性及其对组织的影响，并考虑如何选择合适的安全控制措施，将安全风险降低到可接受的程度。从总体上看，风险评估过程分为4个阶段，即风险评估准备、风险识别、风险分析和风险管理过程。

思考题

1. 什么是信息安全风险评估？请简述其内涵。
2. 信息资产可以分为哪些类型？举例说明。
3. 简述信息安全风险要素的识别与分析，包括资产、威胁和脆弱性。
4. 如何进行信息安全风险控制与管理？
5. 简述信息安全风险及其各要素之间的关系。
6. 简述信息安全风险评估的组织实施。
7. 简述信息安全风险评估与风险管理的关系。

第4章 信息安全等级管理

信息安全等级管理指为了信息安全管理目标的顺利达成，遵循各部门、各单位业务分级管理的内在规律，从保障业务分级管理需求出发，分类分级保护业务信息资源安全，保障信息系统连续安全运行。我国对信息安全等级的管理主要采取等级保护的方法，实行信息安全等级保护制度，按照“适度安全、保护重点”的原则，分等级、按需要重点保护基础信息网络和重要信息系统。信息安全等级保护的核心是对信息安全分等级、按标准进行建设、管理和监督。信息安全作为国家信息安全的重要组成部分，也应实行等级保护，即按信息系统及其所承载信息的重要程度来分级采取防护措施。其中，新建信息系统必须根据重要程度、涉密等级和安全威胁，合理确定防护等级需求，按标准同步设计安全防护系统；在用的信息系统也应进行防护等级评定，针对薄弱环节，完善防护措施，提升防护强度；各类信息系统在投入正式运行前，必须经过安全等级评定和检测评估，不合格的不能投入使用。

4.1 信息安全等级保护概述

信息安全等级保护指对国家秘密信息、法人和其他组织及公民的专有信息及公开信息和存储、传输、处理这些信息的信息系统分等级实行安全保护，对信息系统中使用的信息安全产品实行按等级管理，对信息系统中发生的信息安全事件分等级响应、处置。具体来说，信息安全等级保护就是综合考虑信息系统应用业务和数据的重要性、涉密程度和面临的信息安全风险等因素，对潜在威胁、薄弱环节、防护措施等进行分析评估，采取不同防护标准，配备不同防护设施，进行有针对性的安全防护。

4.1.1 信息系统等级保护分级

信息系统的安全保护等级根据被保护对象业务类型的重要性和受侵害后的影响程度综合确定，是反映信息系统重要程度和安全防护需求的指标，是信息系统的客观属性，由低至高分为一级、二级、三级、四级和五级 5 个等级。信息系统安全等级是信息安全工作的基本组成部分，遵循统一领导、分工负责，合理定级、科学保护、技管并重、全面规范的原则。

1. 业务类型

信息系统业务类型主要包括办公、保障、日常工作和日常管理等。

2. 影响程度

信息系统受侵害后的影响程度分为大、较大、中和小四类，判定条件如表 4-1 所示。

表 4-1　信息系统受侵害后的影响程度判定表

影响程度	判定条件
大	(1) 直接影响全范围； (2) 直接影响主要或重要战略方向； (3) 直接影响区域范围，网络规模超过 5000 台终端，或用户数量超过 10 000
较大	(1) 直接影响区域范围； (2) 直接影响区域相应等级单位，网络规模超过 2000 台终端，或用户数量超过 5000
中	(1) 直接影响区域相应等级单位； (2) 直接影响区域相应等级单位，网络规模超过 500 台终端，或用户数量超过 1000
小	直接影响区域以下相应等级单位

3. 等级确定

信息系统安全保护等级确定方法见表 4-2。

表 4-2　信息系统等级保护定级对照表

影响程度 / 业务类别	小	中	较大	大
办公	第三级	第四级	第四级	第五级
保障	第三级	第三级	第四级	第五级
日常工作	第二级	第三级	第四级	第五级
日常管理	第一级	第二级	第三级	第四级

4.1.2　信息系统等级保护能力

将“信息系统的安全保护能力”分级，是由于系统的保护对象不同，其重要程度也不相同，重要程度决定了系统所具有的能力也就有所不同。一般来说，信息系统越重要，应具有的保护能力就越高。因为系统越重要，其所遭到破坏的可能性越大，遭到破坏后的后果越严重，因此需要较高安全保护能力。

信息系统的安全保护能力包括对抗能力和恢复能力。不同级别的信息系统应具备相应等级的安全保护能力，即应该具备不同的对抗能力和恢复能力，以对抗不同的威胁和能够在不同的时间内恢复系统原有的状态。

对抗能力是能够应对威胁的能力，不同等级的系统所应对抗的威胁主要从威胁源（自然、环境、系统、人为），动机（不可抗外力、无意、有意），范围（局部、全局），能力（工具、技术、资源等）4 方面来考虑。

(1) 威胁源指任何能够导致非预期的不利事件发生的因素，通常分为自然（如自然灾害）、环境（如电力故障）、系统（如系统故障）和人员（如心怀不满的人员）4 类。

(2) 动机与威胁源和目标有着密切的联系，不同的威胁源对应不同的目标有着不同的动机，通常可分为不可抗外力（如自然灾害）、无意的（如人员的疏忽大意）和有意的（如情报机构的信息收集活动）。

(3) 范围指威胁潜在的危害范畴，分为局部和全局两种情况。例如病毒威胁，有些计算机病毒的传染性较弱，危害范围是有限的；但是蠕虫类病毒则相反，它们可以在网络中以惊人的速度迅速扩散并导致整个网络瘫痪。

(4) 能力主要是针对威胁源为人的情况，它是衡量攻击成功可能性的主要因素。能力主要体现在威胁源占有的计算资源的多少、工具的先进程度、人力资源（包括经验）的多少等方面。

恢复能力指能够在一定时间内恢复系统原有状态的能力。恢复能力主要从恢复时间和恢复程度上来衡量其不同级别。恢复时间越短、恢复程度越接近系统正常运行状态，表明恢复能力越高。但在某些情况下，信息系统无法阻挡威胁对自身的破坏时，如果系统具有很好的恢复能力，那么即使遭到破坏，也能在很短的时间内恢复系统原有的状态。

信息系统在运行过程中，可能面对以下几类安全威胁。

(1) 网络战行动；

(2) 蓄意的攻击和窃密；

(3) 一般的病毒、木马和攻击；

(4) 自然灾害；

(5) 火力打击。

不同安全保护等级的系统应对安全威胁的能力如表4-3所示。

表4-3 保护等级应对安全威胁能力表

安全威胁	信息系统安全保护等级				
	第一级	第二级	第三级	第四级	第五级
网络战行动	○	○	○	◎	●
蓄意的攻击和窃密	○	◎	●	●	●
一般的病毒、木马和攻击	●	●	●	●	●
自然灾害	○	○	◎	●	●
火力打击	○	○	◎	◎	●

注：●应对能力强，◎应对能力中，○应对能力弱。

4.1.3 信息系统安全等级保护基本要求

针对各等级系统应当对抗的安全威胁和应具有的恢复能力，《信息系统安全等级保护基本要求》规定了各等级的安全要求。安全要求包括了技术要求和管理要求，技术要求主要用于对抗威胁和实现技术能力。管理要求主要为安全技术实现提供组织、人员、程序等方面的保障。

1. 框架结构

根据信息系统安全的整体结构，信息系统安全可从物理、网络、主机系统、应用系统和数据5个层面进行保护,因此,技术要求也相应分为5个层面上的安全要求。①物理层面安全要求:主要从外界环境、基础设施、运行硬件、介质等方面为信息系统的安全运行提供基本的后台支持和保证。②网络层面安全要求:为信息系统能够在安全的网络环境中运行提供支持,确保网络系统安全运行,提供有效的网络服务。③主机层面安全要求:在物理、网络层面安全的情况下,提供安全的操作系统和安全的数据库管理系统,以实现操作系统和数据库管理系统的安全运行。④应用层面安全要求:在物理、网络、系统等层面安全的支持下,实现用户安全需求所确定的安全目标。⑤数据层面安全要求:全面关注信息系统中存储、传输、处理等过程的数据的安全性。

管理类安全要求主要围绕基本管理要求和生命周期管理要求两方面展开,基本管理要求包括安全管理机构和岗位设置、安全检查、内部人员管理、对外交流、应急响应等要求,生命周期管理要求包括系统立项与设计、实施、运维、变更、废止等五方面的要求。

《信息安全技术网络安全等级保护基本要求》(简称《基本要求》)在整体框架结构上以三种分类为支撑点,自上而下分别为类、控制点和项。其中,类表示在整体上大的分类,一共分为七大类:技术部分分为物理安全、网络安全、主机安全、应用安全和数据安全等五大类;管理部分分为基本管理和生命周期管理两大类。控制点表示每个大类下的关键控制点,如物理安全大类中的"物理访问控制"作为一个控制点。而项则是控制点下的具体要求项,如"机房出入应安排专人负责,控制、鉴别和记录进入的人员"。

2. 描述模型

不同级别的信息系统应该具备的安全保护能力不同,即对抗能力和恢复能力不同。安全保护能力不同意味着能够应对的威胁不同,较高级别的系统应该能够应对更多的威胁。应对威胁将通过技术措施和管理措施来实现,应对同一个威胁可以有不同强度和数量的措施,较高级别的系统应考虑更为周密的应对措施。《基本要求》的描述模型如图4-1所示。

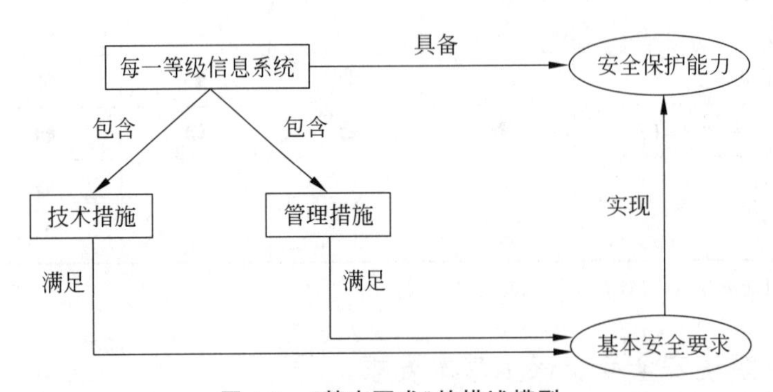

图4-1 《基本要求》的描述模型

4.2 信息安全等级保护技术要求

信息安全等级保护技术要求包括物理安全、网络安全、主机安全、应用安全和数据安全5个层面以及贯穿5个层面的安全支撑与运行维护等方面的基本安全防护措施。

4.2.1　物理安全要求

物理安全保护的目的，主要是使存放计算机、网络设备的机房及信息系统的设备和存储数据的介质等免受物理环境、自然灾害及人为操作失误和恶意操作等各种威胁所产生的攻击。

物理安全主要涉及的方面包括环境安全(防火、防水、防雷击等)设备和介质的防盗窃、防破坏等方面。具体包括场地选择、温湿度控制、防静电、防雷、防火、安全防范、电磁泄漏防护7个控制点。

1. 场地选择

场地选择主要在初步确定系统运行环境的物理位置时进行考虑。物理位置的正确选择是保证系统能够在安全的物理环境中运行的前提，它在一定程度上决定了系统面临的自然灾难及可能的环境威胁。例如，选择独立的专用场地，可以更好地提供安全可靠的运行环境；又如，在我国南方地区，夏季多雨水，雷击和洪灾发生的可能性也较大，地理位置决定了该地区的系统必然会遭受这类威胁。如果没有正确地选择场地，必然会造成后期为保护物理环境而投入大量资金、设备，甚至无法弥补。因此，物理位置选择必须考虑周遭的整体环境及具体楼宇的物理位置是否能够为信息系统的运行提供物理上的基本保证。

2. 温湿度控制

为确保机房内各种设备运行正常，必须将温度、湿度控制在一定范围内，温湿度过高或过低都会对设备产生不利影响。理想的空气湿度为40%～70%，过高的湿度可能会在天花板、墙面及设备表面形成水珠，造成危害，甚至还可能产生电线连接腐蚀等问题。过低的湿度则增加了静电产生危害的可能。温度控制在20℃左右是设备正常工作的良好温度条件。

3. 防静电

防静电控制点主要考虑在物理环境中，尽量避免产生静电，以防止静电对设备、人员造成伤害。大量静电如果积聚在设备上，会导致磁盘读写错误、损坏磁头，对CMOS静电电路也会造成极大威胁。尽管静电放电对电子元器件的损害初期仅表现出某些性能参数下降，但随着这种效应的累加，最终会造成设备的严重损坏。

防静电措施包括最基本的接地、防静电地板、设备防静电等方面。当然，对室内温湿度的控制，也是防止静电产生的较好措施。

4. 防雷

防雷控制点主要考虑采取措施防止雷电对电流、进而对设备造成的不利影响。雷电对设备的破坏主要有两类：一类是直击雷破坏，即雷电直击在建筑物或设备上，使其发热燃烧和机械劈裂破坏；另一类是感应雷破坏，即雷电的第二次作用，强大的雷电磁场产生的电磁效应和静电效应使金属构件产生高至数十万伏的电压。目前，大多数建筑物都设有防直击雷的措施，即避雷装置，因此，防雷击主要集中在防感应雷。

5. 防火

防火控制点主要考虑采取各种措施防止火灾的发生及火灾发生后能够及时灭火，分别从设备灭火、建筑材料防火和区域隔离防火等方面考虑。

6. 安全防范

安全防范控制点主要考虑系统运行的设备、介质及通信线缆的物理安全性，主要侧重在出入口及重点部位的控制、监视，这在一定程度上防止了设备设施的被盗与失控，并提供事后追查的相关记录。例如，安全有效的门控系统、监视系统、报警系统，是物理安全防范的一些基本方法，也是防止外部非授权人员对系统进行本地恶意操作的重要防护措施。

7. 电磁泄漏防护

现代通信技术是建立在电磁信号传播的基础上，而空间电磁场的开放特性决定了电磁泄漏是危及系统安全性的一个重要因素，电磁泄漏防护主要提供对信息系统设备的电磁信号进行保护，确保用户信息在使用和传输过程中的保密性。

电磁泄漏防护手段包括从线缆物理距离上隔离、设备接地到设备的电磁屏蔽等方面。

4.2.2 网络安全要求

网络安全为信息系统在网络环境的安全运行提供支持。一方面，确保网络设备的安全运行，提供有效的网络服务；另一方面，确保在网上传输数据的保密性、完整性和可用性等。由于网络环境是抵御外部攻击的第一道防线，因此必须进行各方面的防护。对网络安全的保护，主要关注两个方面：共享和安全。开放的网络环境为信息资源的传输与共享提供了最好的平台，但同时也带来了许多安全方面的隐患。因此，必须在二者之间寻找恰当的平衡点，在尽可能安全的情况下实现最大程度的资源共享，这是我们实现网络安全的理想目标。

网络安全主要关注的方面包括网络结构、网络边界及网络设备自身安全等，具体包括结构安全、安全准入控制、网络访问控制、入侵检测等 4 个控制点。

1. 结构安全

在对网络安全实现全方位保护之前，首先应关注整个网络的外部连接关系、内部体系架构是否合理。只有结构安全了，才能在其上实现各种技术功能，达到网络安全保护的目的。通常，一个机构并不是孤立存在的，与外部存在一定的信息交互关系；同时机构内部又包括多个业务部门，各部门的地位、重要性不同，部门所要处理的信息重要性也不同，因此，存在网络隔离与内部体系结构设计等方面问题。结构安全控制点主要从物理隔离、边界明确、结构清晰、结构冗余等方面提出要求。

2. 安全准入控制

为防止非法用户访问网络资源，同时又确保合法用户的正常访问，必须建立安全的准入控制措施。只有将非法用户隔离在网络之外，让其无法进入网络，接触不到网络中的信息资源，才能为网络信息资源提供较好的安全保障。安全准入控制点主要从地址绑定、未用端口关闭、接入认证、基线核查等方面提出要求。

3. 网络访问控制

对于网络而言，最重要的一道安全防线就是边界，边界上汇聚了所有流经网络的数据流，必须对其进行有效的监视和控制。所谓边界即是采用不同安全策略的两个网络的，如用户网络和互联网之间的连接，和其他业务往来单位的网络连接，用户内部网络不同部门之间的连接等。有连接,必有数据间的流动,因此在边界处,重要的就是对流经的数据(或称进出网络)进行严格的访问控制,按照一定的规则允许或拒绝数据的流入、流出。网络访问控制点主要从边界防护、访问受控等方面来要求。

4. 入侵检测

网络访问控制在网络安全中起到"大门警卫"的作用,对进出的数据进行规则匹配,是网络安全的第一道闸门。但其也有局限性,只能对进出网络的数据进行分析,对网络内部发生的事件则无能为力。基于网络的入侵检测,被认为是防火墙之后的第二道安全闸门,它主要监视所在网段内的各种可疑行为与数据包,如果与内置的入侵行为规则吻合,入侵检测系统就会记录攻击源 IP 地址与端口、攻击类型、攻击目标 IP 地址与端口、攻击使用的协议、攻击时间、威胁程度等信息,并发出警报。

4.2.3 主机安全要求

主机安全是包括服务器、终端/工作站等在内的计算机设备在操作系统及数据库系统层面的安全。终端/工作站是带外设的台式机与笔记本计算机,服务器则包括应用程序、网络、Web、文件与通信等。主机系统是构成信息系统的主要部分,其上承载着各种应用。因此,主机系统安全是保护信息系统安全的中坚力量。

主机安全包括计算环境架构安全、登录安全控制、恶意代码防范、主机安全监控、备份与恢复 5 个控制点。

1. 计算环境架构安全

主机安全更多地需要计算环境架构来提供安全支撑,为计算平台增加具有安全保护功能的硬件,使计算平台具有一定的安全保护能力,并在这样的平台上通过软硬件结合的方式构建可信计算环境,或将终端功能固化下来,可以确保其上运行程序和数据的真实性、机密性和可控性等特性。利用可信计算环境与终端功能固化,可以弥补仅依靠软件安全防范方式带来的不足,从而更好地解决主机安全面临的问题和挑战。

2. 登录安全控制

为确保主机安全,应在终端或服务器开机后、操作系统加载前,对用户身份进行鉴别和权限验证,采用基于数字证书和用户签名验证进行用户身份鉴别,当终端检查不到用户身份凭证的时候应自动关机。同时,对用户登录权限实行集中统一管理,删除操作系统默认和多余的账户。

3. 恶意代码防范

恶意代码一般通过两种方式造成破坏,一种是通过网络,另一种就是通过主机。网络边界处的恶意代码防范可以说是防范工作的"第一道门槛",然而,如果恶意代码通过网络进行蔓延,那么直接后果就是造成网络内的主机感染,所以说,网关处的恶意代码防范并不是"一劳永逸"的。另外,通过各种移动存储设备,也可能造成主机感染病毒,而后通过网络感染其他主机。所以说,这两种方式是交叉发生的,必须同时加以防范。

由于不同厂商的恶意代码防范产品在恶意代码库的定义以及升级时机上都有所不同,因此,如果主机和网络的防范产品出自不同厂家,那么二者相互补充,在防范水平上会比同样一种产品防范两处要高。

由于信息系统具有网络层次多、结点多、覆盖地域广等特点，各部门对计算机的使用和维护水平也不尽相同，这些均要求防恶意代码软件能够提供统一管理和集中监控，能够在恶意代码监控中心的统一管理下，统一自动升级，将潜在的恶意代码感染清除在感染之前。同时，也极大地简化系统维护工作，有利于防范恶意代码策略的有效实施。

4. 主机安全监控

在主机安全监控层面，应从影响主机安全的事件、行为等方面入手，采取静态比较、动态监测、实时控制等方法，确保主机安全。主机安全控制点主要从文件监控、软件监控、进程监控、输入输出监控、外联监控、网络通信监控，策略统管等方面提出要求。

5. 备份与恢复

硬件及操作系统备份是防止系统被破坏后无法恢复的重要手段，是保证系统可用的重要内容。在高级别的信息系统中采用一定比例的冷备份、热备份、异地备份，对硬件设备设置冗余，对操作系统配置镜像，当主系统不可用时，及时切换到备份系统，迅速恢复系统服务，能有效降低灾难发生时造成的危害。

4.2.4 应用安全要求

通过网络、主机系统的安全防护，最终应用安全成为信息系统整体防御的最后一道防线，在应用层面运行着信息系统的基于网络的应用及特定业务应用。基于网络的应用是形成其他应用的基础，包括消息发送、Web 浏览等，可以说是基本的应用。业务应用是建立在基本应用，如电子商务、电子政务等的基础之上的。由于各种基本应用最终是为业务应用服务的，因此对应用系统的安全保护最终就是如何保护系统的各种业务应用程序安全运行。

应用安全主要涉及访问控制、会话保护、应用系统攻击防护、备份与恢复 4 个控制点。

1. 访问控制

在应用系统中实施访问控制是为了保证应用系统受控合法地使用。用户只能根据自己的权限大小来访问应用系统，不得越权访问。对用户访问权限实施集中统一管理，主体控制粒度达到单个用户，客体控制粒度达到信息类别和操作界面，并授予用户完成承担任务所需的最小权限。

2. 会话保护

在计算机系统中用户一般不直接与内核打交道，通过应用层作为接口进行会话。但由于应用层并不是可完全信任的，因此，应该能设置应用系统的最大并发会话连接数、会话建立速率、单用户并发会话数，当登录用户的操作超时或鉴别失败时进行锁定，根据服务优先级分配系统资源等。

3. 应用系统攻击防护

应用系统应对人机接口输入、网络通信输入、文件输入的数据进行格式和长度检查，防止攻击事件的发生。并能有效检测并防御 SQL 注入攻击、网页篡改攻击、跨站脚本攻击、拒绝服务攻击等应用层的攻击行为。

4. 备份与恢复

应用系统提供特定的业务服务，为使业务服务持续稳定，采取同步备份、异构备份是一种行之有效的方法，当业务服务出现问题时，能立即启用备份进行恢复，以减少安全事件带来的损失。

4.2.5　数据安全要求

信息系统处理的各种数据（用户数据、系统数据、业务数据等）在维持系统正常运行上起着至关重要的作用。一旦数据遭到破坏（泄露、修改、毁坏），会在不同程度上造成影响，从而危害系统的正常运行。由于信息系统的各个层面（网络、主机、应用等）都对各类数据进行传输、存储和处理，因此，对数据的保护需要物理环境、网络、数据库和操作系统、应用程序等提供支撑。各个层面把好关，加上数据本身提供一些防御和修复手段，就可为数据安全提供较好的保障。

保证数据安全应从数据文件安全和数据库安全这两个控制点考虑。

1. 数据文件安全

数据文件安全主要保证各种重要数据在存储和传输过程中免受未授权的破坏，确保数据的完整性、保密性、可用性。主要包括：对数据文件进行集中存储和管控，用户终端不留存数据文件；对文件访问实施强制访问控制；对数据文件的创建、修改（含重命名）、复制、删除、导入导出、打印等操作进行审计；对存储的数据文件进行完整性校验；对数据文件配置备份与恢复策略；对数据文件及存储数据文件的存储介质进行销毁时提出明确要求等。

2. 数据库安全

在数据库安全方面的要求主要包括：采用自主可控的数据库管理系统；对数据库访问实施强制访问控制，访问粒度为库、表、记录；对数据库的访问行为进行审计；对数据库的内容进行完整性校验；对数据库创建相应的备份；对数据库文件及存储介质的销毁明确具体的要求等。

4.2.6　安全支撑与运维要求

安全支撑与运维方面的安全技术要求，贯穿于物理、网络、主机、应用、数据5个层面，属于公用安全技术，为信息系统可靠、高效、安全稳定运行提供保障，主要包括自主可控、安全认证与身份管理、安全审计、漏洞与补丁管理、伪装诱骗、设备安全配置、安全事件处置7个控制点。

1. 自主可控

推广自主可控基础软硬件的目的是解决信息安全的自主权问题，虽然自主并不等于安全，但的确是摆脱技术应用受制于人局面的最好途径。应大力发展安全芯片、BIOS、安全操作系统等基础软硬件，按照从低端到高端、先单机后系统的思路，在我国逐步推广应用国产关键软硬件，采取典型系统试验先行、领域重点突破的策略，优先实施指挥信息系统平台自主改造。

2. 安全认证与身份管理

为确保信息安全，必须对系统中的所有人员、设备、软件实施基于数字证书的身份标识，同时，标识人员、设备、软件的数字证书应由统一的证书管理体系签发，只有通过认证的用户才能被赋予相应的权限，进入系统并在规定的权限内操作。

3. 安全审计

如果将安全审计仅仅理解为“日志记录”功能，那么目前大多数的操作系统、网络设备都有不同程度的日志功能。但实际上仅有这些日志根本不能保障系统的安全，也无法满足事后的追踪取证。安全审计并非日志功能的简单改进，也并非等同于入侵检测。

网络安全审计重点包括：一是对网络流量监测及对异常流量的识别和报警、网络设备运行情况的监测等。通过对用户行为、管理行为、软件行为等方面的记录分析，形成报表，并在一定情况下发出报警、阻断等动作。二是对安全审计记录的保护，严格控制对审计记录的访问操作。三是应对审计记录进行集中管理，由于各个网络产品产生的安全事件记录格式目前不统一，难以进行综合分析，因此，集中审计已成为网络安全审计发展的必然趋势。

4. 漏洞与补丁管理

硬件和软件存在的漏洞是系统存在的最大安全隐患，随着技术的进步与系统研究开发的深入，系统中存在的漏洞被越来越多的人员了解掌握，一旦漏洞被敌方掌握而己方没有觉察，将给己方系统应用带来极大的安全威胁。因此，应具有动态更新的漏洞库与补丁库，能对系统内的网络设备、终端、服务器、安全设备等进行漏洞扫描；能对操作系统、数据库及应用软件等的漏洞和脆弱点进行及时修补。

5. 伪装诱骗

在实际应用中，对方会对探测、控制、导航定位及支援保障等诸多信息系统发起网络攻击。因此，可采取“蜜罐技术”、管理策略等措施，通过设置部署“蜜罐”“蜜网”等假目标或网络陷阱，模拟真实的信息资源、信息网络、信息系统，运用信源欺骗、通道欺骗、内容欺骗、身份欺骗、行为欺骗等手段，以假乱真，分散敌人注意力，诱敌入侵，并将捕捉到的敌攻击信息通过有线网络传至数据处理中心，进行处理分析，依据分析结果，组织相关技术力量对网络安全态势进行风险评估，研判防御措施，实施安全加固，以利于根据目前网电空间态势，制定联动策略。

6. 设备安全配置

信息系统中用到许多信息采集、信息传递、信息处理、安全保密等方面的设备，这些设备通常可通过一定的方式进行登录，对其各种参数进行配置、修改，参数配置是否合适，直接影响网络安全功能的发挥。因此，应对管理设备的用户身份进行鉴别和权限验证，对系统中所有暂不使用的网络接口（包括用户终端、服务器及网络设备的多余网络接口）应关闭或采取安全控制措施，对远程访问采取地址绑定、网络访问控制等手段加以保护。

7. 安全事件处置

系统应能动态掌握通信线路、主机、网络设备、安全设备和应用软件的运行状况和用户行为，及时发现安全事件；对已发现的安全事件进行等级划分，将泄密事件、网络攻击事件、病毒暴发情况和严重的系统故障及时上报；根据事先制定的应急响应预案和全网统一的应急响应策略对安全事件进行相应处置；同时，在安全事件报告和响应处理过程中，鉴定导致事件产生的原因，分析系统存在的安全弱点，详细记录相关证据和处理方式。

4.3　信息安全等级保护管理要求

各等级的管理要求包括组织机构、人员管理、管理制度等方面的基本管理要求和系统立项与设计、系统实施、系统运维、系统变更、系统废止等方面的生命周期管理要求。

4.3.1　基本管理要求

基本管理要求包括安全管理机构和岗位设置、安全检查、内部人员管理、对外交流、应急响应5个控制点。

1. 安全管理机构和岗位设置

安全管理，首先要建立一个健全、务实、有效、统一指挥、统一步调的安全管理机构，如信息安全管理小组，明确机构成员的职责，这是信息安全管理得以实施、推广的基础。在单位的内部结构上必须建立一整套从单位最高管理层到执行管理层及业务运营层的管理结构来约束和保证各项安全管理措施的执行。其主要工作内容包括对信息系统的安全管理、安全运维、安全自查，制定机构和岗位设置、安全检查、内部人员管理、对外交流、应急响应的相关制度；对机构内重要的信息安全工作进行授权和审批、内部相关业务部门和安全管理部门之间的沟通协调及与机构外部各类单位的合作、定期对系统的安全措施落实情况进行检查，以发现问题进行改进。

其次是需要设置职责明确的具体岗位，配备一定的专业人员进行信息安全不同方面的工作。例如，安全管理员负责安全防护设备的安全管理与日常安全维护，包括系统的安全配置、账户管理、系统升级，整个网络结构的安全、网络设备(包括安全设备)的正确配置等方面的工作；安全审计员负责系统安全审计管理。

2. 安全检查

为使信息安全管理工作落到实处，保证信息安全方针、制度能够正确贯彻执行，及时发现现有安全措施的漏洞和脆弱性，管理职能部门应定期组织相关部门人员按照安全审核和检查程序进行安全检查。检查的主要内容涉及现有安全措施的有效性、安全配置与安全策略的一致性及安全管理制度的落实情况等，并将安全检查结果形成报告，在一定范围内进行通报，对发现的问题限期整改，将整改情况记录备案。

3. 内部人员管理

内部人员是信息安全中最关键的因素，同时也是信息安全中最薄弱的环节。很多重要的信息系统安全问题都涉及用户、管理人员、设计人员。如果这些与人员有关的安全问题没有得到很好的解决，任何一个信息系统都不可能达到真正的安全。只有对人员进行了正确完善的管理，才有可能降低人为错误、盗窃、诈骗和误用设备的风险，从而减小信息系统遭受人员错误造成损失的概率。

具体来说，应对操作使用信息系统的内部人员进行政治审查，并签订保密协议；安全管理员和安全审计员上岗前应接受岗位技能培训和考核，并持有相应资质证书；对内部人员根据岗位进行技能、安全知识、应急预案的培训和考核；对离岗调动的人员进行脱密期管理，及时取消其访问授权，注销用户账号，回收身份凭证、资料、设备等。

4. 对外交流

由于信息安全管理部门并不是一个孤立的机构，与外部存在技术与管理等多方面的业务关系。例如，为了获取信息安全的最新发展动态，保证在发生安全事故时能尽快采取适当措施和得到支持与帮助，信息安全管理部门还应当和执法机关、管理机构，兄弟单位及电信运营部门保持适当的联系，加强与信息服务提供机构、业界专家、专业的安全公司、安全组织的合作与沟通。再如，向机构提供服务的服务人员，如软硬件维护和支持人员、贸易伙伴或合资伙伴、清洁人员、送餐人员、保安和其他的外包支持人员等。若安全管理不到位，外部人员的访问将给信息系统带来风险。因此，在业务上有与外部人员接触的需要时，应当对其适当地进行临时管理，实行准入审批、责任告知制度，限制携带设备；对于信息系统的核心要害部门不允许外部人员进入，以确保其安全性。

5. 应急响应

指挥信息系统处于高强度、持续性的对抗中，安全事件频发，应急响应是快速恢复网络功能，保持服务连续的一项核心工作。应急响应一般包含 3 个阶段。一是准备阶段，包括制定详细的应急响应预案，准备好应急装备、器材和人员，建立支持应急响应的平台和工具等，并视情进行应急响应演练。二是响应阶段，在安全事件发生的第一时间，快速按预案启动应急响应程序，按“先遏制后恢复、先保护后反击”的原则组织实施。三是总结分析阶段，包括收集整理安全事件相关信息，分析原因、评估损失，进一步改进安全防护措施，及时修正应急预案等。

4.3.2 生命周期管理要求

信息系统的安全管理贯穿系统的整个生命周期，生命周期管理主要关注的是生命周期中系统立项与设计、系统实施、系统运维、系统变更、系统废止等各项安全管理活动。

1. 系统立项与设计

信息系统的等级保护不是等系统建成以后才考虑的，而是在系统研究之初就应周密考虑。系统立项时，应确定保护等级，按等级要求进行立项论证，并报上级信息安全主管部门审核。同时，应具有独立的信息系统安全设计方案，按照系统保护等级进行安全设计，方案应通过上级信息安全主管部门组织的评审；系统保护等级发生变化时，应重新进行安全设计和评审。

2. 系统实施

系统实施过程中应严格遵守系统安全设计方案，按等级要求审查承研承建单位资质、选择安全设备；根据工程的具体情况划定知悉范围，严格控制参与工程的人员范围；系统建设过程中，应制定工程安全管理制度；在应用软件交付前应通过安全性测评，详细记录测试验收结果，形成测试验收报告。

3. 系统运维

系统在运行维护过程中，涉及诸多安全管理方面的要求，主要包括 6 个方面。一是资产管理。应建立信息系统相关设备与资产清单，统一登记资产标识、责任部门、责任人、重要程度和所处位置等信息；设备上应设置不易去除的标识，标注责任单位和责任人。二是设备维修与报废。设备维修应选择具有相应资质的维修单位，并与其签订保密协议；维修时应办理审批手续，维修过程应有不少于两人全程陪同；设备报废应办理审批手续，并对设备中存储的程序和数据进行销毁处理，不能销毁的应进行封存。三是安全策略。应建立安全策略配置规范，安全策略变动时应进行备份。四是安全评估。定期对全系统实施漏洞扫描。五是升级维护。应对病毒特征库、入侵检测规则库、漏洞信息库、安全补丁库进行定期更新。六是安全事件监控。应对通信线路、主机、网络设备、安全设备和应用软件的运行状况和用户行为进行集中监控；配备人员值班，按应急预案处置安全事件，并记录值班日志。

4. 系统变更

由于某些原因需要进行系统变更时，应向上级机关提出申请，重新确定保护等级，按照立项与设计阶段的要求，重新进行审核和安全设计；按照系统实施阶段的要求，组织系统变更的实施过程。

5. 系统废止

当信息系统不能满足实际需要，或有更好的信息系统取代时，面临着信息系统废止的问题。系统废止前，应由责任单位向信息安全主管单位提出申请，授权后方可执行。在系统废止过程中，应建立信息系统的废止规程，对设备中存储的程序和数据进行销毁处理，不能销毁的应进行封存，全过程由上级机关监督。系统废止后，应向相应等级保护备案机构备案。

4.4 信息安全等级保护组织实施

在信息系统建设过程中，应当按照《基本要求》等技术标准，同步建设符合该等级要求的信息安全设施；在信息系统建设完成后，应当依据《信息系统安全等级保护测评规范》等技术标准，定期对信息系统安全等级状况开展等级测评和自查(检查)；第三级信息系统应当每年至少进行一次测评和自查，第四级信息系统应当每半年至少进行一次测评和自查，第五级信息系统应当依据特殊安全需求进行测评和自查。经测评或自查，信息系统安全状况未达到安全保护等级要求的，应当制定方案进行整改。

按照《信息安全等级保护工作实施办法》，信息安全等级保护工作包括定级、备案、建设、测评和整改5个环节。定级环节用于确定信息系统的保护等级，区分安全保护的重点；备案环节用于审核信息系统的保护等级，并进行统一登记管理；测评环节用于检验评价信息系统安全建设实际效果，判断安全保护能力是否达到相应标准要求；整改环节用于健全信息系统安全防护措施，使得不符合等级保护要求的信息系统具备相应等级安全防护能力；检查环节用于对信息系统安全防护情况进行监督、检查和指导，确保等级保护工作遵章执行、有序开展。

4.4.1 定级

定级指根据信息系统遭到破坏后，对行动、日常业务、人员思想的直接损害程度确定信息系统保护等级的过程。定级是等级保护工作的首要环节，目标是信息系统使用单位按照国家和有关管理规范和《信息系统安全等级保护定级指南》，确定信息系统的安全保护等级，信息系统使用单位有主管部门的，应当经主管部门审核批准。信息系统定级阶段的工作流程如图 4-2 所示。

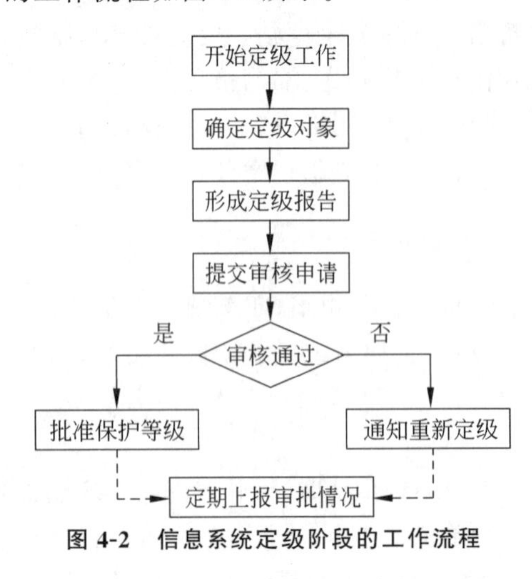

图 4-2 信息系统定级阶段的工作流程

定级是等级保护的第一阶段工作，对后续阶段工作影响很大，如果定级过高会浪费人力、物力、财力，而过低则会存在安全隐患，同时使后续工作失去意义，可见定级工作的重要性。信息系统必须确定安全保护等级。新建信息系统应在立项前完成定级工作；在建、已建或在役信息系统应按本办法，重新组织定级工作；信息系统发生重大变更，可能导致安全保护等级变化时，应重新对系统进行定级。

定级工作包括初定、审批两个环节。初定指初步确定安全保护等级，并形成定级报告待审批；审批指审核、确认和批准信息系统保护等级。

4.4.2 备案

备案指统一登记、存储信息系统名录及等级保护工作实施情况的过程，备案工作包括申请、受理和管理 3 个环节。申请指信息系统主管部门向备案机构提出备案请求；受理指备案机构审查相关备案资料，录入备案数据；管理指备案机构对备案数据进行存储、维护，并对外提供查询服务。通过备案，信息系统安全等级保护主管部门将全面掌握信息系统的基本信息和安全状况，为实施信息安全监管提供数据支撑。信息系统主管单位应当在收到定级审核批复 60 日内提交信息系统安全等级保护备案材料。

信息系统安全等级保护备案材料应当包括下列内容。

（1）信息系统拓扑结构及说明；

（2）信息安全组织机构和管理制度；

（3）信息系统安全防护和密码保密设计方案，以及建设、整改的实施方案；

（4）信息系统使用的信息安全产品清单及其认证、销售许可证明和信息安全产品测评认证证书；

（5）主管部门出具的信息系统安全保护等级审核意见。

信息系统备案阶段的工作流程如图 4-3 所示。

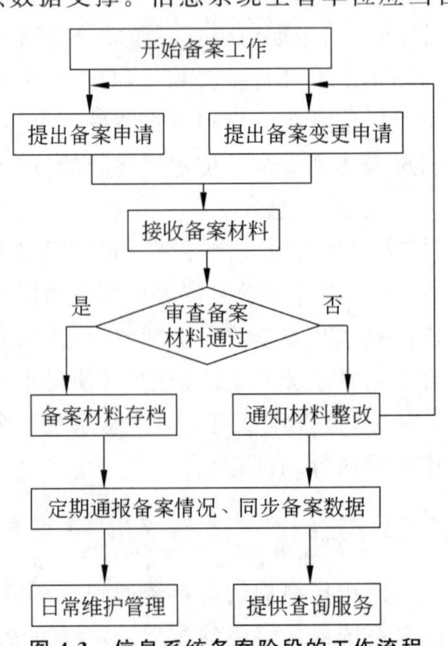

图 4-3 信息系统备案阶段的工作流程

已完成信息系统安全等级保护测评的信息

系统还应当提交测评报告。信息系统的上述信息发生变化时，主管单位应当按照备案程序和要求进行备案变更。信息系统安全等级保护备案机构应当对备案材料的完整性进行审核。审核合格的，及时将备案材料存档；审核不合格的，及时通知信息系统备案单位补充、完善相关内容。备案机构应建立完善信息系统安全等级保护备案管理制度，妥善管理备案材料和信息，严格遵守保密制度，按规定权限提供数据查询服务。

4.4.3 建设

信息系统安全等级保护建设是按照信息安全等级保护防护标准，组织安全防护技术体系建设和制度建设的工作过程。该环节是信息系统安全等级保护工作的核心内容，主要通过立项审核、建设验收和资质审查来把住安全关口。

信息系统主管单位应当根据批准的安全保护等级，按照下列要求开展信息系统安全等级保护建设。

一级为基础防护级，应当建立网络边界防护、恶意代码防范等基本安全防护措施，具备初步的运维管理和人员管理制度，具备抵御一般性病毒、木马攻击的能力。

二级为检测审计级，应当在满足一级要求的基础上，增强安全检测、安全审计等防护功能，基于证书认证系统对用户实施全网统一身份鉴权，具备基本的运维管理制度和安全防护岗位设置，能应对一般性病毒、木马攻击，具备一定的防范内部和有组织攻击的能力。

三级为主动防御级，应当在满足二级要求的基础上，增强安全策略统一管理、快速检测和响应处置等防护功能，采用密码对涉密信息实施传输加密保护，具备完善的运维管理制度和相应的安全防护力量，具有应对内部和有组织攻击窃密的能力。

四级为可信保证级，应当在满足三级要求的基础上，增强网络信任和系统快速恢复等防护功能，基于密码实施安全可信防护，对涉密信息实施存储加密等安全保密措施，具备完备的运维管理制度和较强的专业防护力量，能应对内部和有组织的攻击窃密，对国家级的网络战行动有一定防范能力。

五级为自主可控级，应当在满足四级要求的基础上，全面实现自主可控，对涉密信息实施全程密码保护，具备与之相适应的防护策略、管理制度和专业安全防护机构，具有应对国家级网络战行为的能力。

信息系统安全等级保护建设标准和管理要求，由信息化部门会同有关部门制定。安全防护系统建设，应当按照信息系统安全等级保护建设标准，选择具备信息安全等级保护资质的建设和支撑单位，使用符合技术体制、满足信息系统安全等级保护等级要求的信息产品。需要实施密码防护的，必须配备密码，严禁使用国外和商用密码。

4.4.4 测评

测评指依据等级保护制度规定，按照有关管理规范和技术标准，对信息系统安全等级保护状况和信息安全产品等级进行检测评估的活动。信息系统建设方案评审时，应由信息化部门会同保密管理部门组织立项安全审核，重点对安全防护建设内容是否符合等级保护标准进行审查，未通过审查的系统不得申报立项。信息系统竣工验收前，由建设主管部门提出等级测评申请，信息化部门会同保密管理部门组织测评专业力量，按照核准的安全等级组织测评，未通过测评的系统不得投入使用。通过等级测评的信息系统，由建设主管部门提出入网申请，信息化部门组织入网运行。投入运行的信息系统，应当定期进行测评，其中，四级和五级信息系统每两年组织一次，三级信息系统每三年组织一次，一级和二级信息系统根据实际要求视情况组织；变更安全保护等级的信息系统，应当按照变更后的等级保护标准重新组织测评。

测评工作按照统筹计划、委托测评的模式开展，测评机构及其测评人员应当严格执行有关管理规范和技术标准，严格遵守保密制度，开展客观、公正、安全的测评服务。测评人员参加由上级测评机构举办的专门培训、考试并取得信息安全等级保护测评师证书后方能上岗。

1. 测评流程

测评工作从测评机构收到测评计划开始，按照资料审查、方案编制、现场检测、综合评定4个步骤组织实施，具体流程如图4-4所示。

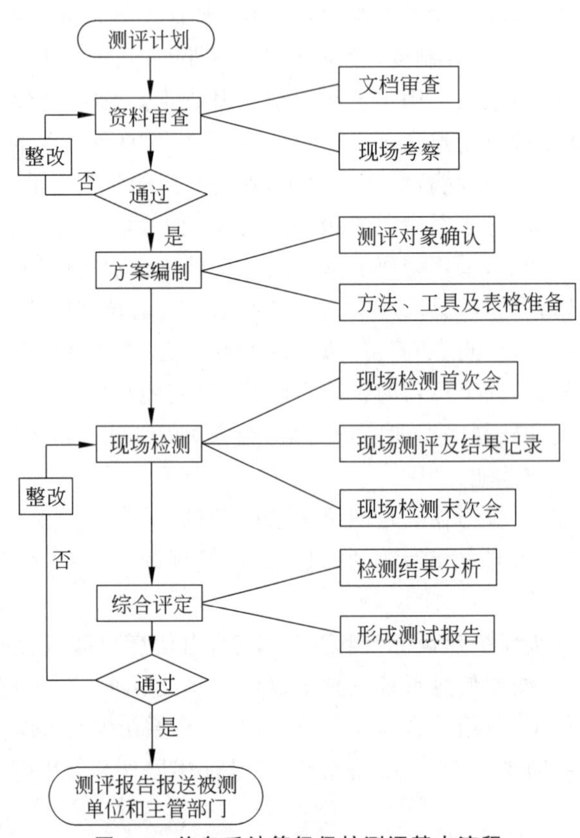

图4-4 信息系统等级保护测评基本流程

1）资料审查

资料审查的主要任务是依据测评申请书，组建测评项目组，收集分析被测系统基本情况，排查被测系统不符合基本测评项的情况，为后续的测评方案制定及现场检测做准备。

（1）文档审查。主要是阅读测评申请书及相关资料，了解被测信息系统定级情况、信息系统主管单位基本情况、信息系统整体情况及信息系统设计部署的详细情况。针对内

容不完整、描述不清晰的情况应要求被测单位补充相应资料。

(2) 现场考察。主要是实地调研信息系统实际情况是否与文档材料描述一致；考察与暴露程度相关的信息系统要素，并判断信息系统暴露程度。

(3) 审查基本测评项。当被测信息系统未进行定级和备案，或与非信息系统没有实施网络物理隔离时，应责令被测单位进行整改，整改后重新审查。

2) 方案编制

方案编制的主要任务是根据信息系统的等级保护基本要求，结合前期资料审查和现场考察获取的资料，进行测评对象确认，方法、工具及表单准备，编制、形成测评方案。

(1) 测评对象确认。根据已知的被测系统基本情况，对被测信息系统进行分析描述，确认具体测评对象和抽样数量(参见表4-4)，并根据信息系统安全保护等级和相应的防护要求确定测评内容。

表4-4　测评对象及数量选择

对象类型	对象内容	测评数量
物理环境	主机房(包括其环境、设备和设施等)	100%
	辅助机房和设备间	抽样
	可移动平台(如飞机、舰艇、战车等)	抽样
	办公场所	100%
网络	网络拓扑结构	100%
	安全设备，包括防火墙、入侵检测设备、防病毒系统、主机监控审计系统、接入控制系统、认证网关、网络隔离设备、审计系统等	100%
	重要网络设备，包括边界路由器、核心路由器、核心交换机、汇聚交换机等	100%
	接入设备，包括接入交换机、集线器等	抽样
	无线互联设备，包括无线接入设备、卫星通信设备等	100%
系统	重要业务、数据服务器及其备份服务器操作系统	100%
	应用系统	100%
	管理终端操作系统	100%
	主要业务应用系统用户终端操作系统	抽样
	便携式设备，包括笔记本计算机、手持式设备等	抽样
	移动存储设备	抽样
管理制度及记录	信息安全工作的总体方针和安全策略文件	100%
	信息系统场所管理制度及记录	100%
	信息系统安全运维管理的制度、操作规程、作业文件(如系统维护手册和用户操作规程等)及记录	100%
	信息系统安全日常管理制度	100%
	信息输入输出制度、流程、记录	抽样

续表

对象类型	对象内容	测评数量
人员	指导和管理信息安全工作的委员会或领导小组	100%
	信息安全主管人员	100%
	信息系统及相关业务应用系统、安全系统的系统管理员、安全管理员、安全审计员、网络管理员、数据库管理员	100%
	信息系统重要业务用户、重要岗位用户	抽样

（2）方法、工具及表单准备。根据测评对象和测评内容，选择相应的测评方法，准备测试工具，明确测试工具接入位置。测试工具接入应尽量避开被测系统的业务高峰期，减小对被测系统运行业务的影响。测试工具的测试目的、工具接入点选择建议参见表4-5。

表4-5 工具接入点选择建议表

接入点	测试目的	接入设备
被测系统边界外接入，如防火墙、路由器、核心交换机等	捕获应用程序的网络数据包，查看其安全加密和完整性保护情况	协议分析仪
	扫描探测被测系统的主机、网络设备对外暴露的安全漏洞	漏洞扫描器
	利用被测试系统的主机或网络设备的安全漏洞，模拟外部用户，从外部对信息系统进行渗透测试	渗透测试工具
从系统内部与测评对象不同网段接入，如核心交换机等	直接扫描测试内部各主机和网络设备对本单位其他不同网络所暴露的安全漏洞情况	漏洞扫描器
	探测信息系统的网络拓扑情况	网络拓扑发现工具
	利用被测试系统的主机或网络设备的安全漏洞。模拟内部用户，从内部对信息系统进行渗透测试	渗透测试工具
在系统内部与测评对象统一网段内接入，如同一VLAN等	针对网段中有大量用户终端设备，测试各终端设备是否出现过非法外联情况	非法外联检测设备
	测试主机、网络设备在没有网络安全保护措施下的安全状况	漏洞扫描器
从本地运行安全检测工具，如下载到本地操作系统，利用光盘、U盘启动等	对操作系统、数据库系统、网络设备系统等进行授权的安全配置检测、违规痕迹检查、病毒木马检测等	主机安全检查工具 保密检查工具 数据恢复工具
采用无线接入和信号监听的方式，在不同无线接入点附近进行测试，如电台、无线话音通信、无线数据通信	测试系统无线通信的数据安全、接入控制、访问控制的安全防护措施	漏洞扫描器 渗透测试工具 无线侦听工具

3）现场检测

现场检测的主要任务是按照测评方案的总体要求，现场实施测评，发现系统安全隐患和潜在风险，包括现场检测首次会、现场检测和结果记录、现场检测末次会3项主要工作。

(1)现场检测首次会。

① 现场检测开始前,应召开现场检测首次会。

② 需要被测单位提供测评条件,确认被测系统已备份过系统及数据。

③ 确定被测单位参加访谈考试、技术检查、管理检查、工具测试的相关人员。

④ 被测单位在测评入场确认单上签字。

(2) 现场检测和结果记录。现场检测一般包括技术检查、管理检查和密码保密等小组按照不同点位同步开展现场检测工作。

① 人员访谈。在访谈范围上,不同等级信息系统在测评时有不同的要求,应基本覆盖所有的安全相关人员类型,在数量上可以抽样。

② 组织考试。在考试范围上,不同等级信息系统在测评时有不同的要求,应基本覆盖所有的安全相关人员类型,在数量上可以抽样。

③ 管理检查。检查基本要求中规定的必须具有的制度、策略、操作规程等文档是否齐备,包括安全方针文件、安全管理制度、安全管理的执行过程文档、系统设计方案、网络设备的技术资料、系统和产品的实际配置说明、系统的各种运行记录文档、机房建设相关资料、机房出入记录、高等级系统关键设备的使用登记记录等,并检查它们的完整性和这些文件之间的内部一致性。

④ 技术检查。采用上机验证的方式检查应用系统、主机系统、数据库系统及网络设备的配置是否正确,是否与文档、相关设备和部件保持一致,对文档审核的内容进行核实(包括日志审计等)。

⑤ 工具检测。根据测评表格,利用技术工具对系统进行测试,包括基于网络探测和基于主机审计的漏洞扫描、渗透性测试、性能测试、入侵检测、协议分析、电磁泄漏发射测试、无线网络安全测试、信息系统专用安全测试等。

在现场检测过程中,各小组要做好相应记录,最后测评人员和被测方陪同人员共同签字确认。测评人员在现场检测完成之后,应首先汇总现场检测的测评记录,对遗漏和需进一步验证的内容实施补充测评。

(3) 现场检测末次会。现场检测完毕后,应召开现场检测末次会,对现场测评工作进行小结。

① 测评组汇报现场测评情况。

② 测评双方对测评过程中发现的问题进行现场确认。

③ 测评机构对明确的安全问题提出整改意见。

④ 被测单位在测评离场确认单上签字。

4) 综合评定

综合评定的主要任务是根据现场检测结果和等级安全防护的有关要求,分析统计现场测评结果,形成测评结论,撰写呈报测评报告。

(1) 检测结果判定。根据现场检测结果记录,按照结果判定方法,给出每项基本要求的判定结果,计算出符合项、基本符合项和不符合项所占比例,根据表 4-6 形成被测信息系统的测评结论。

表 4-6　信息系统安全等级测评判定表

符　合　项	基本符合项	不 符 合 项	结 果 判 定
≥50%		≤10%	符合
		≥40%	不符合
基本测评项目存在不符合			
其他情况			基本符合

(2) 形成测试报告,具体内容和工作如下所示。

① 拟制信息系统等级保护测评报告。

② 给出安全风险分析与整改建议。

③ 将测评报告呈报主管部门和被测单位。

2. 基本要求与测评方法

等级保护测评基本要求是信息系统安全防护的基线要求,主要包括物理安全、网络安全、主机安全、应用安全、数据安全、安全支撑与运维、基本管理、生命周期管理、暴露程度和密码保密等方面。等级保护测评工作是根据各等级基本要求对测评对象进行合规性检验的工作过程。

4.4.5　整改

整改指根据测评整改意见,健全信息系统安全防护措施,解决测评中发现的技术、管理问题,使信息系统防护水平达到相应防护等级要求的工作过程。整改工作主要包括技术整改和管理整改两方面。按照等级保护要求设计,调整信息系统的安全保护措施以满足等级保护要求,是确保等级保护制度落实的关键。

整改工作通常在信息系统定级和测评完成后,根据确定的信息系统安全保护等级或针对测评中暴露的问题,由信息系统主管部门组织实施。在信息系统运行维护过程中,因需求变化等原因导致局部调整,也应根据需要进行整改。

整改工作应由信息系统主管部门负责,按照统一的技术体制和标准实施,依据《基本要求》,建立各类安全管理制度,开展人员安全管理、系统建设管理和系统运维管理等工作,落实物理安全、网络安全、主机安全、应用安全和数据安全等安全保护技术措施。

4.5　信息安全等级保护的措施

为适应各类信息系统建设应用快速发展,应区分各种应用信息系统、日常业务信息系统和嵌入重要数据信息系统的不同特点,推行信息安全等级保护基本制度,使信息系统重要程度与安全防护能力相匹配,确保各级各部门组织信息系统建设时公共安全条件明确、配套建设标准明确、安全管理责任明确。

1. 分级建立信息安全保护标准

制定信息安全等级保护定级指南,按照各类信息系统的功能作用、覆盖范围、涉密程度，以及遭受攻击后的损害程度等区分保护等级，为信息系统安全保护等级评定提供依据。拟定信息安全等级保护要求，从技术和管理两个方面明确各等级安全防护基本要求，规范和指导各级各部门实施安全防护建设。出台信息安全等级保护测评规范，规范信息安全等级测评工作的主要内容、方法手段、工作流程等，为相关部门组织开展安全保护等级测评验收提供依据。

2. 分类开展信息系统安全防护

信息系统按照核心系统和延伸系统分级防护，以固定通信设施为基础、以各级各类应用单元为主体的核心系统，按照最高等级实施保护；机动信息系统、保障信息系统必须经安全隔离网关接入核心系统，并根据自身重要程度实施相应等级保护。日常业务信息系统按承载业务涉密程度区分保护等级。承载密级为秘密或以下的信息、用户限制较少的信息系统实施低等级安全保护；承载密级为机密或以上的信息、专业领域应用的信息系统可采用虚拟专网方式，实施较高等级安全保护。嵌入重要数据的信息系统，根据部署范围和运用特点确定保护等级，重点采用自主可控电子元器件与基础软件，随科研同步建设。与网络和信息系统直接连通的信息系统，严格采取与内网物理隔离的安全措施。

3. 分工实施信息系统安全配套建设

信息系统建设主管部门组织信息系统建设时，应根据等级保护定级指南，自行评定信息系统安全保护等级，并由信息化部门会同保密管理部门组织复评；按照核准的保护等级和相应建设标准，组织论证安全防护建设方案，负责相关配套建设。其中，安全基础资源服务由系统建设主管部门提出申请，信息化部门统一提供；保障建设由系统建设主管部门提出申请，主管业务部门统一组织实施。信息系统配套数字认证、监测预警等安全防护手段，按照建设规划计划，遵循统一的技术体制和标准规范，由信息系统主管部门负责建设，信息化部门提供业务指导和技术支持。

4. 分步组织信息系统安全审核

信息系统建设方案评审，应由信息化部门会同通信、保密管理部门组织立项安全审核，重点对安全防护建设内容是否符合等级保护标准进行审查，未通过审查的系统不得申报立项。信息系统竣工验收前，由建设主管部门提出等级测评申请，信息化部门会同保密管理部门组织测评专业力量，按照核准的安全保护等级组织测评，未通过测评的系统不得投入使用。通过等级测评的信息系统，由建设主管部门提出入网申请，信息化部门组织入网运行。在装备科研、工程建设等相关法规制度中，要明确安全审核的工作要求、主要内容和实施步骤，保证系统立项、入网安全审核制度化。

4.6 信息安全等级保护模拟想定

本节将给出一个信息安全等级保护测评目标系统想定，可以以此支撑等级保护定级、备案及测评实践。

1. 系统名称

××电子政务系统。

2. 系统使用单位描述

××电子政务系统启用于 2023 年 1 月，属于自筹经费自建系统，使用单位为××，单位级别为副省级，单位负责人为副省级领导 A，责任部门为办公室，部门联系人为办公室主任 B，该单位上级行政部门为所在省政府，上级业务部门为该省办公厅。该单位配备安全防护人员，其中专职人数 5 人、兼职人数 10 人，其中干部 12 人、普通工作人员 3 人。

3. 系统描述

1）环境描述

××单位为独立院区，有两个院门，有门岗，人员车辆出入刷卡，外来人员需本单位人员带领并进行出入信息登记。

××电子政务系统用户主要包括办公室和××通信单位，分别位于院区内部独立房区内，防风、防雨设施良好，设有避雷设施；设 24 小时警卫，有电子监控，监控纪录保存 72 小时，有电子门锁可采用门禁卡进出；无强振源、强噪声源、强电磁场；机房电源、信号分开布设、捆扎，信号远距离传输采用光缆，机房内走线铺设于防静电活动地板之下，采用超五类双绞线；各房间均配有烟雾报警器和两个 2022 年 10 月生产的灭火器，各楼层设有消火栓；采用带有除湿功能的中央空调，温度常年维持在 22～24℃，湿度在 46%～53%；各房间均装有视频监控系统，办公室楼内有监控机房，保存各机房 30 天视频记录；除通信机房外均采用统一供电，采用 UPS 对交直流系统应急供电，电池供电可供信息系统满负荷运行 4 小时，铜板接地，有地钉。营区有 3 套油机系统备份应急供电。

各服务器均按照 30∶1 的比例进行冷备份，均具有自销毁功能；信息中心采用磁盘阵列、刀片服务器作为该单位的公共备份，对数据、应用均进行了备份，存储设备做了 RAID（磁盘阵列）。

各单位各级各类预案完善，定期进行训练演练。

2）业务描述

××电子政务系统为该单位日常管理提供信息化手段，主要由通知公告、单位要报、公文办理、电子邮件、值班交班、系统工具、系统管理和 FTP 服务 8 个子系统组成，具体业务应用由机关部门负责，如表 4-7 所示。

表 4-7　××电子政务系统组成与安全责任单位

序号	名　称	业务承载	使用责任单位	使用范围
1	通知公告子系统	向机关发布信息，满足各部门人员在网上发布、查看和管理通知公告的需求	办公室	领导、机关
2	机关要报子系统	机关《每日要讯》《要情通报》等	办公室	领导、机关
3	公文办理子系统	公文拟制、待办公文、公文查询等	办公室、人事部、保障部	领导、机关、办公室、人事部、保障部
4	电子邮件子系统	邮件投递的网络化、电子化	办公室	领导、机关、办公室、人事部、保障部
5	值班交班子系统	日交班会和周交班会的过程处理	办公室、人事部、保障部	领导、机关、办公室、人事部、保障部

续表

序号	名 称	业 务 承 载	使用责任单位	使 用 范 围
6	系统工具子系统	日程安排、在线用户、常用下载、即时消息和即时通信	办公室	领导、机关、办公室、人事部、保障部
7	系统管理子系统	用户管理、机构管理、角色授权、操作日志等	办公室	领导、机关、办公室、人事部、保障部
8	FTP服务子系统	提供连接FTP链接功能	办公室	领导、机关、办公室、人事部、保障部

××电子政务系统中处理信息的最高密级为机密，如表4-8所示。

表4-8 ××电子政务系统信息密级

序 号	名 称	信息内容	信息密级
1	通知公告子系统	通知公告等	秘密
2	机关要报子系统	《每日要讯》《要情通报》	机密
3	公文办理子系统	各类公文	机密
4	电子邮件子系统	电子邮件	秘密
5	值班交班子系统	值班信息、交班信息	机密
6	系统工具子系统	系统设置、管理信息	秘密
7	系统管理子系统	用户信息、机构信息和日志	机密
8	FTP服务子系统	中转文件等	秘密

××电子政务系统业务处理流程的核心环节完全依赖信息系统，网络规模超过3000台终端，用户数量达2500余人，自动化程度高，手工方式已基本淘汰，当系统不能正常运行时，日常管理、业务处理已经基本不能运转。该系统受到侵害时，影响范围主要为该单位，包括机关和所属单位，但不会扩展到该单位以外。

3）建设管理描述

××电子政务系统建设单位为某建设公司（该单位具备涉密信息系统集成甲级资质），开发单位为某软件公司（该单位具备武器装备科研生产一级资质），工程建设人员均通过相关单位政审并签订了保密协议。工程建设过程中，建立了工程安全管理制度，并指派专人进行定期监督检查，检查情况均有记录备案。信息系统具有独立的安全设计方案，并通过上级评审，实际建设选用的应用软件、安全设备均为国内自主研发并通过授权部门测评认证的设备和软件。

信息系统建成后相关设备均运行正常。设有职责明确的信息安全管理小组，日常工作范围包括信息系统安全管理、安全运维、安全自查等，均指定专人负责，具备安全检查、内部人员管理、对外交流和应急响应等相关制度。

单位主管负责该单位信息系统使用安全；信息系统所在的信息中心设有专人负责安全防护设备的安全管理及日常的安全维护，有完善的日、周、季维护制度，另设专人负责安全管理审计，负责日常系统安全审计管理工作；各使用责任单位负责人为子系统安全管理责任人；设有安全管理员，负责安全防护设备的安全管理及日常的安全维护，有完善的日、周、季维护制度，另设有安全管理审计员，负责日常系统安全审计管理工作。所有安全管理员及安全审计员均经过岗位技能培训和考核，每半年进行技能、安全知识、应急预案考核，并记录成绩内容。信息安全管理小组每季度组织安全自查，并对检查结果和整改情况进行记录。保卫部门负责对信息系统的使用人员进行政治审查，信息系统的使用人员已签订保密协议。对于离岗人员及时取消访问授权，注销用户账号，回收身份凭证、资料、设备等，进行脱密期管理，记录人员最终去向、涉密身份、脱密期和资料设备移交情况，并签订离岗保密协议。设有专人对通信线路、主机、网络设备、安全设备和应用软件的运行状况和用户行为进行集中监控；设有人员 24 小时值班，设有日报、周报制度，各级各类应急预案齐全。

4）网络安全防护描述

××电子政务系统与互联网及地方网络实施了物理隔离；各单位通过防火墙访问该系统；网络中安装了主机安全监控系统和 TGM-491 型证书管理系统，能够对每台作业终端实施用户名/口令认证或 USBkey 认证；部署了入侵检测设备、漏洞扫描设备，并配置了相应的安全检测策略，可通过管理端进行设置；安装了可通过管理端进行统一配置的网络版防病毒系统；病毒特征库、入侵检测规则库、漏洞信息库、安全补丁库均定期更新，按要求定期对全系统实施漏洞扫描；各类系统安全设置均有统一规范并进行备份，日志记录为 6 个月。

4. 网络拓扑结构图

××电子政务系统包含信息中心、总部与使用单位 3 部分。其中信息中心由安全运维区和服务器区组成；总部与使用单位作为使用电子政务系统的单位，主要由用户终端组成。网络拓扑结构如图 4-5 所示。

服务器提供 Web、FTP 和邮件服务。

信息中心安装了主机安全监控系统和 TGM-491 型证书管理系统，能够对每台作业终端实施用户名/口令认证或 USBkey 认证，USBKey 采用了基于 X.509 型数字证书的认证机制。信息中心内网部署了入侵检测设备，并配置了相应的安全检测策略。运维管理端安装了入侵检测系统管理软件，负责对入侵检测系统进行管理与维护。运维管理端的“综合信息显示”模块可以对入侵事件的攻击源 IP 地址与端口、攻击类型、攻击目标 IP 地址与端口、攻击使用的协议、威胁程度等信息进行记录，管理员也可以按需求生成并上报入侵检测报表。网络中部署了漏洞扫描设备，并配置了相应的安全策略。网络基本业务功能如下。

(1) ××电子政务系统包括了由通知公告、机关要报、公文办理、电子邮件、值班交班、系统工具、系统管理和 FTP 服务 8 个模块。

(2) 安全运维区提供了系统内部的安全防护功能，主要包括：

① 主机监控系统管理控制中心，用于监控系统连接、文件操作等所有安全行为和运行状态；

② 网络防病毒系统管理控制中心，用于监控主机病毒警告信息、当前的实时监控状态、病毒查杀情况和版本信息等，并对所有终端定期、实时地查杀病毒，统一升级管理，病

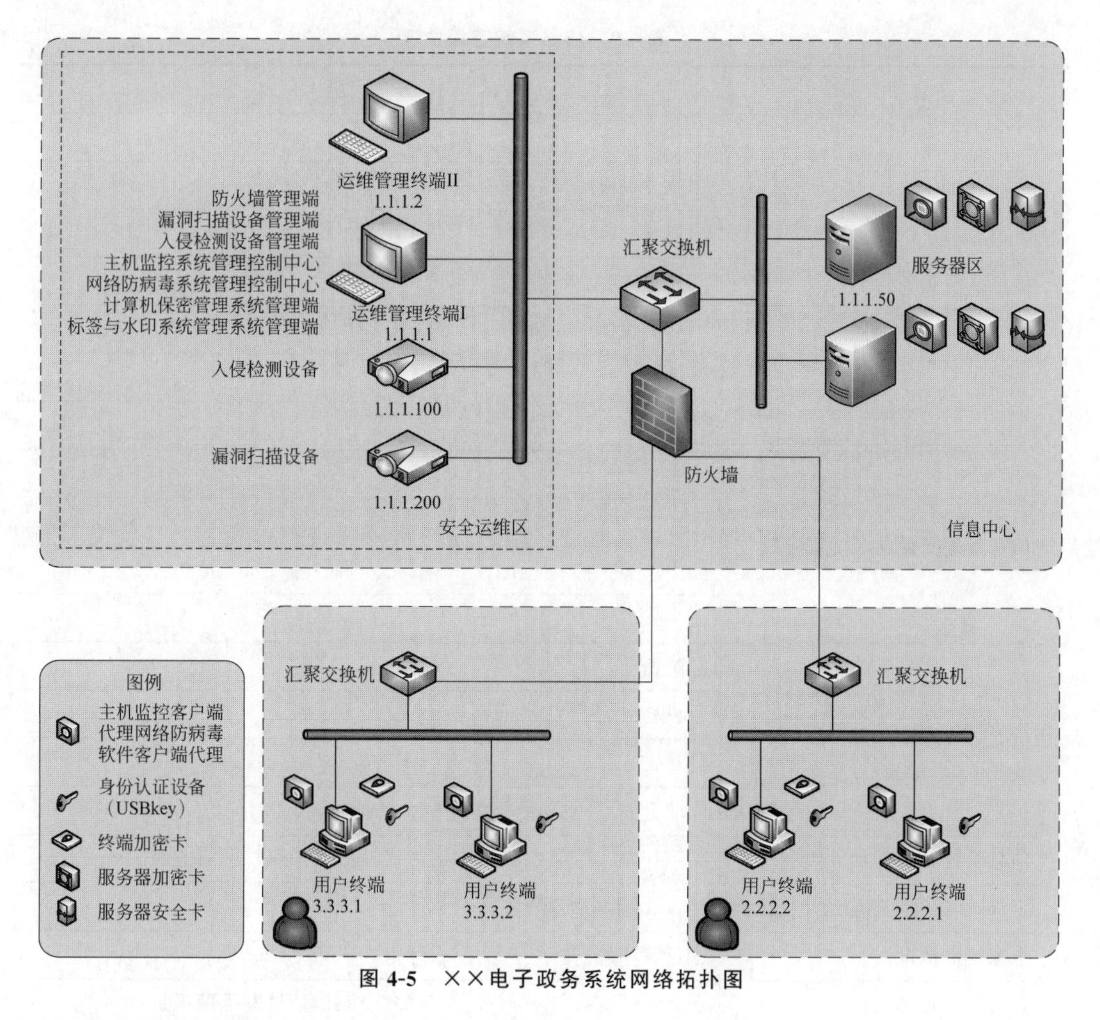

图4-5　××电子政务系统网络拓扑图

毒库按时进行更新；

③ 计算机保密系统管理用于保密系统管理；

④ 标签与水印系统管理用于标签与水印系统管理；

⑤ 防火墙管理用于防火墙的配置与使用；

⑥ 漏洞扫描设备管理用于漏洞扫描设备配置与管理；

⑦ 入侵检测设备管理用于入侵检测设备配置与管理。

可以以该信息安全等级保护的测评目标系统想定为对象，按照4.4节中等级保护组织实施流程开展等级保护定级、备案及测评实践。

定级阶段首先要明确目标系统，然后确定系统类型，接着确定响应范围和侵害程度，这样就可以得到该系统需要的保护等级，完成这个过程后可以填写《信息系统定级情况》表，《信息系统定级情况》的样表如表4-9所示。

表 4-9 信息系统定级情况

定级相关情况	分类				
信息系统业务类型	□日常工作				
	□业务保障				
	□训练				
	□思想工作				
	□后勤保障				
	□动员				
	□管理				
信息系统受侵害后的影响程度	□大				
	□较大				
	□中				
	□小				
信息系统涉密等级	□绝密				
	□机密				
	□秘密				
	□非涉密				
信息系统安全保护等级	□第一级	□第二级	□第三级	□第四级	□第五级
定级时间	年　月　日				
专家评审情况	□已评审		□未评审		
是否有主管部门	□有		□无(如选择有,请填写下两项)		
主管部门名称					
主管部门审批定级情况	□已审批		□未审批		
系统定级报告	□有	□无	附件名称______		
填表人:		填表日期:　年　月　日			

备案审核人员:　　　　审核日期:　　　年　　月　　日

保护等级并不是越高越好,保护等级应当和信息系统的重要性相匹配,“合适”就好。如果保护等级定低了,会导致防护强度不足,不能实施有效措施保护网络安全;如果保护等级定高了,安全责任会变大,安全要求会变高,建设成本也会增加,使运维管理和操作使用复杂,测评达标难度增大。

在定级阶段的实践目的就是要明确定级方法,熟悉工作流程,掌握实施方法。在实施时包括初步定级、提交申请和审核定级三个阶段。根据信息系统基本情况及材料进行现场定级,然后要撰写定级报告,填写信息系统定级情况表,向定级批准部门提交定级审核申请表,并反馈定级审核批复表。如果没有批复则需要重新进行定级,如果得到批复则定级完成，可以进行备案相关工作。

初步确定等级后撰写定级报告，定级报告的主要内容如下。

（1）信息系统基本情况，主要包括信息系统建设依据、项目来源、功能定位、建设时间、运用管理模式及与相关项目的关系；

（2）定级对象描述，主要包括拟定级信息系统的责任单位、业务应用、安全保密需求、体系结构、网络拓扑、安全防护装备部署及承载信息密级等信息；

（3）定级依据和定级建议，根据定级标准对信息系统业务类型、威胁风险和受侵害后的影响程度进行具体分析，提出定级依据和定级建议；

（4）定级审核需要的其他信息。

定级报告完成后，向相关部门提交信息系统定级情况、定级审核申请表和相关材料，定级审核申请表的样表如表 4-10 所示。

表 4-10　信息系统定级审核申请表

<table>
<tr><td>单位名称</td><td colspan="4"></td></tr>
<tr><td>单位地址</td><td colspan="4">______省（自治区、直辖市）______地（区、市、州、盟）
______县（区、市、旗）</td></tr>
<tr><td rowspan="2">单位负责人</td><td>姓　名</td><td></td><td>职务/职称</td><td></td></tr>
<tr><td>办公电话</td><td colspan="3"></td></tr>
<tr><td>责任部门</td><td colspan="4"></td></tr>
<tr><td rowspan="2">责任部门联系人</td><td>姓　名</td><td></td><td>职务/职称</td><td></td></tr>
<tr><td>办公电话</td><td colspan="3"></td></tr>
<tr><td>隶属关系</td><td colspan="4">上级行政部门：______
上级业务部门：______</td></tr>
<tr><td>单位级别</td><td colspan="4"></td></tr>
<tr><td>单位类别</td><td colspan="4"></td></tr>
<tr><td>信息系统信息</td><td colspan="4">信息系统名称：______ 拟定为___级
信息系统名称：______ 拟定为___级
信息系统名称：______ 拟定为___级</td></tr>
</table>

如果信息系统的安全保护等级通过了审核，会反馈信息系统信息系统定级审核批复表，信息系统定级审核批复表的样表如表 4-11 所示。

表 4-11　信息系统定级审核批复表

编号	信息系统名称	安全保护等级
1		
2		
3		
4		

……

审核人(单位章)		审核日期	

定级、备案完成后，单位将会按照相应等级保护的要求进行建设，然后将由指定的机构对建设好的信息系统进行等保测评。等保测评包括资料审查、方案编制、现场检测和综合评定 4 个阶段，即结合资料审查和现场考察的资料，明确测评对象、测评指标、测评内容、实施计划，确定测评方法，准备现场测评记录表、考试试卷、访谈内容、测评入场确认表、测评离场确认表等表单，准备相关渗透性测试工具，确定测试工具并选择接入点，完成等级保护测评方案的编制。测评申请单位根据被测系统的具体情况，如业务运行高峰期、网络布置情况等，为测评时间安排提供适宜的建议，配合测评机构完成测评实施方案的拟制。

测评对象及指标确认：分析整个被测系统及其涉及的业务应用系统，确定出本次测评的测评对象及调整的防护要求。测评点位选择主要考虑测评的充分性、测评代表性和降低影响。测评对象的确定一般采用抽查的方法，如抽查信息系统中具有代表性的组件作为测评对象，但是对重要的系统和设备应采用全面检查的方式。测评对象及指标确认应该遵循如下原则。

(1) 恰当性。选择的设备、软件系统等应能满足相应等级的测评强度要求。

(2) 重要性。对被测系统来说重要的服务器、数据库、网络设备、系统等进行全面检查。

(3) 安全性。应检查暴露程度高、面临风险大的系统部分。

(4) 共享性。应检查共享设备和数据交换平台/设备。

(5) 代表性。检查应尽量覆盖系统各种设备类型、操作系统类型、数据库系统类型和应用系统类型。

在测评方案中应明确适用测评指标是哪些项、本次测评不适用指标是哪些项，同时明确暂不测评指标有哪几项、暴露程度测评指标有哪几项、信息密级检查项有哪几项等。测评指标的确定需要综合考虑安防措施和手段的先进性、时效性及装备建设的过程性等因素。要严格按照《信息安全等级保护测评规范》要求实施。对于由多个不同等级的信息系统组成的被测系统，应分别确定各个定级对象的测评指标；如果多个定级对象共用物理环境或管理体系，而且测评指标不能分开，则不能分开的这些测评指标应采用就高原则。

方法、工具及表单准备：及时与被测单位沟通，向被测单位告知采用的测评方法、使用的测评工具等，明确具体测评所需条件。测评方法包括访谈、考试、检查、测试和模拟等。根据选择的测评方法，测评人员调试本次测评过程中将用到的测评工具，需要升级的工具应及时升级，并尽量避开被测系统的业务高峰期，减小对被测系统运行业务的影响。明确工具接入位置就是要确定需要用工具测试的测评对象，选择测试路径，确定测试工具的接入点。

测评方案的主要内容如下。

(1) 系统概述，主要描述任务依据、测评依据、测评对象和测评范围等。

(2) 组织机构，主要指成立现场测评的组织机构，一般设立计划组、测评组和保障组，明确各组人员和职责分工等。

(3) 测评流程，包括访谈、考试、检查、测试和测评结果汇总等阶段。

(4) 测评对象，包括系统概述、单位情况、定级情况、物理环境、主机环境、网络结构、业务应用、安全防护和管理制度。

(5) 测评指标，包括两部分，一是基本测评项检查，即在等级保护测评要求中部分测评指标为基本测评要求，基本测评要求的符合程度对信息系统的安全性具有非常重要的影响，在测评过程中，如果存在至少一项基本测评要求不符合的情况，则被测信息系统为不符合。二是测评指标确认，即根据保护等级第三级基本要求和系统实际情况，本次测评不适用指标×项，暂不测评指标×项，适用测评指标×××项，暴露程度测评指标××项，信息密级检查项×项，共×××项。

(6) 测评内容，包括检查、测试、访谈、考试、密码、保密，和暴露程度。

(7) 实施计划，包括总体计划，召开现场检测首次会，进行技术测评和管理测评，召开现场检测末次会等。

(8) 附件 A 结果汇总表，主要用于测评完成后的现场测评结果汇总。

(9) 附件 B 测评辅助表，主要包括现场测评过程中需要用到的各种表格，如现场测评入场确认表、现场测评离场确认表、考试成绩登记表、管理文档登记表(包括制度类、记录类和证据类)等。

在测评的最后阶段要对完成任务情况进行汇总讲评，检查核对表和报告并确认上交，以此完成情况上报的工作。

4.7　本章小结

信息系统等级测评是依据国家标准、行业标准、地方标准或相关技术规范，按照严格程序对信息系统的安全保障能力进行的科学公正的综合测评活动，对信息系统的等级保护落实情况与信息安全等级保护相关标准要求之间的符合程度的测试判定。对一个组织所拥有的资产进行识别后，就能获得该资产的安全保护等级。因此，等级保护是国家信息安全的基本制度，风险评估是实施等级保护的重要手段。风险评估和等级测评都是对信息及信息系统安全性的一种评价判断方法，具体地讲二者在操作方面存在差异。风险评估是明确系统安全需求，确定成本效益适合的安全控制措施的出发点，风险评估通过对被评估用户广泛的、战略性的分析来判断机构内各类重要资产的风险级别；等级测评则是对已采取的安全控制措施(如管理措施和技术措施等)有效性的验证，等级测评更关注于对系统现有安全控制措施的技术验证，从而给出系统现存安全脆弱性的准确判断。

在信息系统整个生命周期，等级测评可以用于信息系统安全规划设计阶段对系统进行安全现状描述评估，提出系统安全改进建议，给出安全需求；在系统安全实施阶段进行系统安全等级测评，测评结果可以作为判断系统是否能够投入运营、使用的依据；在系统安全运维阶段进行系统安全等级测评可以判断系统现有安全控制措施与相应等级要求的符合程度等。

思 考 题

1. 在确定信息系统的定级要素后，如何进行危害程度的判定？
2. 机关在信息系统等级保护工作中的职责是什么？
3. 信息系统安全等级如何划分？
4. 如何进行信息系统整改阶段的安全需求分析？
5. 信息系统等级保护测评工作分为哪几个工作过程？
6. 信息系统等级保护制度在信息系统等级保护工作中的地位和作用是什么？

第5章 信息安全管理控制规范

以往我们对信息安全的认识只停留在技术和产品上，是“只见树木不见森林、只治标不治本”的方式，信息安全的成功三分靠技术、七分靠管理，技术一般但管理良好的系统远比技术高超但管理混乱的系统安全，因此，依据 ISO/IEC 27000 系列建立信息安全管理体系并获得认证已成为世界主流。组织可以参照信息安全管理模型，按照 ISO/IEC 27000 系列标准(也主要参照 GB/T 22239—2019)建立完整的信息安全管理体系并实施与保持，达到动态的、系统的、全员参与的、制度化的、以预防为主的信息安全管理方式，用最低的成本，达到可接受的信息安全水平，从根本上保证业务的连续性。

在建立信息安全管理体系过程中，为了对组织所面临的信息安全风险实施有效的控制，需要针对具体的威胁和脆弱性采取适宜的控制措施，包括管理手段和技术方法等。本章根据 ISO/IEC 27001、ISO/IEC 27002、GB/T 22080—2016、GB/T 22081—2016 和 GB/T 22239—2019 等标准，结合组织信息资产可能存在的威胁和脆弱性，详细介绍了信息安全方针、安全组织、资产管理、人员安全、物理和环境安全、通信与操作安全、访问控制、系统开发与维护、安全事件管理、业务持续性管理、符合性保证 11 个控制方面、39 个控制目标、133 项信息安全控制措施的规范内容。

信息安全管理控制规范的组织结构中包括多个安全类别。每个安全类别包括多个控制目标，声明要实现什么目标什么功能，达到什么要求。每个控制目标都会有一个或多个控制措施，被用于实现该控制目标。控制措施是管理风险的方法，是为达成控制目标提供合理保证，并能预防、检查和纠正风险，管理风险的方法包括策略、规程、指南、惯例或组织结构，可以是行政、技术、管理、法律等方面的。每个控制措施又都会有相应的实施指南，实施指南就是对实施该控制措施的指导性说明。此外还有其他信息，即其他需要说明的补充信息。这些控制措施并不是适用于任何场合，也不会考虑使用者的具体环境和技术限制，不可能对一个组织中所有人都适用，需要根据组织的具体情况进行裁剪。

本章在介绍安全方针，信息安全组织，资产安全管理，人员安全管理，物理和环境安全管理，通信和操作安全管理，访问控制，信息系统获取、开发和维护，信息安全事件管理内容时，依据相应的法规制度，结合实际对工作法规制度进行了整理和节选。

5.1 安全方针

【引例 5-1】 某单位领导说：“听说信息安全工作很重要，可是我不知道对于我们单位来说到底有多重要，也不知道究竟有哪些信息是需要保护的。”

安全方针是根据业务要求和相关法律法规制定的，用来提供支持信息安全管理的指导方针。信息安全方针是陈述管理者的管理意图，说明信息安全工作目标和原则的文件。

5.1.1 信息安全方针文件

1. 控制措施

信息安全方针文件应由管理层批准、发布并传达给所有人员和外部相关方。

2. 实施指南

信息安全方针文件需要说明管理的承诺，提出管理信息安全的方法，应包含以下内容。

（1）信息安全、整体目标和范围的定义，以及在允许信息共享机制下安全的重要性。

（2）管理者意图的声明，用以支持符合业务策略和目标的信息安全目标和原则。

（3）设置控制目标和控制措施的框架，包括风险评估和风险管理的结构。

（4）对组织特别重要的安全方针策略、原则、标准和符合性要求的简要说明。

（5）信息安全管理(包括报告信息安全事件)的一般和特定职责的定义。

（6）对支持方针文件的引用。

信息安全方针主要阐述信息安全工作的原则，具体的技术实现问题，如设备的选型、系统的安全技术方案一般不写在安全方针中。信息安全方针应符合实际情况，切实可行。对方针的落实尤为重要。

5.1.2 信息安全方针的评审

1. 控制措施

应按照计划的时间间隔或当重大变化发生时进行信息安全方针评审，以确保它持续的适宜性、充分性和有效性。

2. 实施指南

信息安全方针文件应由专人负责其制定、评审和评价。评审应包括评估组织信息安全方针改进的机会和管理信息安全适应组织环境、业务状况、法律条件或技术环境变化的方法。评审过程要注意以下几点。

（1）应定义管理评审的规程，包括时间表或评审周期。

（2）评审信息安全方针时，要考虑管理评估的结果。

（3）应维护好管理评审的记录。

（4）对修订的方针需要获得管理者的批准。

5.2 信息安全组织

【引例 5-2】 你作为一名网络管理员，发现最近来自外部的病毒攻击很猖獗，要是有15万元买个防毒墙就解决问题了，找谁要这笔钱，谁来采购？

【引例 5-3】 作为一名普通工作人员，我的内网计算机上不了外网，没办法打补丁，我该找谁获得帮助？

在一个组织里,应该有一群人,至少包括单位领导、技术部门和行政部门的人组织在一起,专门负责信息安全的事。下面介绍信息安全组织的控制规范(包括控制目标、控制措施和实施指南),以及组织机构及其职责。

5.2.1 内部组织

内部组织管理的目标是在组织内管理信息安全。

1. 信息安全的管理承诺

1) 控制措施

管理者应通过清晰的说明、可证实的承诺、明确的信息安全职责分配及确认,来积极支持组织内的安全。

2) 实施指南

根据组织规模的不同,可由一个专门的管理协调小组或一个已存在的机构来承担对信息安全管理承诺的职责。在管理承诺中,要做以下工作。

(1) 检查并批准信息安全方针和总的责任。

(2) 评审和跟踪验证信息安全方针实施的效果。

(3) 为信息安全提供所需的资源和其他支持。

(4) 启动计划和程序来保持信息安全意识。

(5) 确保整个组织内部的信息安全控制措施的实施是相互协调的。

高层管理者参与信息安全建设,负责重大决策,提供资源,并对工作方向、职责分配给出清晰的说明。高层管理者就是可以"给人、给钱、给设备",提出工作要求,给予资源保障的人。

2. 信息安全协调

1) 控制措施

信息安全活动应由来自组织不同部门并具备相关角色和工作职责的代表进行协调。

2) 实施指南

通常,信息安全协调包括管理人员、业务人员、行政人员、应用设计人员、审核员和安全专员,以及法律、IT或风险管理等领域的专家的协调和协作,其活动包括:

(1) 确保安全活动的实施与信息安全方针相一致。

(2) 批准组织内的信息安全专门的角色和职责分配。

(3) 核准信息安全的特殊方法和程序,如风险评估、安全分级系统。

(4) 识别重大的威胁变更和暴露在威胁下的信息和信息处理设施。

(5) 评估信息安全控制措施实施的充分性和协调性。

(6) 加强整个组织内的信息安全教育、培训和意识。

(7) 评价适当性并协调对新系统或服务的特殊安全管理措施的实施。

不仅仅由信息化技术部门参与,与信息安全相关的部门(如行政、人事、安保、采购、外联)都应参与到组织体系中各司其职、协调配合,因此需要协调,并在机构内部达成共识。信息安全工作和其他工作一样,不是某个个人、某个部门就可以完成的。信息技术部门是信息安全组织中的重要执行机构,但不是全部。

3. 信息安全职责的分配

1）控制措施

所有的信息安全职责都应赋予清晰的定义。

2）实施指南

信息安全职责的分配要与信息安全方针相一致。各个资产的保护和执行特定安全过程的全局或局部的职责都应能被明确。这些职责在必要时能够加以补充，从而为特定的地点和信息处理设施提供更详细的指南。

信息资产的所有权人可以把他们的安全责任委派给单独的管理者或服务提供商，但所有权人对资产的安全仍负有最终责任，并且所有权人应能够确定任何责任错误分配的情况。对每一个职责相关的领域都要清晰地规定，特别是在下列情况发生时。

（1）对每个特殊系统相关的资产和安全过程都要进行识别并清楚地定义。

（2）要分配每一笔资产或安全过程的实体职责，并且该职责的细节要形成文件。

（3）清楚地划分授权等级，并形成文件。

为有效实施信息安全管理，保障和实施系统的信息安全，应在机构内部建立信息安全组织，明确角色和职责。在一个机构中，安全角色与责任的不明确是实施信息安全过程中的最大障碍，建立安全组织与落实责任是实施信息安全管理的第一步。

4. 信息处理设施的授权过程

1）控制措施

新信息处理设施应定义和实施一个管理授权过程。

2）实施指南

授权过程应考虑以下要求。

（1）新的信息处理设施应当有相应的用户管理授权，以批准其用途和使用，还要获得负责维护本地系统安全环境的管理人员的授权，以确保满足所有相关安全方针和需要。

（2）必要时检测硬件和软件，以确保它们与系统的其他部分相兼容。

（3）使用个人或私有信息处理设施（如便携式计算机、手持设备等）处理业务信息，可能引入新的脆弱性，因此需要进行评估和授权。

5. 保密性协议

1）控制措施

应识别并定期评审反映组织信息保护需要的保密性或不泄露协议的要求。

2）实施指南

保密性或不泄露协议通过使用合法的可实施条款来解决保护保密信息的问题，并且保密性或不泄露协议的要求应进行周期性评审，当发生影响这些要求的变更时，也要进行评审。协议内容应包括：

（1）定义要保护的信息。

（2）信息的所有权。

（3）协议期望持续的时间。

（4）签署者的职责、权力和行为，以避免未授权信息的泄露。

（5）对涉及保密信息的活动的审核和监视的权力。

(6) 未授权泄露或保密信息破坏的通知和报告过程。

(7) 违反协议和协议终止时所需要采取的条款或措施。

6. 与政府及部门的联系

1) 控制措施

应保持与相关政府及部门的适当联系。

2) 实施指南

要有规程指明什么时候与哪个部门联系,以及对已识别的信息安全事件怀疑可能触犯了法律时,应如何及时报告。受到来自互联网攻击的组织可能需要外部第三方,如互联网服务提供商(Internet Service Provider,ISP)或电信运营商采取措施以应对攻击源。

保持这样的联系是支持信息安全事件管理或业务持续性管理的基本要求。与法律法规相关管理部门的联系有助于组织预先知道必须遵守的法律法规方面的变化,并为应对这些变化做好准备;与其他部门的联系包括公共设施、紧急服务和健康安全等部门,如消防局(与业务持续性有关)、电信供应商(与路由和可用性有关)、供水部门(与设备的冷却有关)。

7. 与其他相关组织的联系

1) 控制措施

应保持与其他安全专家组和专业协会等相关组织的适当联系。

2) 实施指南

考虑成为其他相关组织或安全专家组的成员,以便于:

(1) 增进对最佳实践和最新相关安全信息的了解,获得信息安全专家的建议。

(2) 确保全面了解当前的信息安全环境。

(3) 尽早收到关于攻击和脆弱性的预警、建议和补丁。

(4) 分享和交换关于新的技术、产品、威胁和脆弱性信息。

(5) 提供处理信息安全事件时适当的联络点。

8. 信息安全的独立评审

1) 控制措施

组织管理信息安全的方法及其实施(如信息安全的控制目标、控制措施、策略、过程和程序)应按计划的时间间隔进行独立评审,当安全实施发生重大变化时,也要进行独立评审。

2) 实施指南

独立评审应包括评估安全方法改进的机会和变更的需要,包括方针和控制目标,这对于确保一个组织管理信息安全方法持续的适宜性、充分性和有效性是必要的。

独立评审应由管理者启动,但要由独立于评审范围的具备适当技能和经验的人员来执行,如内部审核部门、独立的管理人员或第三方组织。完成后记录评审结果报告给启动评审的管理者。

如果独立评审识别出组织管理信息安全的方法和实施不充分,或不符合信息安全方针,管理者应考虑纠正措施。

5.2.2 外部各方

外部各方管理的目标是保持组织被外部各方访问、处理、管理或与外部进行通信的信息和信息处理设施的安全。

1. 与外部各方相关风险的识别

1）控制措施

应识别涉及外部各方业务过程中组织的信息和信息处理设施的风险，并在允许访问前实施适当的控制措施。

2）实施指南

在允许外部方访问组织的信息处理设施或信息前，应进行风险评估以识别特定控制措施的要求，必要时可签订合同规定外部方连接或访问，以及工作确保安全的条款和条件。关于外部方访问的风险识别应考虑以下问题。

（1）外部方对信息和信息处理设施的访问类型。

（2）所涉及信息的价值和敏感性，以及对业务运行的关键程度。

（3）为保护不希望被外部方访问的信息而采取的必要控制措施。

（4）能够识别组织或人员如何被授权访问、如何授权验证、及需要确认的时间。

（5）外部方在存储、处理、传送、交换信息时使用的方法和控制措施。

（6）因外部方需要而无法访问，以及由于外部方输入或接收不正确产生的影响。

（7）处理信息安全事件或潜在破坏的规程时，外部方持续访问的条款和条件。

（8）需考虑与外部方有关的法律法规要求和其他合同责任。

（9）这些安排对其他利益相关人的利益可能造成怎样的影响。

2. 处理与组织外的人或实体有关的安全问题

1）控制措施

应在允许组织外的人或实体访问组织信息或资产之前处理所有确定的安全要求。

2）实施指南

要在允许组织外的人或实体访问组织任何资产前解决安全问题，应考虑以下条款。

（1）保护组织资产，以及判定资产是否受到损害的规程。

（2）组织外的人或实体访问的不同原因、要求和利益。

（3）有关的访问控制策略。

（4）对信息错误（如个人信息错误）、安全事件和安全违规进行报告、通知和调查的安排。

（5）服务的目标级别和服务的不可接受级别。

（6）组织和组织外的人或实体各自的权利和义务。

（7）相关法律问题和如何确保满足法律要求，包括知识产权等相关问题。

3. 处理第三方协议中的安全问题

1）控制措施

涉及访问、处理或管理组织的信息或信息处理设施及与之通信的第三方协议，或在信息处理设施中增加产品或服务的第三方协议，应涵盖所有相关的安全要求。

2）实施指南

应确保在组织和第三方之间不存在误解，组织应使第三方的保证满足自己的需要。为满足对可能存在相关风险的识别要求，协议中应重点考虑以下条款。

（1）确保资产保护的控制措施（如各种保护机制、控制规程与策略等）。

（2）关于硬件和软件安装与维护的责任。

（3）服务的目标级别和服务的不可接受级别。

（4）可验证的性能准则的定义、监视和报告。

（5）监视和撤销与组织资产有关的任何活动的权利。

（6）审核协议中规定的责任、第三方实施的审核等权利。

（7）相关法律问题和如何确保满足法律要求，包括知识产权相关问题。

（8）涉及具有次承包商的第三方，要对这些次承包商需要实施安全控制措施。

5.3　资产安全管理

【引例5-4】　某单位欲安装一台网络防火墙，却发现没有人可以说清楚当前的真实网络拓扑情况，也没有人能说清楚系统中有哪些服务器，这些服务器运行了哪些应用系统。

【引例5-5】　某单位的信息安全评估发现大部分服务器安全状况良好，只有一台服务器存在严重漏洞。研究整改措施时，发现平时没有人对该服务器的安全负责。

由上述例子可以看出，单位没有做到事事有人做，人人有事做。为保护信息资产的安全，所有的信息资产都应该具有指定的属主并且可以被追溯责任。

5.3.1　对资产负责

资产是信息资源的重要内容。对资产负责，就是要实现和保持对组织资产的适当保护。

1. 资产清单

1）控制措施

应清晰地识别所有资产，编制并维护所有重要资产的清单。

2）实施指南

组织应识别所有资产并将资产的重要性形成文件。资产清单应包括为从灾难中恢复必需的所有信息，包括资产类型、格式、位置、备份信息、业务价值等，并且应该为每一项资产确定责任人、信息分类和保护级别等。

编制一份资产清单是风险管理的一个重要的先决条件。

2. 资产责任人

1）控制措施

与信息处理设施有关的所有信息和资产应由组织的指定部门或人员承担责任。

2）实施指南

资产责任人应确保与信息处理设施相关的信息和资产已进行适当的分类，并定期地评审访问限制和类别，同时要考虑可应用的访问控制策略。

日常任务可以委派给其他人，如委派给一个管理人员每天照看资产，但责任人仍保留职责。

3. 资产的合格使用

1）控制措施

与信息处理设施有关的信息和资产使用允许规则应被确定、形成文件并加以实施。

2）实施指南

具体规则由管理者提供。使用或拥有访问组织资产权限的本单位人员、承包方和第三方人员应意识到他们使用信息处理设施相关的信息、资产及资源时的限制条件，应遵循信息处理设施可接受的相关使用规则，并对他们职责许可的使用负责。

5.3.2 信息分类

为了更好地保护资产等信息资源，需要对这些信息资源进行分类，从而能有针对性地对信息资源进行适当程度的保护。

1. 分类指南

1）控制措施

应按照信息资源对组织的价值、法律要求、敏感性和关键性进行信息资源分类。一般应分为“公开”“内部”“秘密”“机密”“绝密”。

2）实施指南

信息资源的分类及相关保护控制措施应考虑共享或限制信息资源的业务需求，以及与这种需求相关的业务影响。分类指南应包括根据预先确定的访问控制策略进行初始分类，以及一段时间后进行重新分类的惯例。

一般来说，给信息资源分类是确定该信息资源如何予以处理和保护的简便方法。

应考虑分类类别的数目和使用中获得的好处。过度复杂的分类可能使用起来不方便、不经济或不实际。在解释从其他组织获取的文件分类标记时更要小心，因为其他组织可能对于相同或类似命名的标记有不同的定义。

2. 信息的标记和处理

1）控制措施

应按照组织所采纳的分类机制来建立和实施一组合适的信息标记和处理程序。

2）实施指南

信息资源标记的规程需要涵盖物理和电子格式的信息资产。

对于包含分类为敏感或关键信息资源的系统输出，应在该输出中携带合适的分类标记，对每种分类级别，应定义包括安全处理、存储、传输、删除、销毁等的处理规程，还应包括一系列对安全相关事件的监督和记录规程。

标识信息类别，表明文件的密级、存储介质的种类（如内网专用 U 盘），规定重要敏感信息的安全处理、存储、传输、删除和销毁的程序。

3）月维护

月维护原则上由密码管理人员或其指定的人员完成，每月最后一周安排半天时间对现用密码装备进行维护。

基本要求是对机器进行较全面的维护保养和检查，使其保持良好的技术性能。

4）季检修

季检修由专职工作干部完成。在季末结合月维护安排一天时间进行检修。

基本要求是对机器进行全面的维护保养，调试、检测机器各项技术性能和指标。

5）年检查

年检查应结合普查或安全保密检查进行，通常由单位统一组织。

基本要求是解决日常维护中不易解决的一些遗留问题和其他难度较大的问题，检查系统参数，进行软硬件性能测试或根据上级统一部署调整系统参数。

年检查要对机器运行环境进行综合检查、清理。一是清除机器内部积灰积尘，检查配电系统的安全性，测量接地电阻；二是检查、测试防电磁辐射措施和安全防护设施设备是否可靠有效；三是检查消防设备、空调系统等是否正常，确保密码使用环境安全。

6）注意事项

在维护修理过程中，严禁带电操作；非专职人员不得随便拆装。

5.4　人员安全管理

【引例 5-6】　汇丰控股公司发布公告，其旗下汇丰私人银行（瑞士）的一名IT员工，曾于三年前窃取了银行客户的资料，失窃的资料涉及1.5万名在瑞士开户的现有客户。有鉴于此，汇丰银行三年来共投入1亿瑞士法郎，用来将IT系统升级并加强。借用《论语》中的一句话："吾恐季孙之忧，不在颛臾，而在萧墙之内也。"

【引例 5-7】　某单位负责信息化工作的领导说："为什么要买防火墙？我们盖楼时是严格按照国家消防有关规定施工的呀！"

5.4.1　任用前

在人员任用前，要确保本单位人员、承包方人员和第三方人员理解其职责，考虑其承担的角色是适合的，以降低设施被破坏、偷盗、欺诈和误用的风险。

1. 角色和职责

1）控制措施

组织应根据其自身的信息安全方针对本单位人员、承包方人员和第三方人员的安全角色和职责进行分类、确定并形成文件。

2）实施指南

要对安全角色和职责进行定义，并在任用前清晰地传达给任用的候选者。

安全角色和职责要满足以下要求。

（1）按照组织的信息安全方针实施和运行。

（2）保护资产免受未授权访问、泄露、修改、销毁和干扰。

（3）执行特定的安全过程或活动。

（4）确保职责分配给可采取措施的个人。

(5) 向组织报告安全事件、潜在事件或其他安全风险。

2. 审查

1) 控制措施

关于所有任用的候选者、承包方人员和第三方人员的背景验证核查应按照相关法律法规、道德规范和对应的业务要求、被访问信息的类别和察觉的风险来执行。

2) 实施指南

验证核查要考虑所有相关的隐私、个人数据库,相关的法律,并在允许时考虑:

(1) 个人资料的可用性。

(2) 申请人履历的核查。

(3) 声称的学术、专业资质的证实。

(4) 个人身份的核查。

(5) 其他细节核查。

3. 任用条款和条件

1) 控制措施

作为合同义务的一部分,本单位人员、承包方人员和第三方人员应同意并签署他们的任用合同条款和条件,这些条款和条件应声明他们和组织的信息安全职责。

2) 实施指南

任用条款和条件在反映组织安全方针的情况下,还要符合以下内容。

(1) 所有访问敏感信息的本单位人员、承包方和第三方人员应在给予权限之前签署保密协议。

(2) 本单位人员、承包方和其他人员的法律责任和权利。

(3) 与本单位人员、承包方和第三方人员操作的信息系统和服务有关的信息分类和组织管理资产的职责。

(4) 本单位人员、承包方和第三方人员操作来自其他外部方信息的职责。

(5) 组织处理人员信息的职责,包括由于组织任用或在组织任用过程中产生的信息。

(6) 扩展到组织场所以外和正常工作时间之外的职责,如在家中工作的情形。

(7) 如果本单位人员、承包方和第三方人员漠视组织的安全要求应采取的措施。

5.4.2 任用中

在人员任用中,要确保所有的本单位人员、承包方人员和第三方人员知悉信息安全威胁和利害关系、他们的职责和义务,并准备好在其正常工作中支持组织的安全方针,以减少人为过失的风险。

1. 管理职责

1) 控制措施

管理者应要求本单位人员、承包方人员和第三方人员执行组织已建立的方针和程序。

2) 实施指南

如果本单位人员、承包方人员和第三方人员没有意识到他们的安全职责,或感觉被组织方低估,他们可能会对组织造成相当大的破坏,而被激励的人员则更可靠并能减少信息安全事件的发生。因此，管理职责上应确保本单位人员、承包方人员和第三方人员完成以下事项。

（1）在被授权访问敏感信息或信息系统前了解其信息安全角色和职责。

（2）获得声明他们在组织中角色的安全期望的指南。

（3）被激励以实现组织的安全策略。

（4）对于他们在组织内的角色和职责的相关安全问题的意识程度达到一定级别。

（5）遵守任用的条款和条件，包括组织的信息安全方针和工作的合适方法。

（6）持续拥有适当的技能和资质。

2. 信息安全意识、教育和培训

1）控制措施

本单位人员应接受与其工作职能相当的安全意识培训和组织方针及程序的定期更新培训，适当时承包方人员和第三方人员也应参加培训；**当本单位人员的工作职能变化时应对其进行信息安全更新培训**。

2）实施指南

安全意识培训应从一个正式的说明开始，在允许访问信息或服务前应说明组织的安全方针策略和期望。

持续地培训应包括安全要求、法律职责和业务控制，还有正确使用信息处理设施的培训，如登录规程、软件包的使用和纪律处理过程等。

当前现实情况是，大多人员没有统一、系统的安全培训，经常出现个人计算机的密码设置为空或者较为脆弱、系统默认安装从不进行补丁升级、启动众多不同服务或把办公计算机随意直接接入内部网等情况，而且由于人员层次不同、流动性大、安全意识薄弱而产生的病毒泛滥、终端滥用资源、非授权访问、恶意终端破坏、信息泄露等安全事件不胜枚举。因此需要定期组织人员进行与其工作职能相当的网络安全方面意识和技术的培训。

3. 纪律处理过程

1）控制措施

应通过正式的纪律处理过程来对安全违规的单位人员进行处理。

2）实施指南

纪律处分之前应有一个安全违规的验证过程。

纪律处分应确保正确和公平地对待被怀疑安全违规的本单位人员。无论违规是第一次还是已发生过，无论违规者是否经过适当的培训，纪律处分应规定一个分级的响应，要考虑违规的性质、重要性及对业务的影响等因素。另外，相关法律、业务合同和其他因素也是需要考虑的。对严重的、明知故犯的本单位人员，应立即免职、撤销访问权和特殊权限。

5.4.3 任用的终止或变化

在人员任用终止或发生其他变化时，要确保所有本单位人员、承包方人员和第三方人员以规范的方式退出组织或改变其任用。

1. 终止职责

1）控制措施

应清晰地定义和分配任用终止或任用变更的职责。

2）实施指南

终止职责的传达应包括正在进行的安全要求和法律职责，必要时，还包括任何保密协议规定的职责。并且在本单位人员、承包方人员和第三方人员的任用结束后持续一段时间仍然有效的任用条款和条件。

规定职责和义务在任用终止后仍然有效的内容应包含在与本单位人员、承包方人员和第三方人员的规定或合同中。

职责或任用的变更管理应与职责或任用的终止管理相似。

2. 资产的归还

1）控制措施

本单位人员、承包方人员和第三方人员在终止任用、合同或协议时，应归还他们使用的所有组织资产。

2）实施指南

终止过程应被正式化为包括所有先前发放的软件、文件和设备的归还。其他组织资产，如移动计算设备、访问卡、软件、手册和存储于电子介质中的信息也要归还。

当本单位人员、承包方人员和第三方人员购买了组织的设备或使用他们自己的设备时，应遵循规程，确保所有相关的信息已转移给组织，并且已从设备中安全地删除。

3. 撤销访问权

1）控制措施

应在任用、合同或协议终止时删除，或在变化时调整本单位人员、承包方人员和第三方人员对信息和信息处理设施的访问权。

2）实施指南

任用终止时，个人对与信息系统和服务有关的资产访问权应被重新考虑。这将决定删除访问权是否必要。任用的变更应体现在不适用于新岗位的访问权的撤销上。应撤销或改变的访问权包括物理和逻辑访问、ID 卡、信息处理设施、签名，并要从标识其作为组织的现有成员的文件中删除。如果一个已离开的本单位人员、承包方人员或第三方人员知道仍保持活动状态的账户密码，则应在任用、合同或协议终止或变更后改变口令。因此，对已离开的人员、承包方人员和第三方人员要调整其物理和逻辑上的访问权限。

离任可能引发的安全隐患包括未删除的账户、未收回的各种权限，以及其他隐含信息，如网络架构、规划，存在的漏洞，同事的账户、口令和使用习惯等，这些信息和权限如果被离任的人员和攻击者恶意利用，很容易导致信息安全事件。因此，任用终止后，要归还资产，包括软件、计算机、存储设备、文件和其他设备；要撤销访问权限，包括撤销用户名、门禁卡、密钥、数字证书等；还应通知相关人员人事变化，向离职者重申离职后仍需遵守的规定和承担的义务等。

5.5 物理和环境安全管理

【引例5-8】 M国情报机构的一名间谍潜入Y国的一个数据交换中心，安装了一个先进的分接器。这个中心为数条国际通信光缆提供服务，这令M国情报机构得以截获Y国最高领导当局和其高层之间的所有通信，持续数年时间。在另一次最近发生的事件中，M国情报机构特工来到西欧，成功在一部笔记本计算机上安装了特殊间谍软件，这部笔记本计算机的主人属于某一个基地组织分支，其任务是为该组织招募新人，这次行动让M国情报机构可以监控其所有电子邮件往来和所有通话。

【引例5-9】 机房中温度过高，导致计算机无法正常运行，造成业务中断。

在物理和环境安全范畴中，物理安全包括人身安全、承载信息的物质和自然环境的保障。人身安全是物理安全首要考虑的问题，因为人也是信息系统的一部分；承载信息的物质包括信息存储、处理、传输和显示的设施和设备；自然环境的保障与温度、温度、电力和灾害等有关。

5.5.1 安全区域

设置安全区域是为了防止对组织场所和信息的未授权物理访问、损坏和干扰。

1. 物理安全周边

1）控制措施

应使用安全周边（如墙、卡控制的入口或有人管理的接待台等屏障）来保护包含信息和信息处理设施的区域。

2）实施指南

物理保护可以通过在组织边界和信息处理设施周围设置一个或多个物理屏障来实现，以防止未授权进入和环境污染。多重屏障的使用将提供附加保护，一个屏障的失效不意味着即刻危及安全。

一个安全区域可以是一个可上锁的办公室，或是被连续的内部物理安全屏障包围的几个房间。在安全边界内具有不同安全要求的区域之间需要控制物理访问的附加屏障和周边。

具有多个组织的建筑物应考虑专门的物理访问安全。

2. 物理入口控制

1）控制措施

安全区域应由合适的入口控制保护，以确保只有授权人员才被允许访问。

2）实施指南

应考虑以下指南。

（1）记录访问者进入和离开的日期和时间，对所有的访问者进行监督，除非他们的访问事前已经过批准；只允许他们访问特定的、已授权的目标，并向他们宣布有关安全要求。

（2）访问处理敏感信息或存储敏感信息的区域要受到控制，并且仅限于已授权人员；鉴别控制应用于授权和确认所有访问。

(3) 所有访问的审核踪迹要安全地加以保护。

(4) 所有本单位人员、承包方人员和第三方人员及访问者都要佩带某种形式的可视标识,如果遇到无人陪伴的访问者和未佩带可视标识的任何人要立即通知相关人员。

(5) 第三方支持服务人员只在有需要的时候,才能有限制地访问安全区域或敏感信息处理设施,这种访问要被授权并受到监视。

(6)对安全区域的访问权要定期评审和更新,并在必要时废除。

3. 办公室、房间和设施的安全保护

1) 控制措施

应为办公室、房间和设施设计并采取物理安全措施。

2) 实施指南

为了保护办公室、房间和设施。应考虑以下指南。

(1) 相关的健康与安全法规和标准要考虑在内。

(2) 关键设施要坐落在避免公众访问的场所。

(3) 如果可行,建筑物要不引人注目,并且在建筑物内侧或外侧用不明显的标记给出其用途的最少指示,以标识信息处理活动的存在。

(4) 标识敏感信息处理设施位置的目录和内部电话簿不要轻易地被公众得到。

4. 外部和环境威胁的安全防护

1) 控制措施

为防止火灾、洪水、地震、爆炸、社会动荡和其他形式的自然或人为灾难引起的破坏,应设计和采取物理安全措施。

2) 实施指南

除了要考虑任何邻近区域所带来的安全威胁,如邻近建筑物的火灾、屋顶漏水或地板渗水、街头爆炸等,还应考虑以下要求。

(1) 危险或易燃材料要在离安全区域安全距离以外的地方存放,大批供应品不要存放于安全区域内。

(2) 维持运行的设备和备份介质的存放地点要与主要场所有一段安全的距离,以避免对主要场所产生破坏。

(3) 要提供适当的消防设备,并放在合适的地点。

5. 在安全区域工作

1) 控制措施

应设计和运用于安全区域的物理保护及工作指南。

2) 实施指南

为了安全区域工作的安全,应考虑以下要求。

(1) 只在必要时,允许人员知道安全区域的存在或其中的活动。

(2) 避免在安全区域内进行不受监督的活动,以减少恶意活动的机会。

(3) 未使用的安全区域在物理上要封锁,并定期核查。

(4) 除非授权,否则不允许携带摄影、视频、声频等记录设备。

6. 公共访问、交接区安全

1）控制措施

访问点(如交接区)和未授权人员可进入办公场所的其他点应加以控制，如果可能，要与信息处理设施隔离，以避免未授权访问。

2）实施指南

为了公共访问、交接区的安全，应考虑以下要求。

(1) 由建筑物外进入交接区的访问要局限于已标识的和已授权的人员。

(2) 交接区要设计成在无须交货人员获得对本建筑物其他部分访问权的情况下就能卸下物资。

(3) 当内部门打开时，交接区的外部门处于安全保护中。

(4) 物资从交接区运到使用地点之前，要检查是否存在潜在威胁。

(5) 物资要按照资产管理规程在场所的入口处进行登记。

【案例 5-1】 A公司的数据中心设立了严格的门禁制度，要求必须插入门卡才能进入。出来时数据中心的动作探测器会检测到是否有人朝出口走去，如果有人门就会自动打开。数据中心有个系统管理员张某，某天晚上加班，中间曾离开数据中心出去，可返回时发现自己被锁在了外面，门卡落在里面了，而四周别无他人，张某必须今夜加班，可他又不想打扰他人，他该怎么办？不过正巧昨天曾在接待区庆祝过某人生日，现场遗留很多杂物，其中还有气球，因此他找到一个气球并放掉气，然后面朝大门入口趴下，把气球塞进门里，只留下气球的口在门的外边。张某在门外吹气球，气球在门内膨胀，然后他释放了气球。由于气球在门内弹跳触发动作探测器，门终于开了。就这样，一个普通的系统管理员，利用看似简单的方法就进入了需要门卡认证的数据中心。这是一个与物理安全相关的典型案例，并在国外某论坛上引起了激烈讨论。有人认为，如果门和地板齐平且没有缝隙就不会出这样的事；如果动作探测器的灵敏度调整到不对快速放气的气球作出反应也不会出此事；如果根本就不使用动作探测器来从里面开门这种事情同样不会发生。这件事虽然是偶然事件，也没有直接危害，但是却是潜在风险，而且既是物理安全的问题，更是管理问题。

【案例 5-2】 美国国家安全局NSA总部位于马里兰州米德堡，建筑面积为15公顷，有1.7万个停车位，超过5千米的街道，有自己的保安力量，总部安保严格，周围警戒森严，双层铁栅栏维护，荷枪实弹的警卫日夜巡逻；在能够环顾方圆数十千米的监视塔里，闭路电视24小时监视着“迷宫”的各个角落，可以说是美国情报系统的“眼睛”和“耳朵”。工作人员通过不同颜色的身份证进入各自工作地点，只有拥有全部通行证的人才能在这座“迷宫”里自由往来(只有局长和副局长几个人)。四周电线密布。据说这座大楼是世界上架设电线最多的建筑物，电线长达250余万米。TAO是NSA整个通信情报理事会内部最大、也可能是最重要的部门，由超过1000名计算机黑客、情报分析员、目标专家、计算机软硬件设计师和机电工程师等人员组成。TAO就藏在NSA总部大楼内，并与NSA其他机构隔离开来，要想进入该机构工作区需要接受特殊安全检查，有武装警卫看守，只有输入六位密码加上视网膜扫描才能进入钢铁大门。

5.5.2 设备安全

对各种设备和相关支持性设施进行适当的保护，防止资产的丢失、损坏、失窃或危及资产安全，以及组织活动的中断。

1. 支持性设施

1）控制措施

应保护设备使其免于由支持性设施失效而引起的电源故障和其他中断。

2）实施指南

应有足够的支持性设施（如供电、供水、加热、通风等）来支持系统，并定期检查并适当地测试以确保它们正常工作和减少因它们的故障或失效带来的风险。

对于支持关键业务操作的设备，推荐使用支持有序关机或连续运行的不间断电源（UPS）、备用发电机，甚至变电站等。

应急电源开关应位于设备房间应急出口附近，以便紧急情况时快速切断电源。

应有稳定和足够的供水以支持空调、加湿设备和灭火系统。

连接到设施提供商的通信设备应至少有两条不同线路以防止在一条线路发生故障时语音服务失效，应有足够的语音服务以满足国家法律对于应急通信的要求。

必要时，安装报警系统来检测支持设施的故障。

【案例 5-3】 旅客反映无法登录铁道部 12306 官方订票网站。公告称“因硬件设备故障，正组织抢修，暂停互联网售票服务”，好在当天网站订票就恢复正常。事后，12306 称故障原因是“空调设备故障”引发。过了几天，12306 再次“瘫痪”，原因仍是“机房空调系统故障”。这就是由支持性设施引起的信息系统故障。

2. 布缆安全

1）控制措施

应保证传输数据或支持信息服务的电源布缆和通信布缆免受窃听或损坏。

2）实施指南

对于布缆安全，应考虑以下要求。

（1）进入信息处理设施的电源和通信线路应铺设在地下，必要时提供足够的可替换的保护。

（2）网络布缆要免受未授权窃听或损坏。

（3）为防止干扰，电源电缆要与通信电缆分开。

（4）要使用清晰的可识别的电缆和设备记号，以使处理差错最小化。

（5）使用文件化配线列表减少出错的可能性。

3. 设备维护

1）控制措施

设备应予以正确的维护，以确保其持续的可用性和完整性；设备的所有维护活动应由组织批准、监视和控制，无论是现场实施还是非现场实施，也无论设备是现场服务还是移到别处服务；对于安全关键的设备组件应及时维护；应清理设备，以便在非现场维护或维修之前，从相关媒介上转移所有信息；设备维护工具的适用应由组织批准、监视和控制；应

检查所有潜在受影响的安全控制措施，以确认维护或修理行动后这些控制措施依然有效；应禁止通过公共信息网络对设备进行远程维护和监控操作；应禁止将故障设备上存储的涉密信息恢复到非涉密信息存储设备中；应保持所有维修记录。

2）实施指南

对于设备维护，应考虑以下要求。

(1) 要按照供应厂家推荐的服务时间间隔和规范对设备进行维护。

(2) 只有已授权的维护人员才可对设备进行修理和服务。

(3) 要保存所有可疑的或实际的故障，以及所有预防和纠正维护的记录。

(4) 当对设备安排维护时，要实施适当的控制，并考虑维护是由场所内部人员执行还是由组织外部人员执行，必要时敏感信息要从设备中删除或维护人员要足够可靠。

(5) 要遵守由安全策略所施加的所有要求。

4. 组织场所外的设备安全

1）控制措施

应对组织场所外的设备采取安全措施，要考虑工作在组织场所以外的不同风险。

2）实施指南

无论责任人是谁，在组织场所外使用任何信息处理设备都应通过管理者授权。

对于离开场所的设备保护，应考虑以下要求。

(1) 离开建筑物的设备和介质在公共场所应有人看管。

(2) 要始终遵守制造商的设备保护说明，如防止暴露于强电磁场内。

(3) 家庭工作的控制措施要根据风险评估确定，并加以必要的控制措施，如上锁。

(4) 要有足够的安全保障掩蔽物，以保护离开办公场所的设备。

【案例 5-4】 广州T公司在中国电子科技集团公司A研究所（简称A所）开展某移动通信系统正样评审后的整改工作。根据联试工作需要，中国电子科技集团B研究所（简称B所）按保密要求向该公司提供了6块密码模块。T公司测试部经理寇某将其中4块密码模块带离联试现场，准备回深圳后交与公司负责保密的有关人员，由其返还B所。寇某回深圳后没有交接密码模块，一直在武汉出差。公司在清查涉密物品时，发现4块密码模块尚未与B所交接，随即联系寇某确认情况，寇某查找后发现模块已丢失。后经A所、B所现地调查核实，广东省国家保密局立案调查，确认T公司因保管不慎致使密码模块丢失，根据有关法律法规，已构成过失泄密。T公司依纪对相关责任人进行了处理：对直接责任人寇某给予开除处分；对负次要直接责任的项目总工程师给予开除留用、免去总工职务、调离涉密岗位处分；对负有领导责任的相关人员给予党纪处分及行政记过、行政记大过、调离涉密岗位等政纪处分。

5. 设备的安全处置或再利用

1）控制措施

应对包含存储介质设备的所有项目进行检查，以确保在销毁之前，任何敏感信息和注册软件已被删除或安全重写；**包括存储介质的设备再利用时，应按密级要求，回收更换其存储介质；设备的处置或再利用活动应有日志记录。**

2）实施指南

包含敏感信息的设备在物理上应予以摧毁，或采用使原始信息不可获取的技术破坏、删除或写覆盖，而不能采用标准的删除或格式化操作。

包含敏感信息的已损坏设备可能需要实施风险评估，以确定这些设备是否要进行销毁，而不是送去修理或丢弃，因为信息可能通过对设备的草率处置或重用而被泄露。

因此，当一个设备要报废或要改变性质和用途时，要考虑该如何处置这个设备才能保证安全。例如，对于存储过敏感信息的存储设备，必须销毁或是重写、重灌输据资料，不可以只使用简单的删除操作。本书有关信息的标记和处理的部分专门讨论了信息的处理规程，这包括对于不同级别信息的删除和销毁过程。但是其中并没有专门针对存储信息的介质，这意味着可能是纸介质，也可能是电子介质。而本书有关设备的安全处置或再利用部分所讨论的包含存储介质的设备（注意这和介质本身不同，对于介质本身的处置见5.6.6节），应该物理销毁、丢弃还是重用，就取决于其中的信息的敏感度。设备的安全处置或再利用的控制措施是应对包含存储介质的设备的所有项目进行核查，以确保在处置之前任何敏感信息和注册软件已被删除或安全地写覆盖。

6. 资产的移动

1）控制措施

设备、信息或软件在授权之前不应带出组织场所；**带出安全区域的涉密资产应采取相应的保护措施**。

2）实施指南

应按照相关法律和规章执行检测未授权资产移动的抽查，以检测未授权的记录装置、武器等，防止它们进入办公场所，同时要考虑以下要求。

（1）在未经事先授权的情况下，不要让设备、信息或软件离开办公场所。

（2）要明确识别有权允许资产移动和离开办公场所的本单位人员、承包方人员和第三方人员。

（3）要设置设备移动的时间限制，并在返还时执行符合性核查。

（4）必要时要对设备做移出记录，返回时要做送回记录。

5.6 通信和操作安全管理

【引例5-10】 美国空军一架B-52战略轰炸机误装6枚核弹后，从北部的北达科他州飞往南部的路易斯安那州。该事件显示了美国空军对核武器指挥和控制体系中的漏洞。

5.6.1 操作规程和职责

要按照一定的规程进行通信等相关操作，并明确相关职责，以确保正确、安全地操作信息处理设施。

1. 文件化的操作规程

1）控制措施

操作规程应形成文件，并保持对所有需要的用户可用。

2）实施指南

与信息处理和通信设施相关的系统活动应形成文件的规程，如计算机启动和关机规程，备份处理、介质处理、机房管理、邮件处理等规程。

操作规程应详细规定执行每项工作的说明。

应将操作规程和系统活动的文件看作正式的文件，其变更由管理者授权。技术上可行时，信息系统应使用相同的规程、工具和实用程序进行一致的管理。

2. 变更管理

1）控制措施

对信息处理设施和系统的变更应加以控制。

2）实施指南

运行系统和应用软件应有严格的变更管理控制。

管理者职责和规程应到位，以确保对设备、软件或规程的所有变更有符合要求的控制，当发生变更时，包含所有相关信息的审核日志应被保留。

对信息处理设施和系统的变更缺乏控制是系统故障或安全失效的常见原因，如对运行环境的变更，特别是当系统从开发阶段向运行阶段转移时，可能影响应用的可靠性。

对运行系统的变更应只在一个有效的业务需求时进行，如系统风险的增加。使用操作系统或应用程序的版本更新并不总是业务需求，因为这样做可能会引入比现有版本更多的脆弱性和不稳定性，尤其是在系统移植期间，还需要额外培训、许可证费用、支持、维护和管理开支及新的硬件等。

3. 责任分割

1）控制措施

各类责任及职责范围应加以分割，以降低未授权、无意识地修改或不当使用组织资产的机会。

2）实施指南

责任分割是一种减少意外或故意误用系统风险的方法。应当注意，在无授权或未被检测时，应使用个人不能访问、修改或使用的资产。在设计控制措施时就应考虑勾结的可能性。

小型组织可能感到难以实现这种责任分割，但只要具有可能性和可行性，应尽量使用该原则。如果难以分割，应考虑其他控制措施，如对活动、审核踪迹和管理监督的监视等。

4. 开发、测试和运行设施分离

1）控制措施

开发、测试和运行设施应分离，以减少未授权访问或改变运行系统的风险。

2）实施指南

开发和测试人员访问运行系统及信息，可能会造成对运行信息的威胁，可能会引入未授权和未测试的代码或改变运行数据。因此，为防止运行问题，应识别运行、测试和开发环境之间的分离级别，实施适当的控制措施，并考虑以下要求。

(1) 规定从开发状态到运行状态的软件传递规则并形成文件。

(2) 开发和运行软件要在不同的系统或计算机处理器上，以及在不同的域或目录内运行。

(3) 无必要时,编译器、编辑器和其他开发工具或系统实用工具不要从运行系统上访问。

(4) 测试系统环境要尽可能地仿效运行系统环境。

(5) 用户要在运行系统和测试系统中使用不同的用户数据信息,菜单要显示合适的标识消息以减少出错的风险。

(6) 敏感数据不要复制到测试系统环境中。

5.6.2 第三方服务交付管理

如果存在第三方服务,那么就要实施和保持符合第三方服务交付协议的信息安全和服务交付的适当水准。

1. 服务交付

1) 控制措施

应确保第三方实施、运行和保持包含在第三方服务交付协议中的安全控制措施、服务定义和交付水准。

2) 实施指南

第三方服务交付应包括商定的安全安排、服务定义和服务管理的各方面。在外包安排的情况下,组织应策划必要的过渡,并应确保系统安全在整个过渡期间得以保持。

组织应确保第三方保持足够的服务能力和可使用的计划以确保商定的服务水平在主要服务故障或灾难后继续得以保持。

2. 第三方服务的监视和评审

1) 控制措施

应定期监视和评审由第三方提供的服务、报告和记录,审核也应定期执行。

2) 实施指南

管理与第三方关系的职责应分配给指定人员或服务管理组。另外,组织应确保第三方分配了核查符合性和执行协议要求的职责,并获得足够的技能和资源来监视满足协议的要求,特别是信息安全的要求,当在服务交付中发现不足时,应采取适当的措施。

第三方服务的监视和评审应确保坚持协议的信息安全条款和条件,并且信息安全事件和问题得到适当的管理,这将涉及组织和第三方之间的服务管理关系和过程,包括:

(1) 监视服务执行级别以核查对协议的符合程度。

(2) 评审由第三方产生的服务报告,安排协议要求的定期进展会议。

(3) 当协议和支持性指南及规程需要时,提供关于信息安全事件的信息,并共同评审。

(4) 评审第三方的审核踪迹及关于交付服务的安全事件、运行问题、失效、故障追踪和中断的记录。

(5) 解决和管理所有已确定的问题。

3. 第三方服务的变更管理

1) 控制措施

应管理服务提供的变更,包括保持和改进现有的信息安全方针策略、程序和控制措施，要考虑业务系统和涉及过程的关键程度及风险的再评估。

2）实施指南

对第三方服务变更的管理过程要考虑以下因素。

(1) 组织要实施的变更包括对提供的现有服务的加强、任何新应用和系统的开发、组织策略和规程的更改或更新、解决信息安全事件和改进安全的新的控制措施。

(2) 第三方服务实施的变更包括对网络的变更和加强，新技术的使用，新版本的采用，新开发工具和环境、服务设施物理位置的变更，供应商的改变等。

5.6.3　系统规划和验收

对系统进行规划和验收，将系统失效的风险降至最小。

1. 容量管理

1）控制措施

资源的使用应加以监视、调整，并应对未来容量要求进行预测，以确保拥有所需的系统性能。

2）实施指南

对于每一个新的和正在进行的活动来说，应明确容量要求。应使用系统调整和监视以确保和改进系统的可用性和效率。

对未来容量要求的预测应考虑新业务、系统要求及组织信息处理能力的趋势。管理人员应监视系统关键信息资源的使用情况，并利用该信息来识别和避免可能威胁系统安全或服务的潜在瓶颈及对关键人员的依赖，并策划适当的措施。

2. 系统验收

1）控制措施

应建立对新信息系统、升级及新版本的验收准则，并且在开发中和验收前对系统进行适当的测试。

2）实施指南

管理人员应确保验收新系统的要求和准则被明确地定义、商定、形成文件并经过测试，新信息系统升级和新版本只有在获得正式验收后，才能进入生产环节。

对于主要的新开发，在开发过程的各阶段应征询运行职能部门和用户的意见，以确保所建议的系统设计的运行效率，并进行适当的测试，以证实其完全满足全部验收标准。

5.6.4　防范恶意和移动代码

对恶意代码和移动代码进行控制，保护软件和信息的完整性。

1. 控制恶意代码

1）控制措施

应实施恶意代码的监测、预防和恢复的控制措施，以及适当地提高用户安全意识。

2）实施指南

防范恶意代码主要是通过检测和修复软件、控制系统访问、记录变更日志和提高安全意识来实现的，应考虑以下措施。

(1) 建立禁止使用未授权软件的正式策略。

(2) 建立防范风险的正式策略,该风险与来自外部网络或其他介质上的文件或软件相关。

(3) 对支持关键业务过程的系统中的软件和数据内容进行定期评审。

(4) 安装和定期更新恶意代码检测和修复软件来扫描系统,以作为预防控制。

(5) 定义关于系统恶意代码防护、使用的培训、恶意代码攻击报告和从中恢复的管理规则和职责。

(6) 制定适当的从恶意代码攻击中恢复业务的持续性计划,包括数据备份和恢复安排。

(7) 实施检验与恶意代码相关信息的规程,管理人员应使用合格的信息来源以区分虚假和真实的恶意代码。

2. 控制移动代码

1) 控制措施

当授权使用移动代码时,其配置应确保授权的移动代码按照清晰定义的安全策略运行,应阻止执行未授权的移动代码。

2) 实施指南

移动代码是一种软件代码,它能从一台计算机传递到另一台计算机,随后自动执行并在很少或没有用户干预的情况下完成特定功能。移动代码与大量的中间件服务有关。

除确保移动代码不包含恶意代码外,控制移动代码也是必要的,以避免系统、网络或应用资源的未授权使用或破坏。

为防止移动代码执行未授权的活动,应考虑以下措施。

(1) 在逻辑上隔离的环境中执行移动代码。

(2) 阻断移动代码的所有使用。

(3) 阻断移动代码的接收。

(4) 使技术措施在一个特定系统中可用,以确保移动代码受控。

(5) 控制移动代码访问的可用资源。

(6) 使用密码控制,以唯一地鉴别移动代码。

5.6.5 网络安全管理

网络安全管理指对网络和网络服务进行管理和控制,以确保网络中信息的安全性并保护支持性的基础设施。

1. 网络控制

1) 控制措施

应充分管理和控制网络,以防止威胁的发生,以维护系统和使用网络的应用程序的安全,包括传输中的信息。

2) 实施指南

网络管理员应实施控制以防止未授权访问所连接的服务,并考虑以下要求。

(1) 网络的操作职责要与计算机操作分开。

(2) 要建立远程设备管理的职责和规程。

(3) 要建立专门的规程，以保护网络上传递数据的保密性和完整性。

(4) 为记录安全相关的活动，要使用适当的日志记录和监视措施。

2. 网络服务安全

1) 控制措施

安全特性、服务级别及所有网络服务的管理要求应予以确定并包括在所有的网络服务协议中，无论这些服务是由内部提供还是外包的。

2) 实施指南

网络服务提供商以安全方式管理商定服务的能力应予以确定并定期监视，还应商定审核的权利，同时识别特殊服务的安全安排，如安全特性(包括安全技术、技术参数等)、服务级别和管理要求。组织应确保网络服务提供商实施了这些措施。

5.6.6　介质处置

对信息存储的介质进行管理和控制，防止信息资源遭受未授权泄露、修改、移动或销毁，以及业务活动的中断。

1. 可移动介质的管理

1) 控制措施

应有适当的可移动介质的管理程序，**对涉密可移动介质的管理应按照相关保密规定执行。**

2) 实施指南

对于可移动介质的管理，应考虑以下要求。

(1) 对于从组织取走的任何可重复使用的介质中的内容，如果不再需要，要使其不可重现。

(2) 对于从组织取走的所有介质要求授权，记录并保持审核跟踪。

(3) 要将所有的介质存储在符合要求的安全环境中。

(4) 如果存储在介质中的信息使用时间比介质生命期长，还要将信息存储在别的地方。

(5) 只有在有业务要求时，才可使用可移动介质。

2. 介质的处置

1) 控制措施

不再需要的介质，应使用正式的程序可靠并安全地处置；**对于组织关键的介质，应记录其处置情况。**

2) 实施指南

应建立安全处置介质的正式规程，以使敏感信息泄露给未授权人员的风险降至最小。安全处置应考虑以下要求。

(1) 包含敏感信息的介质应秘密和安全地存储和处置。

(2) 应有规程识别可能需要安全处置的项目。

(3) 处置敏感部件应作记录，以保持审核踪迹。

3. 信息处理程序

1）控制措施

应建立信息的处理及存储规程，以防止信息的未授权泄露或不当使用。

2）实施指南

应制定规程来处置、处理、存储或传达与分类一致的信息，并考虑以下要求。

(1) 按照所显示的分类级别，处置和标记所有介质。

(2) 确定防止未授权人员访问的限制。

(3) 维护数据的授权接收者的正式记录。

(4) 确保输入数据的完整性，正确完成处理并应用输出确认。

(5) 根据规范存储介质。

(6) 清晰标记介质的所有备份，以引起已授权接收者的关注。

(7) 以固定的时间间隔评审分发列表和已授权接收者列表。

4. 系统文件安全

1）控制措施

应保护系统文件以防止未授权的访问。

2）实施指南

对于系统文件安全，应考虑以下要求。

(1) 安全地存储系统文件。

(2) 将系统文件的访问人员列表保持在最小范围，并且由系统责任人授权。

(3) 要妥善地保护、保存在网络上的或经由网络提供的系统文件。

5.6.7 信息的交换

对信息的交换进行控制，保持组织内信息和软件交换及与外部组织信息和软件交换的安全。

1. 信息交换策略和规程

1）控制措施

应有正式的交换策略、程序和控制措施，以保护通过使用各种类型通信设施的信息交换。

2）实施指南

使用电子通信设施进行信息交换的规程和控制应考虑以下要求。

(1) 设计用来防止交换信息遭受截取、复制、修改、错误寻址和破坏的规程。

(2) 检测和防止可能通过电子通信传输恶意代码的规程。

(3) 保护以附件形式传输的敏感电子信息的规程。

(4) 无线通信使用的规程要考虑所涉及的特定风险。

(5) 使用密码技术保护信息的保密性、完整性和真实性。

(6) 所有业务通信的保持和处理指南要与相关法律法规一致。

(7) 提醒工作人员相关的预防措施，例如，保密会谈或电话可能被人窃听、应答机上可能有敏感信息等。

2. 交换协议

1）控制措施

应建立组织与外部各方交换信息和软件的协议。

2）实施指南

交换协议应考虑以下要求。

（1）控制和通知传输、分派和接收的管理职责。

（2）通知传输、分派和接收的发送者规程。

（3）确保可追溯性和不可抵赖性的规程。

（4）制定打包和传输的最低技术标准。

（5）有条件转让协议。

（6）如果发生信息安全事件（如数据丢失）相关人员的责任和义务。

（7）商定标记敏感或关键信息的系统使用，确保标记的含义能直接被理解。

（8）为保护敏感项，可能要求专门的控制措施，如密钥。

3. 运输中的物理介质

1）控制措施

包含信息的介质在组织的物理边界以外运送时，应防止未授权的访问、不当使用或毁坏。

2）实施指南

为保护不同地点间传输的信息介质，应考虑以下要求。

（1）要使用可靠的运输或送信人。

（2）授权的送信人列表要经管理者批准。

（3）制定核查送信人识别的规程。

（4）包装要足以保护信息免遭在运输期间可能的物理损坏。

（5）必要时采取专门的控制（例如上锁、手工交付、防篡改包装等），以保护敏感信息。

4. 电子消息发送

1）控制措施

包含在电子消息发送中的信息应给予适当的保护。

2）实施指南

电子消息发送的安全考虑应包括以下方面。

（1）防止消息遭受未授权访问、修改或拒绝服务攻击。

（2）确保正确的寻址和消息传输。

5. 业务信息系统

1）控制措施

应建立并实施策略和程序，以保护与业务信息系统互联相关的信息。

2）实施指南

对于互联的安全和业务应考虑以下因素。

（1）信息在组织的不同部门间共享时，要管理系统中已知的脆弱性。

（2）业务通信系统中的信息脆弱性，如会议呼叫记录、呼叫的保密性、传真的保存等。

(3) 管理信息共享的策略和适当的控制措施。

(4) 允许使用系统的人员类别,以及可以访问该系统的位置。

(5) 对特定类别的用户限制其所选定的设施。

(6) 系统上存放信息的保留和备份。

5.6.8 电子商务服务

对电子商务进行管理和控制,确保电子商务服务的安全及其安全使用。

1. 电子商务

1) 控制措施

包含在使用公共网络的电子商务中的信息应受保护,以防止欺诈活动、合同争议及未授权的泄露和修改。

2) 实施指南

电子商务的安全应考虑以下因素。

(1) 在彼此声称的身份中,各方要求的信任级别。

(2) 确保对方完全接收到他们职责的授权通知。

(3) 任何订单交易、支付信息、交付地址细节、接收确认等信息的保密性和完整性。

(4) 适用于核查用户提供支付信息的验证程度。

(5) 为防止欺诈,选择最适合的支付解决形式。

2. 在线交易

1) 控制措施

包含在线交易中的信息应受保护,以防止不完全传输、错误路由、未授权的消息篡改、未授权的泄露、未授权的消息复制或重放。

2) 实施指南

在线交易的安全应考虑以下因素。

(1) 交易中涉及各方电子签名的使用。

(2) 确保各方用户的信任有效并且是经过验证的,交易及其中涉及的隐私是保密的。

(3) 各方之间的通信协议是安全的。

(4) 确保交易细节存储于任何公开可访问环境之外,如内部网络的存储平台。

(5) 当使用一个可信权威时,安全可集成嵌入整个端到端认证/签名管理过程中。

3. 公共可用信息

1) 控制措施

在公共可用系统中可用信息的完整性应受保护,以防止未授权的修改;**公共网络中发布的信息应由组织进行批准、监视和控制**。

2) 实施指南

应通过适当的机制(如数字签名)保护需要高完整性级别、可在公共可用系统中得到的软件、数据和其他信息。在信息可用之前,应测试公共可用系统,以防止弱点和故障。

在信息公开可用之前,应有正式的批准过程。另外,所有从外部对系统提供的输入应经过验证和批准。应小心地控制电子发布系统,特别是允许反馈和直接录入信息的那些电子发布系统。

5.6.9 监视

应对系统进行适时的监视，检测未经授权的信息处理活动。

1. 审计记录

1）控制措施

应产生记录用户活动、异常和信息安全事态的审核日志，并要保持一个已设的周期以支持将来的调查和访问控制监视。

2）实施指南

审计日志包含入侵和保密人员的数据，应采取适当的隐私保护措施。可能时，系统管理员不应有删除或停用他们自己活动日志的权利。审计日志应包括以下项目。

（1）用户ID。

（2）日期、时间和关键事件的细节，如登录和退出。

（3）成功的和被拒绝的对数据及其他资源尝试访问的记录。

（4）系统配置的变更。

（5）特殊权限的使用。

（6）系统实用工具和应用程序的使用。

（7）访问的文件和访问类型。

（8）网络地址和协议。

（9）访问控制系统引发的警报。

（10）防护系统的激活和停用，如防病毒系统和入侵检测系统。

2. 监视系统的使用

1）控制措施

应建立信息处理设施的监视使用规程，并经常评审监视活动的结果。

2）实施指南

各个设施的监视器级别应由风险评估决定，一个组织应符合所有相关的适用于监视活动的法律要求，应考虑的范围如下。

（1）授权访问，包括细节，如用户ID、日期、时间、访问的文件、使用的工具等。

（2）所有特殊权限操作，如特殊账户的使用、系统启动和停止、I/O设备的装配/拆卸等。

（3）未授权的访问尝试，如失败的或被拒绝的用户行为、各种危险的警报和通知等。

（4）改变或企图改变系统的安全设置和控制措施。

3. 日志信息的保护

1）控制措施

记录日志的设施和日志信息应加以保护，以防止篡改和未授权的访问。

2）实施指南

系统日志通常包含大量信息，其中许多与安全监视无关。为帮助识别出对安全监视目的有重要意义的事件，应考虑将相应的信息类型自动复制到第二份日志，或使用适合的系统实用工具或审计工具执行文件查询及规范化。

应实施控制措施以防止日志设施被未授权更改和出现操作问题，包括以下因素。

(1) 更改已记录的消息类型。

(2) 日志文件被编辑或删除。

(3) 超过日志文件介质的存储容量，导致不能记录或过去记录被覆盖。

4. 管理员和操作员日志

1) 控制措施

系统管理员和系统操作员活动应记入日志。

2) 实施指南

系统管理员和操作员日志应包括如下信息。

(1) 事件(成功的或失败的)发生的时间。

(2) 关于事件(如处理的文件)或故障(如发生的差错和采取的纠正措施)的信息。

(3) 涉及的账号和管理员或操作员。

(4) 涉及的过程。

5. 故障日志

1) 控制措施

故障应被记录、分析，并采取适当的措施。

2) 实施指南

与信息处理或通信系统的问题有关的用户或系统程序所报告的故障应加以记录。对于处置所报告的故障应有明确的规则，如下所示。

(1) 评审故障日志，以确保故障已得到令人满意的解决。

(2) 评审纠正措施，以确保没有损害控制措施，以及所采取的措施给予了充分授权。

6. 时钟同步

1) 控制措施

一个组织或安全域内的所有相关信息处理设施的时钟应使用已设的精确时间源来进行同步。

2) 实施指南

正确设置计算机时钟对确保审计记录的准确性是必要的，审计日志可用于调查或作为法律、纪律处理的证据。当已知某些时钟随时间漂移，应有一个核查和校准所有重大变化的规程。日期/时间格式的正确解释对确保时间戳反映实时的日期/时间是重要的，还应考虑局部特殊性(如夏令时间)。

5.7 访问控制

【引例 5-11】 飞机登机时旅客的身份证号区分了不同人员，身份证证明确实是这名旅客来乘机，安检人员查看身份证和登机牌，扫描违禁物品后允许乘客登上机票所规定的航班。

【引例 5-12】 登录网站时用户 ID 区分了不同用户，输入登录密码确定是合法用户，网络防火墙和服务器的权限管理系统允许用户使用网站中授权使用的功能。

由于服务是分层次的，攻击可能从各个层次发起，好的访问控制应该在多层面进行。只靠网络防火墙不能抵抗所有的攻击，操作系统层面、应用安全层面都要做好访问控制才行。

5.7.1 访问控制策略

访问控制策略用来控制对信息资源的访问。

1. 控制措施

访问控制策略应建立、形成文件，并基于业务和访问的安全要求进行评审。

2. 实施指南

应在访问控制策略中清晰地规定每个用户或每组用户的访问控制规则和权利。访问控制包括逻辑的和物理的，应一起考虑，给用户和服务提供商提供一份清晰的满足业务要求的说明。

访问控制策略应有正式的规程支持，并考虑以下要求。

(1) 每个业务应用的安全要求。

(2) 与业务应用相关的所有信息标识和信息面临的风险。

(3) 信息传播和授权的策略，如了解安全等级和信息分类的需要等。

(4) 不同系统和网络的访问控制策略和信息分类策略之间的一致性。

(5) 关于保护访问数据或服务的相关法律和合同义务。

(6) 访问控制角色的分割，如访问请求、访问授权、访问管理。

(7) 在“未经明确允许，则一律禁止”的前提下，而不是“未经明确禁止，则一律允许”的弱规则的基础上建立规则。

(8) 访问控制的定期评审要求。

(9) 访问权的取消。

5.7.2 用户访问管理

对用户的访问进行管理和控制，确保授权用户访问信息系统，并防止未授权的访问。

1. 用户注册

1) 控制措施

应有正式的用户注册及注销规程，来授权和撤销对所有信息系统及服务的访问。

2) 实施指南

应考虑基于业务要求建立用户访问角色，将大量的访问权归结到典型的用户访问角色集中。用户注册和注销的访问控制规程应包括以下内容。

(1) 使用唯一用户 ID，使得用户与其行为链接起来，并对其行为负责。必要时，应经过批准允许使用组 ID，且形成文件。

(2) 核查使用信息系统或服务的用户是否具有该系统拥有者的授权，取得管理者对访问权的单独批准也是可以的。

(3) 核查所授予的访问级别是否与业务目的相适合，是否与组织的安全方针保持一致，是否违背责任分割原则。

(4) 维护一份注册使用该服务的所有人员的正式记录。

(5) 立即取消工作岗位发生变更或离开组织的用户的访问权。

(6) 定期核查并取消或封锁多余的用户 ID 和账号。

(7) 确保多余的用户 ID 不会发给其他用户。

2. 特殊权限管理

1) 控制措施

应限制和控制特殊权限的分配及使用。

2) 实施指南

应通过正式的授权过程使特殊权限的分割受到控制，如系统管理特殊权限的不恰当使用，可能是一种导致系统故障或违规的主要因素，因此要考虑以下要求。

(1) 要标识出与每个系统产品(如操作系统、数据库管理系统、每个应用程序等)相关的访问特殊权限，和需要将其分配的用户。

(2) 应维护所分配的各个特殊权限的授权过程和记录。

(3) 特殊权限要分配给各个不同于正常业务用途的用户 ID。

3. 用户口令管理

1) 控制措施

应通过正式的管理过程控制口令的分配。

2) 实施指南

口令是验证用户身份的一种常见手段。用户标识和鉴别的技术均可用，如生物特征识别、签名验证和硬件标记的使用。口令管理的过程中，要考虑以下要求。

(1) 要求用户签署一份声明，以保证口令的保密性和组口令仅在该组成员范围内使用。

(2) 若需要用户维护自己的口令，要在初始时提供给他们一个安全的临时口令，并强制其立即改变。

(3) 要以安全的方式将临时口令给予用户，用户要确认收到口令。

(4) 口令不要以未保护的形式存储在计算机系统中。

(5) 要在系统或软件安装后改变提供商的默认口令。

4. 用户访问权的复查

1) 控制措施

管理者应定期使用正式过程对用户的访问权进行复查。

2) 实施指南

定期复查用户访问权对于保持对数据和信息服务的有效控制而言是必要的，并应考虑：

(1) 要定期(如 6 个月)和在任何变更(如升职、调职等)后对用户访问权进行复查。

(2) 当用户在一个组织中从一个岗位换到另一个岗位时，要复查和重新分配用户访问权。

(3) 对于特殊权限的访问权要在更频繁的时间间隔(如 3 个月)内进行复查。

(4) 要定期核查特殊权限的分配,以确保不能获得未授权的特殊权限。

(5) 具有特殊权限的账户的变更要在周期性复查时记入日志。

5.7.3 用户职责

明确要求用户履行相关的职责,防止未授权用户对信息和信息处理设施的访问、危害或窃取。

1. 口令使用

1) 控制措施

应要求用户在选择及使用口令时,遵循良好的安全习惯。

2) 实施指南

建议所有用户应做到以下要求。

(1) 对口令保密。

(2) 避免保留口令的记录(如在纸上、电子文件中),除非可以对其进行安全地存储。

(3) 每当有迹象表明系统或口令受到损害时就要变更口令。

(4) 选择具有最小长度的优质口令。

(5) 定期或以访问次数为基础变更口令,并避免使用旧的口令。

(6) 在任何自动登录过程中,不要包含口令。

(7) 不在业务目的和非业务目的中使用相同的口令。

2. 无人值守的用户设备

1) 控制措施

用户应确保无人值守的用户设备有适当的保护。

2) 实施指南

所有用户应了解保护无人值守的设备的安全要求和规程,以及他们对实现这种保护所负有的职责。建议用户做到以下要求。

(1) 当对话结束时退出计算机、服务器。

(2) 当不使用设备时,用带钥匙的锁或相同效果的控制措施保护设备,如口令访问。

3. 清空桌面和屏幕策略

1) 控制措施

应采取清空桌上文件、可移动存储介质的策略和清空信息处理设施屏幕的策略。

2) 实施指南

清空桌面/清空屏幕降低了正常工作时间之中和之外对信息的未授权访问、丢失、破坏的风险。清空策略应考虑信息分类、法律和合同要求、相应风险和组织文化方面,并考虑以下策略。

(1) 当不用时,特别是离开办公室时,要将敏感或关键业务信息锁起来。

(2) 当无人值守时,计算机和终端要注销,或使用口令、令牌等机制控制屏幕和键盘。

(3) 邮件进出点和无人值守的传真要受到保护。

(4) 包含敏感或涉密信息的文件要立即从打印机中清除。

5.7.4 网络访问控制

对网络访问进行管理和控制，防止对网络服务的未授权访问。

1. 使用网络服务的策略

1）控制措施

用户应仅能访问已获专门授权使用的服务。

2）实施指南

与网络服务的未授权或不安全连接可以影响整个组织，应制定关于使用网络和网络服务的策略，例如：

（1）允许被访问的网络和网络服务。

（2）确定允许哪个人访问哪些网络和网络服务的授权规程。

（3）保护访问网络连接和网络服务的管理控制措施和规程。

（4）访问网络和网络服务使用的手段。

2. 外部连接的用户鉴别

1）控制措施

应使用适当的鉴别方法以控制远程用户的访问。

2）实施指南

远程用户的鉴别可以使用密码技术、硬件令牌或询问/响应协议等来实现。

回拨规程和控制措施（如使用回拨调制解调器）可以防范组织信息处理设施的未授权连接。这种类型的控制措施可鉴别从远程地点试图与组织网络建立连接的用户。回拨过程应确保组织发生了实际的连接断开，否则，远程用户可能保持线路开路，假装进行了回叫验证。对于这种可能性，应充分地测试回拨规程和控制措施。此外，应实施另外的鉴别控制措施以控制对无线网络的访问。

3. 网络上的设备标识

1）控制措施

应考虑自动设备标识，将其作为鉴别特定位置和设备连接的方法。

2）实施指南

如果通信只能从某特定位置或设备处开始，则可使用设备标识。贴在设备内或设备上的标识符可用于表示此设备是否允许连接网络。如果存在多个网络，尤其是如果这些网络有不同的敏感度，这些标识符应清晰地指明设备允许连接到哪个网络。

4. 远程诊断和配置端口的保护

1）控制措施

对于诊断和配置端口的物理和逻辑访问应加以控制。

2）实施指南

对于远程诊断和配置端口的访问应采取相应的控制措施并制定支持规程，以控制对端口的物理访问。例如，确保只有按照管理人员和软硬件支持人员的安排，才可访问诊断和配置端口。如果没有特别的业务需求，那么安装的端口、服务等应禁用或取消。

5. 网络隔离

1）控制措施

应在网络中隔离信息服务、用户及信息系统。

2）实施指南

控制大型网络的一种安全的方法是将该网络分成独立的逻辑网络域。例如，组织的内部网络域和外部网络域，每个域受到已定义的安全周边的保护。不同等级的控制措施集可应用于不同的逻辑网络域，以进一步隔离网络安全环境，如公共系统、内部网络和关键资产。

这样的网络周边可通过在两个网络之间安装安全网关（如防火墙）来实现，或为组织内的用户使用 VPN 来限制网络访问，还可使用网络设备的功能（如 IP 转换）来隔离。

将网络隔离成若干域的准则应基于访问控制策略和访问要求，还应考虑相关成本和加入网络路由或网关技术的影响。

应考虑无线网与内部和专用网络的隔离，并执行风险评估以识别控制措施并维持隔离。

6. 网络连接控制

1）控制措施

对于共享的网络，特别是越过组织边界的网络，用户的联网能力应按照访问控制策略和业务应用要求加以限制。

2）实施指南

应按照访问控制策略的要求，维护和更新用户的网络访问权。

用户的连接能力可通过网络来限制，网关按照预先定义的表或规则过滤通信流。

应考虑将网络访问权与某个特定时间或日期连接起来。

7. 网络路由控制

1）控制措施

应在网络中实施路由控制，以确保计算机连接和信息流不违反业务应用的访问控制策略。

2）实施指南

路由控制措施应基于确定的源地址和目的地址校验机制。

如果使用了代理和/或网络地址转换技术，则可使用安全网关在内部和外部网络的控制点验证源地址和目的地址。实施者应了解所采用的机制的强度和缺点。网络路由控制的要求应基于访问控制策略。

5.7.5 操作系统访问控制

对操作系统进行管理和控制，防止对操作系统的未授权访问。

1. 安全登录规程

1）控制措施

访问操作系统应通过安全登录程序加以控制。

2）实施指南

登录规程应设计成严控未授权访问。良好的登录规程应考虑如下因素。

(1) 不显示系统或应用标识符,直到登录过程已成功完成为止。

(2) 显示只有已授权的用户才能访问计算机的一般性告警通知。

(3) 在登录规程中,不提供对未授权用户有帮助的信息。

(4) 仅在所有输入数据完成时才验证登录信息。

(5) 限制所允许的不成功登录尝试次数。

(6) 限制登录规程所允许的最长和最短时间。

(7) 在成功登录完成时,显示前一次成功登录的日期和时间,以及上次成功登录之后的任何不成功登录尝试的细节。

(8) 不显示输入的口令或通过符号隐藏口令字符。

(9) 不在网络上以明文传输口令。

2. 用户标识和鉴别

1) 控制措施

所有用户应有唯一的、专供其个人使用的标识符(用户 ID),应选择一种适当的鉴别技术证实用户所宣称的身份。

2) 实施指南

应将上述控制措施应用于所有类型的用户(包括操作员、网络管理员、程序员等)。

应使用用户 ID 来将各个活动追踪到各个责任人。常规的用户活动不应使用有特殊权限的账户执行。

在例外的情况下,如存在明显的业务利益,可采用一组用户或一项特定作业使用一个共享用户 ID 的做法。对于种情况,应保持可核查性,并将管理者的批准形成文件。

仅在下列情况下允许个人使用普通 ID,即该 ID 执行的可访问功能或行为不需要追踪(如只读访问),或具有其他控制措施(如普通 ID 的口令一次只发给一个人员,并记录)。

需要强鉴别验证时,应使用鉴别方法代替口令,如智能卡、令牌、生物特征识别等。

3. 口令管理系统

1) 控制措施

口令管理系统应是交互式的,并应确保是优质的口令。

2) 实施指南

一个口令管理系统应考虑以下要求。

(1) 强制使用个人用户 ID 和口令,以保持可核查性。

(2) 强制选择优质口令。

(3) 除非由某独立授权机构来分配口令,否则允许用户选择和变更他们自己的口令,同时包含一个确认规程,并强制口令变更,特别是第一次登录时强制用户变更临时口令。

(4) 维护用户以前使用的口令记录,并防止重复使用。

(5) 在输入口令时,不在屏幕上显示。

(6) 分开存储口令文件和应用系统数据。

(7) 以保护的形式(如加密或哈希运算)存储和传输口令。

4. 系统实用工具的使用

1）控制措施

对于可能超越系统和应用程序控制的实用工具的使用应加以限制并严格控制。

2）实施指南

对系统实用工具的使用，应考虑以下要求。

（1）对系统实用工具使用标识、鉴别和授权规程。

（2）将系统实用工具和应用软件分开。

（3）将使用系统实用工具的用户限制到可信、已授权的最小实际用户数。

（4）对系统实用工具的使用进行级别和授权定义，并形成文件。

（5）限制系统实用工具的可用性，如在授权变更的期间内。

（6）记录系统实用工具的所有使用。

（7）移去或禁用所有不必要的基于软件的实用工具和系统软件。

（8）当要求责任分割时，禁止访问系统中应用程序的用户使用系统实用工具。

5. 会话超时

1）控制措施

不活动会话应在一个设定的休止期后关闭。

2）实施指南

在一个设定的休止期后，超时设施应清空会话屏幕，并且在超时更长时，应能够关闭应用和网络会话。对某些系统可以提供一种受限制的超时设施形式，即清空屏幕并防止未授权访问，但不关闭应用或网络会话。这一控制措施在高风险位置，包括那些在组织安全管理之外的公共或外部区域特别重要。

6. 联机时间的限定

1）控制措施

应使用联机时间的限制，为高风险应用程序提供额外的安全。

2）实施指南

限制与计算机服务连接的允许时间减少了未授权访问机会。限制活动会话的持续时间可防范用户保持会话打开而阻碍重新鉴别。应考虑对敏感的计算机应用程序，特别是安装在高风险位置（如超出组织安全管理的公共或外部区域）的应用程序使用联机时间的控制措施，下面列出几个这种限制的示例。

（1）使用预先定义的时隙，如对批文件传输，或定期的短期交互会话。

（2）如果没有超时或延时操作的要求，则将联机时间限于正常办公时间。

（3）考虑定时进行重新鉴别。

5.7.6　应用和信息的访问控制

对应用和信息的访问进行管理和控制，防止对应用系统中信息的未授权访问。

1. 信息访问限制

1）控制措施

用户和支持人员对信息和应用系统功能的访问应依照已确定的访问控制策略加以

限制。

2）实施指南

对访问的限制应基于各个业务应用要求。访问控制策略还应与组织的访问策略一致。为了支持访问限制，应考虑以下要求。

（1）控制用户的访问权，如读、写、删除和执行。

（2）控制其他应用的访问权。

（3）确保处理敏感信息的应用系统的输出仅发送给已授权终端和地点，而且要周期性地评估这种输出，以确保去掉多余信息。

2. 敏感系统隔离

1）控制措施

敏感系统应有专用的（隔离的）运算环境。

2）实施指南

对于敏感系统隔离，应考虑以下要求。

（1）应用程序的责任人要明确识别应用系统的敏感程度，并将其形成文件。

（2）当敏感应用程序在共享环境中运行时，该敏感应用程序的责任人要识别与其共享资源的应用系统的相关风险。

5.7.7 移动计算和远程工作

对移动计算和远程工作进行管理和控制，确保使用可移动计算和远程工作设施时的信息安全。

1. 移动计算和通信

1）控制措施

应有正式策略并且采用适当的安全措施，以防范使用移动计算和通信设施时所造成的风险。

2）实施指南

当使用移动计算和通信设施，如笔记本、移动电话等时，应特别注意确保业务信息不被损害。移动计算策略应考虑在不受保护的环境下，使用移动计算设备工作的风险。

移动计算策略应包括物理保护、访问控制、密码技术、备份和病毒防护的要求，并包括关于移动设备和网络连接的规则和建议，以及关于在公共场所使用这些设备的指南。

当在组织建筑物之外的公共场所、会议室和其他不受保护的区域使用移动计算设施时，应加以小心，要采取措施避免未授权访问或泄露这些设施中存储和处理的信息。

应定期对关键业务信息进行备份，并确保信息能够得到快速简便的备份，且有控制措施保护这些备份。

应对移动计算设施进行物理保护，以防被偷窃，并为移动计算设施的被窃或丢失等情况建立一个符合法律和组织安全要求的特定规程。

对使用移动计算设施的人员进行培训，以提高他们对这种工作方式导致附加风险的意识。

2. 远程工作

1）控制措施

应为远程工作活动开发和实施策略、操作计划和程序，**应批准、监视和控制远程工作。**

2）实施指南

组织应仅在有合适安全部署和控制措施，且符合组织安全方针的情况下才授权远程工作活动。应对远程工作场地采取适当的保护措施，以防范设备和信息被窃取、信息的未授权泄露、对组织内部系统的未授权远程访问或设施滥用等。远程工作活动应由管理者授权和控制，且应确保对这种工作方式有恰当安排。

5.8 信息系统获取、开发和维护

信息系统获取、开发和维护要考虑信息系统的安全需求、应用中的正确处理、密码控制、系统文件的安全、开发和支持过程中的安全、技术脆弱性管理等目标的控制措施的实施方法。安全是信息系统需求的重要组成部分。信息系统安全建设要符合国家法律法规，符合组织业务目标。信息系统即使是以外购方式获取，其产生的连带安全责任仍然停留在组织内部。

5.8.1 信息系统的安全要求

在对信息系统进行需求分析和设计时，应确保安全是信息系统的一个有机组成部分。

1. 控制措施

在新的信息系统或增强已有信息系统的业务要求陈述中，应规定对安全控制措施的要求；**在建设新信息系统时，应同步进行安全保密系统的论证、设计和建设。**

2. 实施指南

安全要求和控制措施应反映所涉及信息资产的业务价值，和由于安全故障或安全措施不足可能引起的潜在业务损失。

信息系统的安全要求与安全实施应在信息系统项目的早期阶段集成。在设计阶段引入控制措施，要比在实现期间或实现后再引入所需的费用低很多。

如果购买产品，应完成一个正式的测试和获取过程。与供货商签订的合同应给出已确定的安全要求。如果目标产品的安全功能不能满足要求，那么在购买产品之前应重新考虑引入的风险和相关控制措施。如果产品提供的附加功能引起了安全风险，那么应禁用该功能，或应评审所推荐的控制结构。

5.8.2 应用中的正确处理

对应用系统中的数据进行管理和控制，防止应用系统中信息的错误、遗失、未授权的修改及误用。

1. 输入数据确认

1）控制措施

对输入应用系统的数据应加以验证，以确保数据是正确且恰当的。

2）实施指南

在业务信息、常备数据和参数表输入时进行校验，并考虑以下要求。

（1）双输入或其他输入校验，如边界校验或限制特定输入数据的域，以检测以下数据：范围之外的值、数据字段中的无效字符、丢失或不完整的数据、超过容量限值或矛盾的数据等。

（2）定期评审关键字段或数据文件的内容，以证实其有效性和完整性。

（3）响应已确认的错误规程。

（4）测试输入数据合理性的规程。

（5）定义在数据输入过程中所涉及的全部人员的职责。

（6）创建在数据输入过程中所涉及的活动日志。

（7）必要时可考虑对输入数据进行自动试验和确认，以减少出错的风险，并能预防缓冲区溢出和代码注入等攻击。

2. 内部处理的控制

1）控制措施

验证检查应整合到应用中，以检查由于处理的错误或故意的行为造成的信息讹误。

2）实施指南

正确输入的数据可能被硬件错误、处理出错或故意行为所破坏。所需的确认核查取决于应用系统的性质和毁坏数据对业务的影响。

应用系统的设计与实施应确保故障发生从而导致完整性受损的风险降至最小，要考虑以下因素。

（1）使用添加、修改和删除功能，以实现数据变更。

（2）防止程序以错误次序运行的规程。

（3）使用适当的规程恢复策略，以确保数据的正确处理。

（4）防范利用缓冲区溢出进行的攻击。

3. 消息完整性

1）控制措施

在应用中用于确保真实性和保护消息完整性的要求应得到识别，适当的控制措施也应得到识别并实施。

2）实施指南

应进行风险评估以判定是否需要消息完整性，并确定最合适的实施方法（如密码技术）。

4. 输出数据确认

1）控制措施

从应用系统输出的数据应加以验证，以确保对所存储信息的处理是正确的且适于环境的。

2）实施指南

一般来说，系统和应用是在假设已进行了适当的确认、验证和测试条件下构建的，其输出总是正确的。然而，这种假设并不总是有效的，即已被测试的系统仍可能在某些环境下产生不正确的输出。进行输出数据的确认应考虑以下要求。

(1) 合理性核查,以测试输出数据是否合理。

(2) 调节控制计数,以确保处理所有数据。

(3) 为后续处理系统提供足够的信息,以确定信息的准确性、完备性、精确性和分类。

(4) 定义在数据输出过程中所涉及的全部人员的职责。

(5) 创建在数据输出确认过程中活动的日志。

5.8.3　系统文件的安全

对系统上的软件、源代码和测试数据等进行管理和控制,以确保系统文件的安全。

1. 运行软件的控制

1) 控制措施

通过应用程序控制在系统运行平台上安装的软件。

2) 实施指南

在运行系统中所使用的由厂商供应的软件应在供应商支持的级别上加以维护。例如,一段时间后,软件供应商可能停止对旧版本软件的支持,则组织需要考虑继续使用这种不再被支持的软件的风险。而升级到新版的决策需要考虑变更的业务要求和新版软件的安全,即可能被引入的安全问题的数量和严重程度。例如,要避免可能引入安全脆弱性的非授权变更。

为了使运行系统被损坏的风险降到最小,应考虑下列要求。

(1) 应仅由受过培训的管理员根据合适的管理授权进行软件和程序库的更新。

(2) 运行系统只能安装经批准的可执行代码,不安装开发代码和编译程序。

(3) 应用软件和操作系统软件要在大范围的、成功的测试之后才能实施。

(4) 要使用配置控制系统对所有已开发的软件和系统文件进行控制。

(5) 在变更之前要有还原的策略,如保留应用软件的先前版本、参数等作为应急措施。

(6) 维护对运行程序库的所有更新的审计日志。

2. 系统测试数据的保护

1) 控制措施

测试数据应认真地加以选择、保护和控制。

2) 实施指南

应避免使用包含个人信息或其他敏感信息的数据库用于测试。如果测试使用了个人或其他敏感信息,那么在使用之前应删除或修改所有的敏感细节和内容。测试时要考虑以下因素。

(1) 运行信息每次被复制到测试应用系统时要有独立的授权。

(2) 在测试完成之后,要立即从测试应用系统中清除运行信息。

(3) 要记录运行信息的备份和使用日志以提供审核踪迹。

3. 对程序源代码的访问控制

1) 控制措施

应限制对程序源代码的访问。

2）实施指南

对程序源代码和相关事项（如设计说明书、验证计划）的访问应严格控制，以防引入非授权功能，并避免无意识的变更。对程序源代码的控制应考虑以下要求。

（1）若有可能，在运行系统中不要保留源程序库。

（2）程序源代码的源程序库要根据制定的规程进行管理。

（3）要限制能够访问源程序库的人员，并维护对源程序库的访问审计日志。

（4）更新源程序库和有关事项，以及发布程序源代码要在获得适当的授权之后才能进行。

5.8.4 开发和支持过程中的安全

在系统开发和支持的过程中，应维护应用系统软件和信息的安全。

1. 变更控制程序

1）控制措施

应使用正式的变更控制程序以控制变更的实施。

2）实施指南

应将正式的变更控制规程文件化并强制实施，以将信息系统的损坏降至最小。引入新系统和对已有系统进行大的变更时，应按照从文件、规范、测试、质量控制到实施管理这个正式的过程进行。这个过程应包括风险评估、变更影响分析和所需的安全控制措施规范，这一过程还应确保不损害现有的安全和控制规程，确保程序员仅能访问系统中那些必要的部分，确保任何变更都要获得正式的商定和批准。

在一个与生产和开发环境隔离的环境中测试新软件是惯例。不应在关键系统中使用自动更新，因为某些更新可能会导致关键应用的失败。

2. 操作系统变更后应用的技术评审

1）控制措施

当操作系统发生变更时，应对业务的关键应用进行评审和测试，以确保对组织的运行和安全没有负面影响。

2）实施指南

应指定专门的组织或个人负责监视系统脆弱性和供应商发布的补丁及修正。

对关键应用进行评审和测试的过程，要考虑以下要求。

（1）确保年度支持计划和预算要包括由于操作系统变更而引起的评审和系统测试。

（2）确保及时提供操作系统变更的通知，以便在实施之前进行合适的测试和评审。

（3）确保对业务持续性计划进行合适的变更。

3. 软件包变更的限制

1）控制措施

应对软件包的修改进行劝阻，限制必要的变更，且对所有的变更加以严格控制。

2）实施指南

如果可能且可行，应使用厂商提供的软件包，而无须修改。在需要修改时应考虑以下要求。

(1) 内置控制措施和完整性过程被损害的风险。

(2) 是否应获得厂商的同意。

(3) 当标准程序更新时,从厂商获得所需要变更的可能性。

(4) 作为变更的结果,组织要负责进一步维护此软件的影响。

4. 信息泄露

1) 控制措施

应防止信息泄露的可能。

2) 实施指南

为限制信息泄露应考虑以下要求。

(1) 扫描隐藏信息的对外介质和通信,如利用隐蔽通道的非法通信。

(2) 掩盖和调整系统和通信的行为,以减少第三方从这些行为中推断信息的可能。

(3) 使用被认为具有高完整性的系统和软件,如经过测试的产品。

(4) 在现有法律法规允许的情况下,定期监视个人和系统的活动。

(5) 监视计算机系统的资源使用。

5. 外包软件开发

1) 控制措施

组织应管理和监视外包软件的开发。

2) 实施指南

在外包软件开发时,应考虑以下要求。

(1) 许可证安全、代码所有权和知识产权。

(2) 所完成工作的质量和准确性的认证。

(3) 第三方发生故障时的契约安排。

(4) 审核所完成的工作质量。

(5) 代码质量和安全功能的合同要求。

(6) 在安装前,检测恶意代码和特洛伊木马病毒。

在相关国标中,已增加了对供应链和采购的要求。对供应链的要求包括:应在采购前对供应商进行评审,应采用可信赖的运输和储存方式,应尽量避免采取独家供货方式。对采购要求包括:应采购通过认可的信息技术产品,应采购通过测评认证的信息安全产品,应采购通过测评认证的密码产品,应优先采购具有自主知识产权的产品。

5.8.5 技术脆弱性管理

对技术脆弱性进行管理和控制,降低利用已公布的技术脆弱性导致的风险。

1. 控制措施

应及时得到现用信息系统技术脆弱性的信息,评价这些脆弱性的暴露程度,并采取适当的措施来处理相关的风险。

2. 实施指南

技术脆弱性管理过程的正确实施对许多组织来说是至关重要的,因此应定期对其进行监视,前提是能够确定准确的清单以识别潜在的技术脆弱性。支持脆弱性管理所需的特定信息包括软件供应商、版本号、部署的当前状态，以及组织内负责软件的人员。

应采取适当的、及时的措施以响应潜在的技术脆弱性，并遵循以下要求。

(1) 定义和建立与技术脆弱性管理相关的角色和职责。

(2) 提供用于识别技术脆弱性的信息资源。

(3) 要制定对潜在技术脆弱性做出反应的时间表。

(4) 一旦潜在的技术脆弱性被确定，组织要识别相关的风险并采取措施。

(5) 如果有可用的补丁，则要评估该补丁的相关风险。

(6) 在安装补丁之前，要进行测试与评价，以确保其有效性，且不会导致不能容忍的负面影响。如果不能对补丁进行充分的测试，或由于成本或资源缺乏，那么需要考虑推迟打补丁。

(7) 定期对技术脆弱性管理过程进行监视和评价，以确保其有效性和效率。

5.9 信息安全事件管理

5.9.1 信息安全事件和弱点

对信息安全事件和弱点进行报告，确保与信息系统有关的信息安全事态和弱点能够以某种方式传达，以便及时采取纠正措施。

1. 报告信息安全事态

1) 控制措施

信息安全事态应该尽可能快地通过适当的管理渠道进行报告。

2) 实施指南

应建立正式的信息安全事件报告规程和事件响应及上报规程，以便在收到信息安全事件报告时能够采取适当的应对措施。为了报告信息安全事件，应建立联络点，确保整个组织都知道该联络点，该联络点应一直保持可用并能提供充分和及时的响应。

所有本单位人员、承包方人员和第三方人员都应知道他们有责任尽快地报告任何信息安全事件，他们还应知道报告信息安全事件的规程和联络点。

2. 报告安全弱点

1) 控制措施

应要求本单位人员、承包方人员和第三方人员记录并报告他们观察到或怀疑的信息系统或服务的安全弱点。

2) 实施指南

为了预防信息安全事件，所有本单位人员、承包方人员和第三方人员应尽可能地将这些事情报告给他们的管理层，或直接报告给服务提供者。报告机制应尽可能方便、可访问和可利用。

5.9.2 信息安全事件和改进的管理

确保采用一致和有效的方法对信息安全事件进行管理。

1. 职责和程序

1）控制措施

应建立管理职责和程序，以确保能对信息安全事件做出快速、有效和有序的响应。

2）实施指南

除了对信息安全事件和弱点进行报告外，还应利用对系统、报警和脆弱性的监视来检测信息安全事件。信息安全事件的管理规程应考虑以下要求。

（1）建立规程以处理不同类型的信息安全事件，如服务丢失、恶意代码、拒绝报务等。

（2）除了正常的应急计划，规程还应包括事件原因分析与确定、遏制事件影响扩大的策略、计划和实施的纠正措施、与涉及事件影响或恢复的人员沟通、报告所采取的措施等。

（3）在适当的时候，收集和保护审核踪迹和类似证据，用于问题分析、谈判、法庭证据等。

2. 对信息安全事件的总结

1）控制措施

应有一套机制量化和监视信息安全事件的类型、数量和代价。

2）实施指南

从信息安全事件评价中获取的信息应用来识别高影响事件或事件的再次发生。

对信息安全事件的评价可用于指出需要增强的控制措施，以限制事件再次发生的频率、损害和费用，或用于安全方针评审过程中。

3. 证据的收集

1）控制措施

当一个信息安全事件涉及诉讼（民事或刑事的），需要进一步对个人或组织进行起诉时，应收集、保留和呈递证据，以使证据符合相关诉讼管辖权。

2）实施指南

为了在组织内进行纪律处理而收集和提交证据时，应制定和遵循内部规程。

为了获得被容许的证据，组织应确保其信息系统符合任何公布的标准或实用规则，以产生被容许的证据。

提供证据的权重（指证据的质量和完备性）应符合任何适用的要求。为了获得证据的权重，在该证据的存储和处理的整个过程中，用于保护证据（即过程控制证据）的控制措施应通过一种强证据踪迹来证明。

任何法律取证工作应仅在证据材料的副本上进行。所有证据材料的完整性应得到保护。证据材料的复制应在可靠人员的监督下进行，应将复制过程的执行时间、地点、人员、工具和程序等信息记入日志。

在相关国标中，已增加了安全预警的控制目标，确保采用一致和有效的方法对信息安全事件进行预警管理，控制措施包括外部预警的接收管理（指应对外部组织发布的预警信息进行有效管理）和内部预警的发布及指导（指在必要时，应在组织内部发布预警及操作指导）。

5.10 本章小结

在建立信息安全管理体系过程中，为对组织所面临的信息安全风险实施有效的控制，要针对具体的威胁和脆弱性采取适宜的控制措施，包括管理手段和技术方法等。结合组织信息资产可能存在的威胁、脆弱性分析，从控制目标、控制措施和实施指南等方面，详细介绍了安全方针、安全组织、资产管理、人员安全、物理和环境安全、通信与操作安全、访问控制、系统开发与维护、安全事件管理、业务持续性管理、符合性保证等方面的控制规范。

思考题

1. 控制细则包括哪些安全控制区域？其主要内容分别是什么？

2. 与信息系统密切相关的资产包括哪些？为什么要对资产进行分类管理？

3. 如何在办公环境中实施安全管理？

4. 访问控制的作用是什么？如何实现信息网络的访问控制？

5. 简述一旦发生信息安全事件，该采取哪些控制措施，在相关国标中增加的安全预警控制目标有什么作用。

第6章

信息灾备管理

随着信息化程度的增强,信息系统灾难带来的损失日益增大。减少信息系统灾难带来的损失,保证信息系统所支持的关键业务能在灾害发生后及时恢复并继续运作成为信息安全管理的重要研究方向之一。本章将首先介绍与灾难恢复密切相关的备份技术,然后结合《信息安全技术　信息系统灾难恢复规范》(GB/T 20988—2007)给出灾难恢复的具体内容和容灾备份体系框架。

6.1　灾难恢复概述

信息社会的发展使信息资源成为宝贵的财富。当意外事件出现时,其影响小到仅仅使个人因为丢失重要数据而烦恼,大到完全破坏业务,致使灾难发生。灾难事件包括自然灾害、电力故障、犯罪活动和破坏活动等,组织无法完全抵御灾难的冲击,因此必须要慎重考虑灾难恢复问题。

6.1.1　灾难恢复的概念

灾难是一种具有破坏性的突发事件。灾难是由于人为或自然的原因,造成信息系统严重故障或瘫痪,使信息系统支持的业务功能停顿或服务水平不可接受、持续一定时间的突发性事件,通常导致信息系统需要切换到灾难备份中心运行。典型的灾难事件包括自然灾害,如火灾、洪水、地震、飓风、龙卷风和台风等,还有技术风险和提供给业务运营所需服务的中断,如设备故障、软件错误、通信网络中断和电力故障等。此外,人为的因素往往也会酿成大祸,如操作员错误、植入有害代码和恐怖袭击等。

灾难恢复指将信息系统从灾难造成的故障或瘫痪状态恢复到可正常运行状态,并将其支持的业务功能从灾难造成的不正常状态恢复到可接受状态而设计的活动和流程。它的目的是减轻灾难对组织和社会带来的不良影响,保证信息系统所支持的关键业务功能在灾难发生后能及时恢复和继续运作。

6.1.2　灾难恢复与数据备份

为了灾难恢复而对数据、数据处理系统、网络系统、基础设施、技术支持能力和运行管理能力进行备份的过程称为灾难备份。灾难备份是灾难恢复的基础。在灾难发生前通过建立灾难备份系统,对主系统进行备份并加强管理保证其完整性和可用性,在灾难发生后,利用备份数据,实现主系统的还原恢复,这是灾难恢复的有效手段。备份包括软件级备份和硬件级备份。软件级备份是对主系统数据或软件进行备份,在灾难发生后利用这些数据和软件进行还原。硬件级备份则是配备与主系统相同的设备备用,是硬件级冗余,在灾难发生时,自动切换到备用系统上来运行。软件级备份成本较低,硬件级备份成本较高。

6.1.3 灾难恢复与业务持续性

灾难恢复是在灾难发生时确保组织正常经营保持连续性的过程。为了维持业务持续性,应通过预防和灾难恢复控制措施相结合的模式将灾难和安全事件引起的业务中断和系统破坏减少到可以接受的程度,保护关键业务过程免受故障或灾难的影响。业务持续性管理是对单位的潜在风险加以评估分析,确定其可能造成的威胁,并建立一个完善的管理机制来防止或减少灾难事件给单位带来的损失。业务连续管理是一项综合管理流程,它使组织机构认识到潜在的危机和相关影响,制订响应、业务和连续性的恢复计划,其总体目标是为了提高组织的风险防范与抗打击能力,以有效地减少业务破坏并降低不良影响,保障单位的业务得以持续运行。

6.1.4 灾难恢复的等级划分

依据灾难恢复的系统和数据的完整性要求,以及时间要求等要素,灾难恢复可分为6个等级,不同等级在7个资源要素上的要求各不相同,只有同时满足某级别的7个要素要求,才能视为达到该级别。6个灾难恢复等级自低到高如下。

(1) 第1级:基本支持。

(2) 第2级:备用场地支持。

(3) 第3级:电子传输和部分设备支持。

(4) 第4级:电子传输和完整设备支持。

(5) 第5级:实时数据传输和完整设备支持。

(6) 第6级:数据零丢失和远程集群支持。

上述6个级别对7个资源要素的要求分别如表6-1～表6-6所示。

1. 第1级:基本支持

在第1级中(如表6-1所示),每周至少做一次完全备份,并且备份介质在场外存放;同时需要有符合介质存放的场地;单位要制定介质存取、验证和存储的管理制度,并按介质特性对备份数据进行定期的有效性验证;单位需要制定经过完整测试和演练的灾难恢复预案。

表6-1 第1级:基本支持

要　素	要　求
数据备份系统	(1) 完全数据备份至少每周一次; (2) 备份介质在场外存放
备用数据处理系统	—
备用网络系统	—

续表

要　素	要　求
备用基础设施	有符合介质存放条件的场地
技术支持	—
运行维护支持	(1) 有介质存取、验证和转储管理制度； (2) 按介质特性对备份数据进行定期的有效性验证
灾难恢复预案	有相应的经过完整测试和演练的灾难恢复预案

注："—"表示不作要求。

2. 第 2 级：备用场地支持

第 2 级相当于在第 1 级的基础上，增加了在预定时间内能调配所需的数据处理设备、通信线路和网络设备到场的要求；并且需要有备用的场地，能满足信息系统和关键功能恢复运作的要求；对于组织的运维能力，也增加了具有备用场地管理制度和签署符合灾难恢复时间要求的紧急供货协议，如表 6-2 所示。

表 6-2　第 2 级：备用场地支持

要　素	要　求
数据备份系统	(1) 完全数据备份至少每周一次； (2) 备份介质在场外存放
备用数据处理系统	灾难发生后能在预定时间内调配所需的数据处理设备到备用场地
备用网络系统	灾难发生后能在预定时间内调配所需的通信线路和网络设备到备用场地
备用基础设施	(1) 有符合介质存放条件的场地； (2) 有满足信息系统和关键业务功能恢复运作要求的场地
技术支持	—
运行维护支持	(1) 有介质存取、验证和转储管理制度； (2) 按介质特性对备份数据进行定期的有效性验证； (3) 有备用站点管理制度； (4) 与相关厂商有符合灾难恢复时间要求的紧急供货协议； (5) 与相关运营商有符合灾难恢复时间要求的备用通信线路协议
灾难恢复预案	有相应的经过完整测试和演练的灾难恢复预案

注："—"表示不作要求。

3. 第 3 级：电子传输和部分设备支持

第 3 级相对于第 2 级的备用数据处理系统和备用网络系统，要求配置部分数据处理设备、部分通信线路和网络设备；要求每天实现多次的数据电子传输，并在备用场地配置专职的运行管理人员；对于运行维护支持而言，要求具备备用计算机处理设备维护管理制度和电子传输备份系统运行管理制度，如表 6-3 所示。

4. 第 4 级：电子传输及完整设备支持

第 4 级相对于第 3 级中的部分数据处理设备和网络设备而言，需配置灾难恢复所需要的全部数据处理设备、通信线路和网络设备，并处于就绪状态；对备用场地也提出了支持 7×24 小时不间断运行的高要求；同时，对技术支持人员和运维管理要求也有相应的提高，如表 6-4 所示。

表 6-3　第 3 级：电子传输和部分设备支持

要　素	要　求
数据备份系统	(1) 完全数据备份至少每天一次； (2) 备份介质在场外存放； (3) 每天多次利用通信网络将关键数据定时批量传送至备用场地
备用数据处理系统	配备灾难恢复所需的部分数据处理设备
备用网络系统	配备部分通信线路和相应的网络设备
备用基础设施	(1) 有符合介质存放条件的场地； (2) 有满足信息系统和关键业务功能恢复运作要求的场地
技术支持	在灾难备份中心有专职的计算机机房运行管理人员
运行维护支持	(1) 按介质特性对备份数据进行定期的有效性验证； (2) 有介质存取、验证和转储管理制度； (3) 有备用计算机机房管理制度； (4) 有备用数据处理设备硬件维护管理制度； (5) 有电子传输数据备份系统运行管理制度
灾难恢复预案	有相应的经过完整测试和演练的灾难恢复预案

表 6-4　第 4 级：电子传输及完整设备支持

要　素	要　求
数据备份系统	(1) 完全数据备份至少每天一次； (2) 备份介质在场外存放； (3) 每天多次利用通信网络将关键数据定时批量传送至备用场地
备用数据处理系统	配备灾难恢复所需的全部数据处理设备，并处于就绪状态或运行状态
备用网络系统	(1) 配备灾难恢复所需的通信线路； (2) 配备灾难恢复所需的网络设备，并处于就绪状态
备用基础设施	(1) 有符合介质存放条件的场地； (2) 有符合备用数据处理系统和备用网络设备运行要求的场地； (3) 有满足关键业务功能恢复运作要求的场地； (4) 以上场地应保持 7×24 小时运作
技术支持	在灾难备份中心有： (1) 7×24 小时专职计算机机房管理人员； (2) 专职数据备份技术支持人员； (3) 专职硬件、网络技术支持人员
运行维护支持	(1) 有介质存取、验证和转储管理制度； (2) 按介质特性对备份数据进行定期的有效性验证； (3) 有备用计算机机房运行管理制度； (4) 有硬件和网络运行管理制度； (5) 有电子传输数据备份系统运行管理制度
灾难恢复预案	有相应的经过完整测试和演练的灾难恢复预案

5. 第 5 级：实时数据传输及完整设备支持

第 5 级相对于第 4 级的数据电子传输而言，要求采用远程数据复制技术，利用网络将关键数据实时复制到备用场地；备用网络应具备自动或集中切换能力；备用场地有 7×24 小时不间断专职数据备份、硬件和网络技术支持人员，具备较严格的运行管理制度，如表 6-5 所示。

表 6-5　第 5 级：实时数据传输及完整设备支持

要　素	要　求
数据备份系统	(1) 完全数据备份至少每天一次； (2) 备份介质在场外存放； (3) 采用远程数据复制技术，并利用通信网络将关键数据实时复制到备用场地
备用数据处理系统	配备灾难恢复所需的全部数据处理设备，并处于就绪状态或运行状态
备用网络系统	(1) 配备灾难恢复所需的通信线路； (2) 配备灾难恢复所需的网络设备，并处于就绪状态； (3) 具备通信网络自动或集中切换能力
备用基础设施	(1) 有符合介质存放条件的场地； (2) 有符合备用数据处理系统和备用网络设备运行要求的场地； (3) 有满足关键业务功能恢复运作要求的场地； (4) 以上场地应保持 7×24 小时运作
技术支持	在灾难备份中心 7×24 小时有专职的： (1) 计算机机房管理人员； (2) 数据备份技术支持人员； (3) 硬件、网络技术支持人员
运行维护支持	(1) 有介质存取、验证和转储管理制度； (2) 按介质特性对备份数据进行定期的有效性验证； (3) 有备用计算机机房运行管理制度； (4) 有硬件和网络运行管理制度； (5) 有实时数据备份系统运行管理制度
灾难恢复预案	有相应的经过完整测试和演练的灾难恢复预案

6. 第 6 级：数据零丢失和远程集群支持

第 6 级相对于第 5 级的实时数据复制而言，要求实现远程数据实时备份，实现零丢失；备用数据处理系统具备与生产数据处理系统一致的处理能力并完全兼容，应用软件是集群的，可以实现实时无缝切换，并具备远程集群系统的实时监控和自动切换能力；对于备用网络系统的要求也加强，要求最终用户可通过网络同时接入主、备中心；备用场地还要有 7×24 小时不间断专职操作系统、数据库和应用软件的技术支持人员，具备完善、严格的运行管理制度，如表 6-6 所示。

从等级划分可以看出，不管灾难恢复的等级高低如何，经过完整测试和演练的灾难恢复预案都是必需的，也是信息系统灾难恢复能否成功的关键。

表 6-6 第 6 级：数据零丢失和远程集群支持

要　素	要　求
数据备份系统	(1) 完全数据备份至少每天一次； (2) 备份介质在场外存放； (3) 远程实时备份，实现数据零丢失
备用数据处理系统	(1) 备用数据处理系统具备与生产数据处理系统一致的处理能力并完全兼容； (2) 应用软件是"集群的"，可实时无缝切换； (3) 具备远程集群系统的实时监控和自动切换能力
备用网络系统	(1) 配备与主系统相同等级的通信线路和网络设备； (2) 备用网络处于运行状态； (3) 最终用户可通过网络同时接入主、备中心
备用基础设施	(1) 有符合介质存放条件的场地； (2) 有符合备用数据处理系统和备用网络设备运行要求的场地； (3) 有满足关键业务功能恢复运作要求的场地； (4) 以上场地应保持 7×24 小时运作
技术支持	在灾难备份中心 7×24 小时有专职的： (1) 计算机机房管理人员； (2) 专职数据备份技术支持人员； (3) 专职硬件、网络技术支持人员； (4) 专职操作系统、数据库和应用软件技术支持人员
运行维护支持	(1) 有介质存取、验证和转储管理制度； (2) 按介质特性对备份数据进行定期的有效性验证； (3) 有备用计算机机房运行管理制度； (4) 有硬件和网络运行管理制度； (5) 有实时数据备份系统运行管理制度； (6) 有操作系统、数据库和应用软件运行管理制度
灾难恢复预案	有相应的经过完整测试和演练的灾难恢复预案

根据这 7 个要素达到的水平，可以判断一个单位所实施的灾难恢复能够达到的等级。一般来讲，灾难备份中心的等级等于其可以支持的灾难恢复最高等级。

【案例 6-1】 2017 年 11 月，中国民生银行采用 EMC 的"两地三中心"容灾解决方案，建设符合国家 6 级(最高等级)灾难恢复能力的信息基础架构，实现数据零丢失、系统实时无缝切换。北京两个同城数据中心同步复制数据，同时数据异步复制到郑州异地灾备中心。同城生产数据中心因故障应急切换到同城应急灾备中心时，同城应急灾备中心仍然可以将数据增量复制到异地灾备中心，确保数据零丢失。整个营业时间内，每次数据的读写时间有望保持在 2ms 以内，确保系统高效运行。

6.2 数据备份

数据备份是为了达到数据恢复和重建目标所进行的一系列备份步骤和行为。在灾难发生前，通过对主系统进行备份并加强管理以保证其完整性和可用性；在灾难发生后，利用备份数据，实现主系统的还原恢复。

6.2.1 备份策略

目前采用的备份策略主要有以下几种。

1）完全备份

完全备份就是每天对自己的系统进行完全备份。例如，星期一用一盘磁带对整个系统进行备份，星期二再用另一盘磁带对整个系统进行备份，依此类推。这种备份策略的好处是：当发生数据丢失的灾难时，只要用一盘磁带（即灾难发生前一天的备份磁带），就可以恢复丢失的数据。然而它的不足之处是，首先，由于每天都对整个系统进行完全备份，造成备份的数据大量重复。这些重复的数据占用了大量的磁带空间，这对用户来说就意味着增加成本。其次，由于需要备份的数据量较大，因此备份所需的时间也就较长，对于那些业务繁忙、备份时间有限的组织来说，选择这种备份策略是不合适的。

2）增量备份

增量备份就是在星期天进行一次完全备份，然后在接下来的6天里只对当天新的或被修改过的数据进行备份。这种备份策略的优点是节省了磁带空间，缩短了备份时间。但它的缺点在于，当灾难发生时，数据的恢复比较麻烦。例如，系统在星期三的早晨发生故障，丢失了大量的数据，那么现在就要将系统恢复到星期二晚上时的状态。这时系统管理员就要首先找出星期天的那盘完全备份磁带进行系统恢复，然后找出星期一的磁带来恢复星期一的数据，再找出星期二的磁带来恢复星期二的数据。很明显，这种恢复方式很烦琐。另外，这种备份的可靠性也很差。在这种备份方式下，各盘磁带间的关系就像链子一样，一环套一环，其中任何一盘磁带出了问题都会导致整条链子脱节。例如在上例中，若星期二的磁带出了故障，那么管理员最多只能将系统恢复到星期一晚上时的状态。

3）差异备份

差异备份管理员先在星期天进行一次系统完全备份，然后在接下来的几天里，管理员再将当天所有与星期天不同的数据（新的或修改过的）备份到磁带上。差异备份策略在避免了以上两种策略的缺陷的同时，又具有了它们的所有优点。首先，它无须每天都对系统做完全备份，因此备份所需时间短，并节省了磁带空间；其次，它的灾难恢复也很方便。系统管理员只需两盘磁带，即星期一磁带与灾难发生前一天的磁带，就可以将系统恢复。

在实际应用中，备份策略通常是以上3种的结合。例如，每周一至周六进行一次增量备份或差异备份，每周日、每月底和每年底进行一次完全备份。

此外，决定采用何种备份方式取决于以下两个重要因素。

1）备份窗口

一个备份窗口指完成一次给定备份所需的时间。这个备份窗口由需要备份数据的总量和处理数据的网络构架的速度决定。对于有些组织来说，备份窗口根本不是什么问题。这些组织可以在非工作时间进行备份。

不过，随着数据容量的增加，完成备份所需时间也会增加，这样不久备份就将占用工作时间。现在的许多公司都没有非工作时间，这样留下的备份窗口就非常短，或根本就不存在备份窗口。

有许多解决备份窗口问题的方法，最后选择的标准将取决于公司的需要、预算及必须备份数据的容量。一些在备份窗口内使用方法包括采用差异备份和增量备份、快照、硬件和构架升级、免服务器和免局域网的备份方法。

2）恢复窗口

恢复窗口就是恢复整个系统所需的时间。恢复窗口的长短取决于网络的负载和磁带库的性能及速度。

在实际应用中，必须根据备份窗口和恢复窗口的大小，以及整个数据量决定采用何种备份方式。一般来说，差异备份既避免了完全备份与增量备份的缺陷，又具有它们的优点，差异备份无须每天都做系统完全备份，并且灾难恢复也很方便，只需上一次全备份磁带和灾难发生前一天磁带，因此采用完全备份结合差异备份的方式较为适宜。

6.2.2 备份分类

备份分类的方式有多种，不同的分类方式分类结果不同，常见的分类方式及分类结果如下。

1. 按备份的策略分类

按备份的策略来说，有完全备份（full backup）、增量备份（incremental backup）、差异备份（differential backup）3 种。

2. 按备份状态分类

按备份状态来划分，有物理备份和逻辑备份两种。

物理备份指将实际物理数据从一处复制到另一处的备份，如对数据库的冷备份、热备份都属于物理备份。所谓冷备份，也称脱机（off-line）备份，指以正常方式关闭数据库，并对数据库的所有文件进行备份。其缺点是需要一定的时间来完成，在恢复期间，最终用户无法访问数据库，而且这种方法不易做到实时备份。所谓热备份，也称联机（on-line）备份，指在数据库打开和用户对数据库进行操作的状态下进行的备份；也指通过使用数据库系统的复制服务器，连接正在运行的主数据库服务器和热备份服务器，当主数据库的数据修改时，变化的数据通过复制服务器可以传递到热备份数据库服务器中，保证两个服务器中的数据一致。这种热备份方式实际上是一种实时备份，两个数据库分别运行在不同的计算机上，并且每个数据库都写到不同的数据设备中。

逻辑备份就是将某个数据库的记录读出并将其写入一个文件中，这是经常使用的一种备份方式。MS-SQL 和 Oracle 等都提供了 Export/Import 工具用于数据库的逻辑备份。

3. 按备份层次分类

从备份的层次上划分，可分为硬件级备份和软件级备份。硬件级备份是通过硬件冗余来实现，目前的硬件冗余技术有双机容错、磁盘双工、磁盘阵列（RAID）与磁盘镜像等多种形式。硬件冗余技术的使用令系统具有充分的容错能力，对于提高系统的可靠性非常有效，如双机容错（热备份）可较好地解决系统连续运行的问题，RAID 技术的使用提高了系统运行的可靠性。硬件冗余也有它的不足：一是不能解决因病毒或人为误操作引起的数据丢失，以及系统瘫痪等灾难；二是如果错误数据也写入备份磁盘，硬件冗余也会无能为力。理想的备份系统应使用硬件容错来防止硬件障碍，使用软件备份和硬件容错相结合的方式来解决软件故障或人为误操作造成的数据丢失。

4. 按备份地点分类

从备份的地点来划分数据备份可分为本地备份和异地备份。对本地备份，备份的数据、文件存放在本地，其缺点是若本地发生地震、火灾等重大灾害，备份数据可能会与原始数据一同被破坏，不能起到备份作用；而异地备份则把备份的数据、文件异地存放，因而具有更高的安全性，能使系统在遇到地震、水灾、火灾等重大灾害的情形下进行恢复，但实现成本较高。

5. 按灾难恢复的层次分类

根据灾难恢复的层次，备份可分为数据级备份、系统级备份和应用级备份。

1）数据级备份

数据级备份是通过建立一个异地或本地的数据备份系统，用以对主系统关键业务数据进行备份。数据级备份只要求保证业务数据的完整性、可靠性和安全性，而对系统的可用性不进行保护。对于提供实时服务的信息系统，用户的服务请求在灾难中会中断。由于数据级备份只是对业务数据备份，不对系统数据与应用程序进行备份，需要通过安装盘重新安装进行系统的恢复。

2）系统级备份

系统级备份不但进行业务数据的备份，而且要对信息系统的系统数据、运行场景、用户设置、系统参数、应用程序和数据库系统等信息进行备份，以便灾难发生后迅速恢复整个系统。系统级备份要求同时保证业务数据和系统数据的完整性、可靠性和安全性。在网络环境中，系统和应用程序安装起来并不是那么简单，必须找出所有的安装盘和原来的安装记录进行安装，然后重新设置各种参数、用户信息、权限等，这个过程可能要持续好几天。因此，最有效的方法是对整个系统进行备份。这样，无论系统遇到多大的灾难，都能够应付自如。

系统级备份同数据级备份的最大区别在于：在整个系统都失效时，用灾难恢复措施能够迅速恢复系统；而数据级备份则不行，因为如果系统发生了失效，在开始数据恢复之前，必须先进行重装系统、设置参数等系列操作，这些操作可能需要很长时间。数据级备份只能处理狭义的数据失效，而系统级备份则可以处理广义的数据失效。

3）应用级备份

应用级备份的目标是向用户提供不间断的应用服务。在灾难发生时，让用户的服务请求能够透明（用户对灾难的发生毫无察觉）地继续运行，保证信息系统所提供服务的完整性、可靠性和安全性。应用级备份要同时进行业务数据和业务应用的异地备份。当某地方的一个应用结点突然停掉时，能够自动地在另外一个地方启动相同的应用。这就需要建立一个同主系统功能完全一致（包括数据与应用的一致）的备份系统。在未发生灾难的情况下，主系统提供信息服务，备份系统则实时跟踪主系统的处理，备份主系统的相关信息，保证在灾难发生时，能将信息服务功能切换到备份系统，承担主系统的职责，抵御灾难，而且服务对于用户完全透明，没有任何损失和影响。应用级备份是在数据级备份和系统级备份的基础上，增加对整个应用的实时备份，实现的难度大，费用高，因此一般用于对

业务持续性要求很高的系统中。

6.2.3 备份技术

常用的备份技术包括数据复制技术、冗余技术等。

1. 数据复制技术

数据复制,顾名思义就是将一个位置的数据复制到另外一个不同位置上的过程。数据复制技术是当前数据备份的主要方式。

1) 数据复制的方式

数据复制的方式有同步方式和异步方式。

同步方式数据复制就是通过将本地生产的数据以完全同步的方式复制到异地,每一本地I/O交易均需等待远程复制的完成方予以释放。这种复制方式基本可以做到零数据丢失。

异步方式数据复制指将本地生产数据以后台同步的方式复制到异地,每一本地I/O交易均正常释放,无须等待远程复制的完成。这种复制方式,在灾难发生时,会有少量数据丢失,这与网络带宽、网络延迟、I/O吞吐量相关。

无论同步复制还是异步复制都要保证数据的完整性和一致性,特别是对于异步复制模式,必须保证复制的先后顺序,才能保证数据的完整性,而使用时间戳(Timestamp)技术能有效地保证数据的一致性。对于磁盘级别的复制,使用快照(Snapshot)技术可以有效地提高复制的速度。为了实现对海量数据的实时远程复制,通过多线程的方式,在保证数据完整性的同时,可以大大缩短海量数据的同步时间。对于数据库级的复制和业务级复制的研究较多,相关的算法也较多,常见的复制算法包括主动复制(active replication)、被动复制(passive replication)以及在此基础上的半主动复制(semi-active replication)和半被动复制(semi-passive replication),这些算法在高可靠性集群、分布式系统容错中应用很广泛。

主动复制的优点是操作简单,复制效果清楚明了,缺点是只能解决确定性错误,如果是非确定性错误就无能为力,因为灾难都是失败终止(fail-stop)错误,因此可以使用主动复制算法来实现数据复制,但是必须保证各业务中心服务进程状态的一致。被动复制也可以看作是主从复制,该算法的缺点就是主中心成为潜在的性能瓶颈,并且主中心如果崩溃,需要系统进行重构,重新选出新的主中心,但是这个算法的一个主要优点就是可扩展性好,避免了更新冲突。

2) 数据复制的形式

根据数据复制的对象,数据复制的形式有3种:卷、文件、数据库。

(1) 卷:卷是一种逻辑概念,属于磁盘的属性,但很少被应用程序直接访问,通常被文件系统和数据库管理员访问。如果卷被复制,分配在其上面的数据库或文件也会自动复制。卷复制的缺点是没有可以使用的应用级语义,卷复制器必须将全部的卷更新如实复制到所有的副本。

(2) 文件:以文件为单位的复制。以文件方式进行复制是复制的常用方式,文件的复制再生了文件及其目录。文件复制的优点在于,在文件级数据语义上可以简化某些复制操作,以及削弱源存储和目标物理存储之间的布局。如删除包含大量文件的目录会引发很多的磁盘输入/输出操作，卷复制会在所有目的地重复每一个写操作，而文件复制只需简单地将删除命令发往目的地执行即可。

（3）数据库：数据库复制技术的实施范围往往比卷和文件更为广泛，一般分为程序复制和数据库更新复制两种。程序复制将引起数据库更新的应用程序的副本发送到目的地，由程序来完成数据库的更新。这种方法可以使网络流量非常小，数百字节的程序可以更新数以千计的数据库记录。数据库更新复制发送的是数据库更新日志，由目的地程序根据更新日志完成数据库的更新。

3）数据复制的层次

根据复制数据的层次，数据复制可以分为以下 4 种类型。

（1）硬件级的数据复制：主要在磁盘级别对数据进行复制，包括磁盘镜像、卷复制等，这种类型的复制方法可以独立于应用，并且复制速度也较快，对生产系统的性能影响也较小，但是开销比较大。

（2）操作系统级的复制：主要在操作系统层次对各种文件的复制，这种类型的复制受到了具体操作系统的限制。

（3）数据库级的复制：在数据库级别将对数据库的更新操作及其他事务操作以消息的形式复制到异地数据库，这种复制方式的系统开销也很大，并且与具体数据库相关。

（4）业务数据流级的复制：将业务数据流复制到异地灾难备份系统，经过系统处理后，产生对异地系统的更新操作，从而达到同步。这种方式也可以独立于具体应用，但是可控性较差。现在利用这种方式实现灾难备份系统的例子还很少。

2. 冗余技术

冗余技术是通过硬件设备冗余来实现备份，通过配备与主系统相同的硬件设备，来保证系统和数据的安全性。目前的硬件冗余技术有双机容错、磁盘双工、磁盘阵列(RAID)与磁盘镜像等多种形式。

3. 磁盘镜像技术

镜像是在两个、多个磁盘或磁盘子系统上产生同一个数据的镜像视图的信息存储过程。它用设备虚拟化的形式使两个以上的磁盘看起来就像一个磁盘，接收完全相同的数据。使用磁盘镜像的优点主要表现在，当一个磁盘失效时，由于其他磁盘依然能够正常工作，因而系统还能保持数据的可访问能力。

6.3　灾难恢复计划

灾难恢复强调的是服务的连续性，要保证服务的连续性是需要很多技术和制度做支撑的。例如，一定要在平时制定好灾难恢复计划和灾难恢复预案。灾难恢复计划(disaster recovery planning，DRP)是在灾难发生前为实现灾难恢复所做的事前计划和安排，以保证在灾难发生后，信息系统所支持的关键业务能及时恢复和继续运行，以减少灾难带来的损失。在灾难恢复计划中一个非常关键的要素就是灾难恢复预案。灾难恢复预案是定义信息系统在灾难恢复过程中所需的数据和资源及所采取的任务和行动的文件，要明确各人员角色及其要完成的任务，用于指导相关人员在预定的灾难恢复目标内恢复信息系统支持的关键业务功能。

6.3.1 灾难恢复需求的确定

1. 风险评估

信息安全风险评估是确定灾难恢复需求的重要环节，不同风险的事件对应不同的灾难恢复等级，相应地采用不同的灾难恢复措施。通过风险评估，标识信息系统的资产价值，识别信息系统面临的自然的和人为的威胁，识别信息系统的脆弱性，分析各种威胁发生的可能性，并定量或定性地描述可能造成的损失。通过技术和管理手段，防范或控制信息系统的风险。依据防范或控制风险的可行性和残余风险的可接受程度，确定对风险的防范和控制措施。

2. 业务影响分析

1）分析业务功能和相关资源配置

对组织的各项业务功能及各项业务功能之间的相关性进行分析，确定支持各种业务功能的相应信息系统资源及其他资源，明确相关信息的保密性、完整性和可用性要求。

2）评估中断影响

应采用定量和/或定性的方法，对各种业务功能的中断造成的影响进行评估。

（1）定量分析：以量化方法，评估业务功能的中断可能给组织带来的直接经济损失和间接经济损失。

（2）定性分析：运用归纳与演绎、分析与综合以及抽象与概括等方法，评估业务功能的中断可能给组织带来的非经济损失，包括组织的声誉、社会和政治影响等。

3. 确定灾难恢复目标

根据风险分析和业务影响分析的结果，确定灾难恢复目标，包括：

（1）关键业务功能及恢复的优先顺序。

（2）灾难恢复时间范围：即恢复时间目标（recovery time objective，RTO）和恢复点目标（recovery point objective，RPO）的范围。恢复时间目标是信息安全事件发生后，信息系统或业务功能从停顿到必须恢复的时间要求。恢复点目标是信息安全事件发生后，系统和数据必须恢复到的时间点要求。

RPO 针对的是数据丢失，而 RTO 针对的是服务丢失，二者没有必然的关联性。RTO 和 RPO 的确定必须在进行风险评估和业务影响分析后根据不同的业务需求确定。对于不同组织的同一种业务，RTO 和 RPO 的需求也会有所不同。

6.3.2 灾难恢复策略的制定

灾难恢复策略包括以下 3 个方面的内容。

（1）灾难恢复策略的制定过程；

（2）灾难恢复资源的获取方式；

（3）灾难恢复等级各要素的具体要求。

本节主要介绍灾难恢复策略的制定过程，以及灾难恢复资源的获取方式和灾难恢复策略包含的资源要素要求。

1. 灾难恢复策略的制定过程

1）灾难恢复资源要素

支持灾难恢复各个等级所需的资源（以下简称"灾难恢复资源"）分为7个要素。制定灾难恢复策略时，应根据灾难恢复需求确定灾难恢复等级，并依照灾难恢复等级要求确定各资源要素的具体要求。这7个资源要素如下。

（1）数据备份系统：一般由数据备份的硬件、软件和数据备份介质组成，如果是依靠电子传输的数据备份系统，还包括数据备份线路和相应的通信设备。

（2）备用数据处理系统：泛指灾难恢复所需的全部数据处理设备。

（3）备用网络系统：最终用户用来访问备用数据处理系统的网络，包含备用网络通信设备和备用数据通信线路。

（4）备用基础设施：灾难恢复所需的、支持灾难备份系统运行的建筑、设备和组织，包括介质的场外存放场所、备用的机房及灾难恢复工作辅助设施，以及容许灾难恢复人员连续停留的生活设施。

（5）技术支持能力：对灾难恢复系统的运转提供支撑和综合保障的能力，以实现灾难恢复系统的预期目标，包括硬件、系统软件和应用软件的问题分析和处理能力、网络系统安全运行管理能力、沟通协调能力等。

（6）运行维护管理能力：包括运行环境管理、系统管理、安全管理和变更管理等。

（7）灾难恢复预案：定义信息系统灾难恢复过程中所需的数据和资源、所采取的任务和行动的文件，用于指导相关人员在预定的灾难恢复目标内恢复信息系统支持的关键业务功能。

2）成本风险分析和策略的确定

按照灾难恢复资源的成本与风险可能造成的损失之间取得平衡的原则确定每项关键业务功能的灾难恢复策略，不同的业务功能可采用不同的灾难恢复策略。灾难恢复策略包括以下要素。

（1）灾难恢复资源的获取方式；

（2）灾难恢复等级各要素的具体要求。

2. 灾难恢复资源的获取方式

灾难恢复资源的获取方式指组织采用哪种方式获取上述7个资源要素，不同的资源要素的获取方式不同，灾难恢复策略应明确不同资源要素的获取方式。

1）数据备份系统

数据备份系统可由组织自行建设，也可通过租用其他机构的系统而获取。

2）备用数据处理系统

备用数据处理系统的获取方式如下。

（1）事先与厂商签订紧急供货协议；

（2）事先设计或购买所需的数据处理设备并存放在灾难备份中心或安全的设备仓库；

（3）利用灾难备份中心或签有互惠协议的机构已有的兼容设备。

3）备用网络系统

备用网络系统包含备用网络通信设备和备用数据通信线路。备用网络通信设备可采用的获取方式与备用数据处理系统相同。备用数据通信线路可采用自有数据通信线路或租用公用数据通信线路的方式。

4）备用基础设施

备用基础设施可采用的获取方式如下。

(1) 由组织所有或运行；

(2) 多方共建或通过互惠协议获取；

(3) 租用商业化灾难备份中心的基础设施。

5）技术支持能力

技术支持能力可采用的获取方式如下。

(1) 灾难备份中心设置专职技术支持人员；

(2) 与厂商签订技术支持或服务合同；

(3) 由主中心(主中心指正常情况下支持组织日常运作的信息系统所在的数据中心)技术支持人员兼任，但对于恢复时间目标(RTO)较短的关键业务功能，应考虑灾难发生时交通和通信的不正常，造成技术支持人员无法提供有效支持的情况。

6）运行维护管理能力

可选用以下对灾难备份中心的运行维护管理模式。

(1) 自行运行和维护；

(2) 委托其他机构运行和维护。

7）灾难恢复预案

可采用以下方式，完成灾难恢复预案的制定、落实和管理。

(1) 由组织独立完成；

(2) 聘请外部专家指导完成；

(3) 委托外部机构完成。

3. 灾难恢复资源的要求

为满足灾难恢复的需求，达到灾难恢复的目标，对上述 7 个灾难恢复资源要素，组织应按照成本风险平衡原则逐一确定它们应满足的要求。灾难恢复策略应明确这些要求。不同灾难恢复资源要求所包含的内容分别如下。

1）数据备份系统

数据备份系统的要求通常包含以下内容。

(1) 数据备份的范围；

(2) 数据备份的时间间隔；

(3) 数据备份的技术及介质；

(4) 数据备份线路的速率及相关通信设备的规格和要求。

2）备用数据处理系统

备用数据处理系统的要求通常包含以下内容。

(1) 数据处理能力；

(2) 与主系统的兼容性要求；

(3) 平时处于就绪还是运行状态。

组织应根据关键业务功能的灾难恢复对备用数据处理系统的要求和未来发展的需要，按照成本风险平衡原则，确定备用数据处理系统的要求。

3) 备用网络系统

备用网络系统的要求通常包含以下内容。

(1) 备用网络通信设备的技术要求；

(2) 备用网络通信设备的功能要求、吞吐能力；

(3) 备用数据通信线路的材料、带宽和容错能力。

组织应根据关键业务功能的灾难恢复对网络容量和切换时间的要求及未来发展的需要，按照成本风险平衡原则，确定备用网络系统的要求。

4) 备用基础设施

备用基础设施的要求通常包括以下内容。

(1) 与主中心的距离要求；

(2) 场地和环境(如面积、温度、湿度、防火、电力和工作时间等)要求；

(3) 运行维护和管理要求。

组织应根据灾难恢复目标，按照成本风险平衡原则，确定对备用基础设施的要求。

5) 技术支持能力

技术支持能力是为实现灾难恢复系统的预期目标，对灾难恢复系统的运转提供支撑和综合保障的能力，包括硬件、系统软件和应用软件的问题分析和处理能力、网络系统安全运行管理能力、沟通协调能力等。组织应根据灾难恢复目标，按照成本风险平衡原则，确定灾难备份中心在软件、硬件和网络等方面的技术支持要求，通常包括以下内容。

(1) 技术支持的组织架构；

(2) 各类技术支持人员的数量和素质；

(3) 各类技术支持人员的能力要求。

6) 运行维护管理能力

组织应根据灾难恢复目标，按照成本风险平衡原则，确定灾难备份中心运行维护管理要求，包括以下内容。

(1) 运行维护管理组织架构；

(2) 人员的数量和素质；

(3) 运行维护管理制度。

7) 灾难恢复预案

灾难恢复预案是定义信息系统灾难恢复过程中所需的数据和资源、所采取的任务和行动的文件，用于指导相关人员在预定的灾难恢复目标内恢复信息系统支持的关键业务功能。组织应根据需求分析的结果，按照成本风险平衡原则，明确灾难恢复预案的各项要求。灾难恢复预案的要求包括以下要求。

(1) 整体要求；

(2) 制定过程的要求；

(3) 教育、培训和演练要求；

（4）管理要求。

6.3.3 灾难恢复策略的实现

1. 灾难备份系统技术方案的实现

灾难备份系统是用于灾难恢复目的，由数据备份系统、备用数据处理系统和备用的网络系统组成的信息系统。灾难备份系统技术方案的实现是灾难恢复工作的重要环节。

1）技术方案的设计

根据灾难恢复策略制定相应的灾难备份系统技术方案，包含数据备份系统、备用数据处理系统和备用的网络系统。技术方案中所设计的系统，应获得与主系统相等的安全保护且具有可扩展性。

2）技术方案的验证、确认和系统开发

为确保技术方案满足灾难恢复策略的要求，应由组织的相关部门对技术方案进行确认和验证，并记录和保存验证及确认的结果。

按照确认的灾难备份系统技术方案进行开发，实现所要求的数据备份系统、备用数据处理系统和备用网络系统。

3）系统安装和测试

按照经过确认的技术方案，灾难恢复规划实施人员应制定各阶段的系统安装及测试计划，以及支持不同关键业务功能的系统安装及测试计划，并组织最终用户共同进行测试。确认以下各项功能可正确实现。

（1）数据备份及数据恢复功能；

（2）在限定的时间内，利用备份数据正确恢复系统、应用软件及各类数据，并可正确恢复各项关键业务功能；

（3）客户端可与备用数据处理系统正常通信。

2. 灾难备份中心的选择和建设

灾难备份中心是用于灾难发生后接替主系统进行数据处理和支持关键业务功能运作的场所，可提供灾难备份系统、备用的基础设施和技术支持及运行维护管理能力，此场所内或周边可提供备用的生活设施。灾难恢复中心是灾难恢复工作能否成功完成的重要保障。

1）选址原则

为灾难备份中心选址或建设灾难备份中心时，应根据风险分析的结果，避免灾难备份中心与主中心同时遭受同类风险。灾难备份中心还应具有方便灾难恢复人员或设备到达的交通条件，以及数据备份和灾难恢复所需的通信、电力等资源。

灾难备份中心应根据资源共享、平战结合的原则合理地布局。

2）基础设施的要求

新建或选用灾难备份中心的基础设施时，计算机机房应符合有关国家标准的要求，工作辅助设施和生活设施应符合灾难恢复目标的要求。

3. 技术支持能力的实现

组织应根据灾难恢复策略的要求，获取对灾难备份系统的技术支持能力。灾难备份中心应建立相应的技术支持组织，定期对技术支持人员进行技能培训。

4. 运行维护管理能力的实现

为了达到灾难恢复目标，灾难备份中心应建立各种操作和管理制度，用以保证数据备份的及时性和有效性，保证备用数据处理系统和备用网络系统处于正常状态，并与主系统的参数保持一致，具备有效的应急响应处理能力。

5. 灾难恢复预案的实现

灾难恢复的每个等级均应按 6.1.4 节的具体要求制定相应的灾难恢复预案，并进行落实和管理。

6.3.4 灾难恢复预案的制定、落实和管理

灾难恢复预案是定义信息系统灾难恢复过程中所需的数据和资源、所采取的任务和行动的文件，用于指导相关人员在预定的灾难恢复目标内恢复信息系统支持的关键业务功能。组织应在风险评估和业务影响分析的基础上，按照成本风险平衡原则，制定灾难恢复预案，并加强灾难恢复预案的教育培训、演练和管理。

1. 灾难恢复预案的制定

1）灾难恢复预案的制定原则

制定灾难恢复预案应遵循以下原则。

（1）完整性：灾难恢复预案应包含灾难恢复的整个过程，以及灾难恢复所需的尽可能全面的数据和资料。

（2）易用性：预案应运用易于理解的语言和图表，并适合在紧急情况下使用。

（3）明确性：预案应采用清晰的结构，对资源进行清楚的描述，工作内容和步骤应具体，每项工作应有明确的责任人。

（4）有效性：预案应尽可能满足灾难发生时进行恢复的实际需要，并保持与实际系统和人员组织的同步更新。

（5）兼容性：灾难恢复预案应与其他应急预案体系有机结合。

2）灾难恢复预案的制定过程

灾难恢复预案制定的过程如下。

（1）起草：参照灾难恢复预案框架，按照风险评估和业务影响分析所确定的灾难恢复内容，根据灾难恢复等级的要求，结合组织其他相关的应急预案，撰写出灾难恢复预案的初稿。

（2）评审：组织应对灾难恢复预案初稿的完整性、易用性、明确性、有效性和兼容性进行严格的评审。评审应有相应的流程保证。

（3）测试：应预先制定测试计划，在计划中说明测试的案例。测试应包含基本单元测试、关联测试和整体测试。测试的整个过程应有详细的记录，并形成测试报告。

（4）修订：根据评审和测试结果对预案进行修订，纠正在初稿评审过程和测试中发现的问题和缺陷，形成预案的报批稿。

（5）审核和批准：由灾难恢复领导小组对报批稿进行审核和批准，确定为预案的执行稿。

2. 灾难恢复预案的教育、培训和演练

为了使相关人员了解信息系统灾难恢复的目标和流程，熟悉灾难恢复的操作规程，组织应按以下要求，组织灾难恢复预案的教育、培训和演练。

（1）在灾难恢复规划的初期就应开始灾难恢复观念的宣传教育工作；

（2）应预先对培训需求进行评估，开发和落实相应的培训/教育课程，保证课程内容与预案的要求相一致；

（3）应事先确定培训的频次和范围，事后保留培训的记录；

（4）预先制定演练计划，在计划中说明演练的场景；

（5）演练的整个过程应有详细的记录，并形成报告；

（6）每年应至少完成一次由最终用户参与的完整演练。

3. 灾难恢复预案的管理

灾难恢复预案管理包括以下内容。

1）保存与分发

保存与分发经过审核和批准的灾难恢复预案时应注意如下问题。

（1）由专人负责保存与分发；

（2）具有多份副本在不同的地点保存；

（3）分发给参与灾难恢复工作的所有人员；

（4）在每次修订后所有副本统一更新，并保留一套，以备查阅，原分发的旧版本应予销毁。

2）维护和变更管理

为了保证灾难恢复预案的有效性，应从以下方面对预案进行严格的维护和变更管理。

（1）业务流程的变化、信息系统的变更、人员的变更都应在灾难恢复预案中及时反映；

（2）预案在测试、演练和灾难发生后实际执行时，其过程均应有详细的记录，并应对测试、演练和执行的效果进行评估，同时对预案进行相应的修订；

（3）灾难恢复预案应定期评审和修订，至少每年一次。

6.4 业务持续性计划

业务持续性指组织为了维持其生存，一旦发生突发事件或灾难后，在其所规定的时间内必须恢复关键业务功能的强制性要求。灾难恢复主要解决信息系统灾难恢复问题，而业务持续性强调的是组织业务的不间断能力，即在灾难、意外发生的情况下，无论是组织结构、业务操作还是信息系统，都可以以适当的备用方式继续运行业务。

目前，业务持续性管理（bussiness continuity management，BCM）已成为应对危机管理事件的国际通用规则，它的重要性在全球范围内越来越受到社会的关注。部分发达国家，如美国、加拿大甚至将 BCM 定为国家标准，如美国联邦紧急应变管理总署（USA Federal Emergency Management Agency）制定的 FEMA FRPG 01—1994、美国国家防火学会（USA National Fire Protection Association，NFPA）制定的灾害事故/紧急应变管理及业务持续性计划标准（Standard on Disaster/Emergency Management and Business Continuity Programs）、英国标准协会（British Standards Institution，BSI）制定的 BS 25999-1、BS 25999-2，无论单独实施或结合其他管理系统一并实施，均可为组织连续经营提供良好效果。

6.4.1　业务持续性管理

构建业务连续管理体系，不仅需要着眼于信息系统的备份与恢复，更重要的是确定或构建嵌于组织生命周期的业务连续管理目标、策略、制度、组织和资源。通过近 30 年的发展，行业标准组织制定了业务连续管理最佳实践的十大步骤。

1. 项目启动和管理

确定业务持续性计划（business continuity plan，BCP）过程的需求，包括获得管理支持，以及组织和管理项目使其符合时间和预算的限制。

2. 风险评估和控制

确定可能造成机构及其设施中断和灾难、具有负面影响的事件和周边环境因素，以及事件可能造成的损失，防止或减少潜在损失影响的控制措施，提供成本效益分析以调整控制措施方面的投资达到消减风险的目的。

3. 业务影响分析

确定由于中断和预期灾难可能对组织造成的影响，以及用来定量和定性分析这种影响的技术。确定关键功能、其恢复优先顺序和相关性以便确定恢复时间目标。

4. 制定业务持续性策略

确定和指导备用业务恢复运行策略的选择，以便在恢复时间目标范围内恢复业务和信息技术，并维持机构的关键功能。

5. 应急响应和运作

制定和实施用于事件响应及稳定事件所引起状况的规程，包括建立和管理紧急事件运作中心，该中心用于在紧急事件中发布命令。

6. 制订和实施业务持续性计划

设计、制订和实施业务持续性计划以便在恢复时间目标范围内完成恢复。

7. 意识培养和培训项目

建立对组织人员进行意识培养和技能培训的项目，以便业务持续性计划能够得到制定、实施、维护和执行。

8. 维护和演练业务持续性计划

对预先计划和计划间的协调性进行演练，并评估和记录计划演练的结果。制定维持连续性能力和 BCP 文档更新状态的方法，使其与组织的策略方向保持一致。通过与适当标准的比较来验证 BCP 的效率，并使用简明的语言报告验证的结果。

9. 公共关系和危机通信

制定、协调、评价和演练在危机情况下与媒体交流的计划。制定、协调、评价和演练与人员及其家庭、关键供应商及组织管理层等方进行沟通和在必要情况下提供心理辅导的计划。确保所有利益群体能够得到所需的信息。

10. 与公共当局的协调

建立适用的规程和策略用于同地方当局协调响应、连续性和恢复活动以确保符合现行的法令和法规。

6.4.2 业务影响性分析

业务影响性分析(business impact analysis,BIA)是整个 BCM 流程的工作基础,实质上是对关键性的功能,以及当这些功能一旦失去作用时可能造成的损失和影响的分析,用以确定组织关键业务功能及其相关性,确定支持各种业务功能的资源,明确相关信息的保密性、完整性和可用性要求,确定这些业务系统的恢复需求,为下一阶段制定业务持续性管理策略提供基础和依据。

BIA 从识别可能引起业务中断的事件,如设备故障、洪灾和火灾等事件开始,随后进行风险评估,以确定业务中断造成的影响(根据破坏的规模和恢复的时间)。这两项活动都应有业务资源和过程管理的所有者的普遍参与。

应当根据风险评估的结果决定将采取的策略。决定策略并不容易,须仔细考虑组织业务目标、资源、文化、流程及投入成本。一般来说,处理风险的策略有避免风险、降低风险、转移风险和接受风险 4 种。

6.4.3 制订和实施业务持续性计划

业务持续性计划是一套事先被定义和文档化的计划,明确定义了恢复业务所需要的关键人员、资源、行动、任务和数据。需要考虑的问题包括以下问题。关键业务数据被彻底破坏,只能用昨天的备份恢复,该怎么办?服务器瘫痪,该怎么办?技术更新换代,怎么样对业务影响最小?发生了灾难事件,该怎么办?IT 系统恢复是否就可以开放业务运营?

BCP 的内容不应该只局限在 IT 方面,应该涵盖如下几个方面:应急响应计划(业务持续性管理组织结构、应急初始评估流程、灾难宣布流程、灾难评估流程),容灾恢复计划(IT 切换流程/步骤/启用条件、IT 回切流程/步骤/启用条件),运维恢复计划(operational recovery plan,ORP),业务恢复计划。

创建业务连续计划后,需要通过培训和演练使相关人员了解他们各自的角色和责任,以便在公司中实施该计划。

培训的主要目的是确保人员了解业务持续性策略和规程,为此需要设计培训计划。培训计划的目的是确保下列内容。

(1) 参与业务恢复的关键人员了解在计划中制定的策略和步骤;

(2) 人员了解在灾难发生时要遵循的步骤;

(3) 人员了解如何在灾难恢复中使用灾难管理设备;

(4) 人员了解他们在灾难恢复中的角色和责任。

对人员进行灾难恢复培训时,必须包括下列方面的信息。

(1) 威胁、危险和保护行动;

(2) 通知、警告和通信规程;

（3）应急响应规程；

（4）评价、掩蔽和责任规程；

（5）通用应急设备的位置和用法；

（6）应急停工规程。

应当定期培训人员有关恢复步骤的知识，并可以采用各种方法来实施培训计划。此外，还必须在培训活动中包括社区相应人员。

除了进行培训以外，还可以进行撤离练习和全面的演习。演练之前充分准备，遵守相关流程，从而保持业务持续性计划的有效性。演练的关键点在于通过真实的演练检验计划并提高人员能力，演练规划要详细、模块化，演习手册要能满足指挥员和操作员不同的需求，演习结果要量化衡量。每次演练都可能有新的问题发生，在事前不要给领导100%的预期，因为演练的目的是要成长和提高，通常实现80%的目标就已经是一种成功。这将确保整个组织对该计划充满自信并有能力实现该计划。

6.4.4　测试和维护计划

业务连续计划在测试阶段时会面临失败的可能性，这通常是由于假设错误，疏忽或设备、人员的变动，因此，应定期测试，确保符合最新状况及有效性。这类测试还应确保小组的所有成员及其他相关人员了解计划内容。业务连续计划的测试时间表应指出各部分计划的检查方式和时间。建议经常对计划各部分进行测试，应采用各种技术确保计划能在实际状况下运作。这些技术包括针对各种情况进行沙盘推演、状况模拟、复原测试、测试异地复原、测试供货商的设施和服务、完整演练。在计划的维护和重新评鉴方面，应通过定期审查和更新方式来维护业务连续计划，确保其持续有效；应在组织的变更管理计划中加入计划的维护程序，以确保业务连续计划的主要项目得到适当处理。各个业务连续计划的定期审查应分配责任，若发现业务连续计划尚未反映业务操作的变更时，应对计划作适当的更新。正式的变更管制应确保所公布的计划都是最新版本，并且利用对整体计划的定期审查以确保计划处于最新状况。

6.5　容灾备份体系

数据容灾备份是将用户信息系统从灾难造成的故障或瘫痪状态进行恢复的数据保护过程。为实现数据容灾备份，需要搭建合适的容灾备份中心，通过部署数据存储和容灾备份系统，作为“服务”面向用户提供，为用户信息系统提供异地数据容灾保护。在容灾备份中心、信息服务保障中心、用户信息系统之间建立的用于传输容灾数据的网络是容灾网络，可由光缆网、专网和综合信息网构成。依托容灾网络，由容灾备份中心、信息服务保障中心、用户信息系统共同构成容灾备份体系，确保各类信息系统的数据安全和业务持续运行。

6.5.1　容灾备份系统结构

依托光缆网、专网和综合信息网，构建容灾网络，连通容灾备份中心、信息服务保障中心和用户信息系统，建立“三层两级”的容灾备份体系框架，如图 6-1 所示。

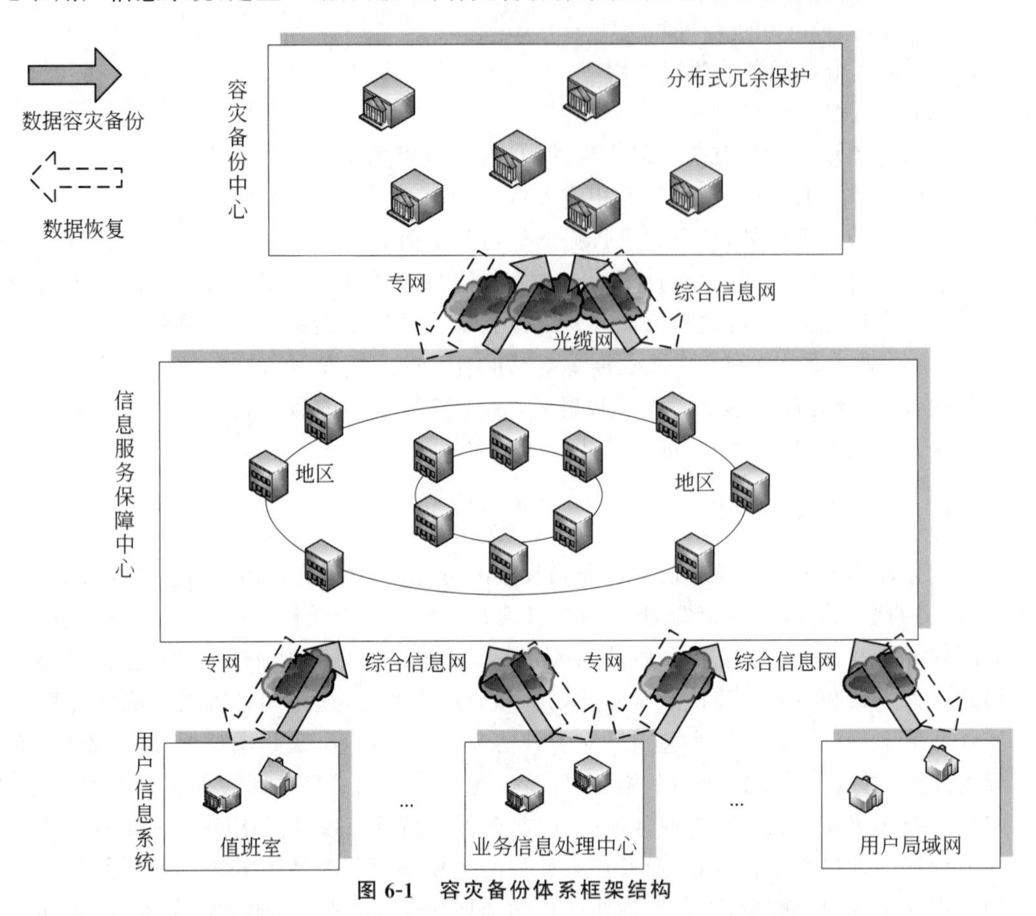

图 6-1　容灾备份体系框架结构

系统结构组成如下。

(1) 由容灾备份中心、信息服务保障中心、用户信息系统构成“三层”系统组织结构；

(2) 由用户信息系统至信息服务保障中心、信息服务保障中心至容灾备份中心构成“两级”容灾备份组织结构；

(3) 信息服务保障中心向各级各类指挥机构、业务信息处理中心等用户提供数据容灾备份和恢复服务；

(4) 容灾备份中心面向信息服务保障中心提供数据容灾备份和恢复服务；

(5) 容灾备份中心之间构成网状连接，建立分布式容灾关系，形成逻辑上一体的容灾备份结构。

6.5.2　容灾网络组织

1. 用户信息系统至信息服务保障中心

应以指挥专网和综合信息网为主、光缆网为辅的原则构建容灾网络。

(1) 可直接利用指挥专网和综合信息网，设置虚拟专网、服务质量保证等技术措施；

(2) 针对数据量大的容灾用户信息系统，在网络带宽不能有效支撑容灾和恢复数据传输的情况下，可依托光缆网增设专线；

(3) 针对同城同步容灾用户信息系统，可依托光缆网设置裸光纤(4芯以上)搭建同步容灾网络。

2. 信息服务保障中心至容灾中心

应以光缆网为主、指挥专网和综合网为辅的原则构建容灾网络。

(1) 可依托光缆网设置100Mb/s以上的专线；

(2) 在网络带宽可以保证数据容灾和恢复容量达到200Mb/s的情况下，可直接利用指挥专网和综合信息网设置虚拟专网；

(3) 针对同城同步容灾的信息服务保障中心，可依托光缆设置裸光纤(4芯以上)搭建同步容灾网络。

3. 容灾备份中心之间

容灾网络要求如下。

(1) 可依托光缆网设置2.5Gb/s以上专线；

(2) 搭建容灾备份中心之间的网络容灾网络；

(3) 容灾备份中心之间应采用BGP路由协议；

(4) 应保证单个容灾备份中心具备两个以上的网络路由。

6.5.3　容灾备份机制

1. 服务范围

应为用户信息系统数据提供容灾保护，保障数据故障的快速恢复，根据需要也可为用户信息系统业务提供容灾保护，要求如下。

(1) 用户至信息服务保障中心应能建立异步数据容灾和同步数据容灾机制；

(2) 信息服务保障中心至容灾备份中心应能建立异步数据容灾和同步数据容灾机制；

(3) 容灾备份中心之间应能建立分布式数据容灾机制。

2. 用户至信息服务保障中心容灾备份机制

1) 异步数据容灾

(1)零散主机(单台套)、数据量较小(GB级)用户环境异步数据容灾要求如下。

① 数据容灾备份过程：

(a) 用户主机安装容灾客户端软件；

(b) 通过容灾客户端软件与信息服务保障中心数据容灾系统建立异步数据容灾机制；

(c) 基于容灾网络将业务数据复制到信息服务保障中心。

② 数据恢复过程：

(a) 用户业务数据发生故障时，在100Mb/s以上容灾网络带宽条件下，用户主机可直接挂接位于远程信息服务保障中心的容灾数据。保障业务持续运行，容灾客户端软件与信息服务保障中心数据容灾系统后台将数据恢复至用户主机本地存储，恢复完成后反转数据访问关系，用户主机通过本地存储保障业务运行。

(b) 在 100Mb/s 以下容灾网络带宽条件下，首先由容灾客户端软件与信息服务保障中心数据容灾系统远程将数据恢复至用户主机本地存储，然后用户主机通过本地存储保障业务运行。

(2) 规模主机(10 台以上)、数据量较大(TB 级以上)用户环境异步数据容灾(不改变用户现有存储系统架构)要求如下。

① 数据容灾备份过程：

(a) 用户本地业务网络旁路部署用户端数据容灾设备；

(b) 用户主机安装容灾客户端软件；

(c) 基于业务网络将业务数据复制到本地用户端数据容灾设备；

(d) 通过本地用户端数据容灾设备与信息服务保障中心数据容灾系统建立异步数据容灾机制；

(e) 基于容灾网络将用户容灾数据再复制到信息服务保障中心。

② 数据恢复过程：

(a) 用户业务数据发生故障时，用户主机可直接挂接位于本地用户端数据容灾设备的容灾数据，保持业务持续运行，容灾客户端软件与本地用户端数据容灾设备后台将数据恢复至用户本地存储。恢复完成后反转数据访问关系，用户主机通过本地存储保障业务运行。

(b) 用户业务数据和本地用户端数据容灾设备均故障时，首先由信息服务保障中心数据容灾系统远程将数据恢复至修复后(或新建)的用户端数据容灾设备，然后用户主机通过数据恢复过程(a)保持业务运行。

(3) 规模主机(10 台以上)、数据量较大(TB 级以上)用户环境异步数据容灾(改变用户现有存储系统架构)要求如下。

① 数据容灾备份过程：

(a) 用户本地业务网络旁路部署用户端数据容灾设备；

(b) 用户业务数据集中存储到用户端数据存储容灾设备；

(c) 通过本地用户端数据存储容灾设备与信息服务保障中心数据容灾系统建立异步数据容灾机制；

(d) 基于容灾网络将业务数据复制到信息服务保障中心。

② 数据恢复过程：

(a) 用户业务数据发生故障时，可直接由本地用户端数据存储容灾设备进行数据恢复，然后用户主机通过挂接本地恢复数据保障业务运行；

(b) 本地用户端数据存储容灾设备故障时，首先由信息服务保障中心数据容灾系统远程将数据恢复至修复后(或新建)的用户端数据存储容灾设备，然后用户主机通过挂接恢复数据保障业务运行。

2) 同步数据容灾

同步数据容灾要求如下。

(1) 可用于指挥所等用户关键业务系统的不间断运行。

(2) 可按照容灾备份中心存储系统和容灾备份系统要求改造(或建设)用户存储容灾

系统。

(3) 数据容灾备份过程：

① 通过用户本地数据容灾系统与信息服务保障中心数据容灾系统建立同步数据容灾机制；

② 基于容灾网络将业务数据镜像到信息服务保障中心。

(4) 数据恢复过程：

① 用户本地存储系统发生故障时，可直接由信息服务保障中心无缝接替，实现数据“零”损失；

② 故障恢复后，由信息服务保障中心进行反向数据同步，同步完成后，再进行同步关系反转。

3. 信息服务保障中心至容灾备份中心容灾备份机制

1) 异步数据容灾

异步数据容灾要求如下。

(1) 数据容灾备份过程：

① 通过本地数据容灾系统与容灾备份中心数据容灾系统建立异步数据容灾机制；

② 基于容灾网络将信息服务数据、用户容灾数据复制到容灾备份中心。

(2) 数据恢复过程：

① 信息服务数据、用户容灾数据发生故障时，可直接由信息服务保障中心本地数据容灾系统进行数据恢复，然后主机通过挂接本地恢复数据保障业务运行；

② 信息服务保障中心存储系统发生故障时，首先由容灾备份中心数据容灾系统远程将数据恢复至修复后(或新建)的信息服务保障中心存储系统，然后主机通过挂接恢复数据保障业务运行。

2) 同步数据容灾

同步数据容灾要求如下。

(1) 用于信息服务保障中心关键信息服务系统的不间断运行。

(2) 数据容灾备份过程：

① 通过信息服务保障中心数据容灾系统与容灾备份中心数据容灾系统建立同步数据容灾机制；

② 基于容灾网络将信息服务数据镜像到信息服务保障中心。

(3) 数据恢复过程：

① 信息服务保障中心存储系统发生故障后，可直接由容灾备份中心无缝接替，实现数据“零”损失；

② 故障恢复后，由容灾备份中心进行反向数据同步，同步完成后，再进行同步关系反转。

4. 容灾备份中心之间容灾备份机制

容灾备份中心之间容灾备份机制要求如下。

1) 数据容灾备份过程

(1) 通过容灾备份中心数据容灾系统之间建立分布式数据容灾机制；

(2) 容灾备份中心基于容灾网络将关键容灾数据分散复制至其他容灾备份中心。

2) 数据恢复过程

(1) 容灾备份中心存储系统发生故障后,由其他容灾备份中心数据容灾系统远程将数据恢复至修复后(或新建)的容灾备份中心存储系统。

(2) 容灾备份中心发生灾难后,由其他容灾备份中心进行重构。

6.5.4 系统运维管理

1. 运维管理

运维管理要求如下。

(1) 应采用集中和分级管理相结合的运维管理模式。

(2) 应建立总部、区域、信息服务保障中心三级运维管理体系:

① 总部级应汇集各容灾备份中心、信息服务保障中心容灾备份服务运行状态和资源使用情况,形成容灾备份体系整体运行态势,同时应负责本中心服务运维管理;

② 区域级应汇集本区域各信息服务保障中心容灾备份服务运行状态和资源使用情况,形成本区域整体运行态势,同时应负责本中心服务运维管理;

③ 信息服务保障中心级应负责本中心容灾备份服务运维管理。

2. 服务保障

服务保障要求如下。

(1) 容灾备份中心和信息服务保障中心应在服务保障区设置服务保障系统;

(2) 应具备服务业务申请和故障申告处理功能;

(3) 应包括故障申告、服务处理、服务咨询等流程。

6.6 本章小结

减少信息系统灾难对国家和社会的危害和给财产带来的损失,保证信息系统所支持的关键业务能在灾害发生后及时恢复并继续运作,是灾备管理的主要目标。

本章系统地介绍了信息系统灾难恢复的概念、流程、灾难恢复的等级,以及灾难恢复的核心技术——灾难备份和数据备份技术等内容,并结合灾难恢复的发展趋势介绍了灾难恢复计划和业务持续性计划的基本概念和内容。在此基础上,结合相应国标中灾备管理的相关内容,介绍了容灾备份体系的系统结构、运维管理和组织运用。

思考题

1. 简述容灾备份系统的主要职能。
2. 请解释业务持续性计划和灾难恢复计划,阐述它们的区别。
3. 简述灾难恢复计划的过程。
4. 简述信息安全应急响应的组织实施。
5. 简述容灾备份体系。

第7章 信息安全保密管理

信息安全保密是传统保密的逻辑发展，是保密在信息时代的主要表现形态，其本质就是信息化条件下的保密。从实践上看，信息安全保密由来已久。但从理论上讲，信息安全保密这一概念的提出及确立，则是近些年的事。本书除特别指明外，“保密”和“信息安全保密”两个概念具有相同的含义。为便于加深读者对信息安全保密的全面认识与理解，下面先从保密的由来与发展谈起。

保密是人类社会发展进程中的一种必然。自人类社会出现了私有制、阶级和国家之后，阶级之间、政治集团之间、国家之间进行着激烈的斗争。它们为了各自的安全与利益，将某些与自身关系密切的事项隐蔽起来，防止别人知道，这就有了保密。

20世纪90年代以来，全球信息化已成为不可阻挡的历史进程。信息安全问题已引起世界各国，尤其是发达国家的高度重视，世界各国纷纷采取应对之策，不惜投入大量的人力、物力和财力来保障其信息系统的安全保密。面对信息时代，传统的保密工作已不能适应信息安全发展的形势，需要把保密工作的重点转变到信息安全保密上来。信息安全与保密已融为一体，密不可分。本章将介绍信息安全保密管理的基本概念、法规制度、主要内容和相关的技术与方法。

7.1 信息安全保密管理基本概念

7.1.1 秘密与保密

秘密指不宜公开的或秘而不宣的事项，由密源体和不同形式的载体所组成。

1. 秘密

秘密通常指涉及安全和利益，对外不能公开的事项。秘密是关系国家利益，依照规定的权限和程序确定，在一定时间内只限一定范围的人员知悉的事项。这一概念有3个构成要素。

1）衡量标准

秘密的衡量标准，首先看是否关系国家利益。虽然，关系国家利益的未必都是秘密，但这是构成秘密的首要前提，也反映了秘密的本质特征。这种关系国家利益，一旦公开或泄露就会使安全与利益受到损害的信息都应作为秘密加以保护。有些信息虽不宜公开，但只要不涉及国家利益，就不能作为秘密。

2）时空界限

秘密在时空上都有明确的期限和范围。秘密是在一定时间内只限一定范围的人员知悉的事项。有些事项虽符合秘密衡量标准，但客观上不可控制，不具备可保性，也不应划为秘密。秘密的时空界限是动态的，秘密的保密期限和知悉范围应根据情况变化及时调整。

3）定密程序

秘密的确定必须由具备相应权限的组织和人员按照法定程序进行。按照目前的定密体制，秘密及密级确定的一般程序是：由制密单位或承办人按照总部确定的秘密及其密级的具体范围提出，经单位主管领导批准后生效。秘密一经确定，即具有法律地位和效力，并受法律保护。

上述三要素是构成秘密的必要条件，必须同时具备，缺一不可，秘密是国家秘密的重要组成部分。

2. 秘密的等级

秘密等级亦称密级。秘密按其内容的重要程度和对国家建设的利害关系，分为绝密、机密、秘密 3 个密级。

绝密级是秘密的核心部分，如被敌方获悉，将对国家的安全与利益造成特别严重的危害。机密级是秘密中较为重要的部分，如被敌方获悉，将对国家的安全与利益造成严重危害。秘密级是秘密中一般的部分，如被敌方获悉，将对国家的安全与利益造成一定的危害。

凡不属于秘密范围，但又不能对外公开，仅限于内部人员知悉的文件、资料、书报、刊物、电影、录像、录音等，一般只标定“内部使用”字样，如内部文件、内部刊物、内部电影等。

按照保密规定，对是否属于秘密和属于何等密级不明确的事项，由不同级别的组织或机关确定。

对于无权确定或超过自己密级确定权限的秘密，需报请有权限的上级确定。

3. 保守秘密

保守秘密，指为保护秘密安全，保证秘密不被窃取、泄露所采取的各种措施，以及为此而展开的一系列活动。其主要内容包括确定保密政策、开展保密教育、制定保密法规、实施保密管理、建设保密设施、净化保密环境、惩治窃密泄密行为等。保密工作的基本要求是控制知密范围，防范窃密活动，消除泄密隐患，确保秘密安全。

1）控制知密范围

秘密在一定时间内只限一定范围的人员知悉，未经批准，不得擅自扩大知密范围。接触秘密事项的组织，应当确定接触该秘密事项的人员。知密人员在依法享有相应权限的同时，应履行保守秘密的责任和义务。

2）防范窃密活动

防范现实和潜在对手的窃密活动，始终是保守秘密的主要任务。防范窃密活动要强化保密意识，构筑思想防线；要加强保密管理，严格执行各种规章制度和防范措施；要大力发展保密技术，采取技术保密措施，构筑技术防线。

3）消除泄密隐患

隐患，即不易被觉察的、容易被忽视并可能导致秘密泄露或被窃取的问题。例如，涉

密文件不按规定进行管理，利用普通电话、手机、明码电报传递涉密信息，利用普通信件邮寄秘密文件或资料，涉密计算机防信息泄露技术措施不落实，不按规定管理涉密网络等。消除泄密隐患，就是从各方面采取措施，在每个环节上堵塞可能导致秘密泄露或被窃取的漏洞，防患于未然。

4. 确保秘密安全

在保密工作中，所采取的一切措施和手段都是从确保秘密安全这一根本目标出发的，要精心组织实施，做到万无一失，不允许有任何的疏漏和懈怠。

保密素质是公民的基本素质。作为守法公民要不断提高保密素质，明确保密职责，履行保密义务。

7.1.2　信息安全保密的内涵与属性

信息安全保密指在信息化条件下秘密信息在产生、传输、处理和存储过程中不被泄露或破坏。信息安全保密是一个内容宽泛的概念，以抵御技术窃密与破坏、保护秘密信息及信息系统安全、防止泄密为主要目的的信息安全保密已成为保密工作的主体，直接关系国防与建设全局和未来战争的胜负。信息安全保密通常有三层含义：一是涉密信息系统安全，即实体安全和系统运行安全；二是系统中的秘密信息安全，即通过对用户权限的控制、数据加密等确保信息不被非授权者获取和篡改；三是管理安全，即用综合手段对信息资源和系统安全运行进行有效管理。由于计算机网络是信息化的主要特征，因此信息安全保密通常被理解为网络信息安全保密。

信息安全保密应确保信息的机密性、完整性、可用性、可控性和不可否认性。

机密性指信息在产生、传输、处理和存储的各个环节都有泄密的可能，因此要严密控制各个可能泄密的环节，使信息不会泄露给非授权的个人或实体。

完整性指信息在存储或传输过程中不被修改、不被破坏、不被插入、不乱序和不丢失，保证真实的信息从真实的信源无失真地到达真实的信宿。破坏信息的完整性是对信息安全发动攻击的重要目的之一。

可用性指保证信息确实能为授权使用者所用，即保证合法用户在需要时可以使用所需信息，防止由于主客观因素造成系统拒绝服务，防止因系统故障或误操作等使信息丢失或妨碍对信息的使用。

可控性指信息和信息系统时刻处于合法所有者或使用者的有效掌握与控制之下。例如，在境外向我国传播的不良信息，以及企图入侵内部网的非法用户进行有效的监控和抵制；对越权利用网络资源的行为进行控制；必要时可依法对网络中流通与存储的信息进行监视。

不可否认性指保证信息行为人不能否认自己的行为。

7.2　信息安全保密管理的有关法规

信息安全保密必须以法律法规和政策制度作保证。信息安全保密法规，是国家颁布的有关维护、管理和保守秘密的法律、条令、条例、规定、规则、标准、章程及制度的总称。

它是保守秘密行为的法律规范，具有权威性、规范性、普遍性、约束性和强制性。坚持依法治密，是构建信息安全保密屏障的需要，要认真学习、掌握并严格遵守信息安全保密法规。

7.2.1 信息安全保密法规体系

信息安全保密工作必须有法律作保障，以法律为准绳。为做好信息安全保密工作，必须及时建立并不断完善信息安全保密的法规、制度和标准。

1. 保密法规的依据

保密法律指由国家立法机关（全国人民代表大会及其常务委员会），按照严格的立法程序，对保密方面重大问题制定和颁布的法律、法令等。保密法律立法程序严格，法律地位和效力高，有较强的稳定性，是制定各种保密法规的基本依据。

《中华人民共和国宪法》（简称《宪法》）明确规定："公民必须遵守宪法和法律，保守国家秘密"，将"保守国家秘密"作为公民的一项基本义务。《宪法》是国家的根本大法，是我国一切法律立法的基本法源。

《中华人民共和国保守国家秘密法》（简称《保密法》）全面规定了保密工作的方针、国家秘密的界限、保密期限、保密工作程序性要求、保密工作的基本制度、泄密的法律责任、保密管理体制等，是全体公民履行保密义务的法律依据，是制止泄密违法行为，打击各种窃密犯罪行为的法律武器，是制定包括保密在内的一切保密法规、规章和具体保密制度的基本依据。《保密法》是开展保密工作、实施保密管理和规范具体涉及国家秘密行为的最基本的法律准则。

《中华人民共和国刑法》第 111 条规定："为境外的机构、组织、人员窃取、刺探、收买、非法提供国家秘密或者情报的，处五年以上十年以下有期徒刑；情节特别严重的，处十年以上有期徒刑或者无期徒刑；情节较轻的，处五年以下有期徒刑、拘役、管制或者剥夺政治权利。"刑法第 431 条、第 432 条规定了人员非法提供秘密罪和泄露秘密罪的内容。这些规定为惩治泄露秘密罪提供了法律依据。

此外，还有《中华人民共和国保守国家秘密法实施办法》及一些包括保密条款的其他法律。例如，《中华人民共和国设施保护法》对设施安全保密作出了相应的规定；《中华人民共和国国家安全法》从维护国家安全角度，规定窃取、刺探、收买、非法提供国家秘密的行为属危害国家的行为，并对保密问题作出了相应规定；《中华人民共和国国防法》规定公民和组织应当遵守保密规定，不得泄露国家秘密。这些法律和法律规定具有在全国和一体遵行的法律效力，是全体人员必须遵守的准则。

国务院也颁发或批准有行政法规中有关保密的规定，以及具有保密行政法规性质的法律文件等。例如国务院发布的《中华人民共和国设施保护法实施办法》中的保密规定，国务院批准颁发的《无线电管理规则》中的保密规定等。

2. 保密规章

按照我国宪法规定的立法权限，规章包括保密规章通常由国务院所属各部、委单独或共同制定和颁布，具有在全国一定范围内和在范围内一体遵行的法律效力。

除上述信息安全保密法律、行政法规和规章外，由法律授权的有关部门对保密法规所作的解释，以及按照《保密法》及有关法律规定的权限，国家有关部门与境外机构、组织、团体或人员签订的保密协议、保密规定或双方承担保密义务的条款等涉及秘密的部分，也属于保密法规的组成部分。

7.2.2　信息安全保密技术标准

有了法规，还需要可操作性强的信息安全保密技术标准。信息安全保密技术标准是信息安全保密体系的重要组成部分，为信息安全保密的量化管理提供了依据。总体上看，信息安全是建立在信息系统互连、互通、互操作意义上的安全要求，因此必须用技术标准来规范信息系统的建设和使用。没有标准就不能规范信息技术及其产品的安全性能。

1. 计算机信息安全保护等级

为了使涉密网络分级工作便于操作和管理，各国都制定了相对固定的计算机系统安全标准。1983 年，美国国防部国家计算机安全中心(National Computer Security Center, NCSC)提出了可信计算机安全评价准则(trusted computer system evaluation criteria, TCSEC)。

TCSEC 安全标准将计算机安全等级划分为 A1、B3、B2、B1、C2、C1、D 等 7 级。其中 D 为最低安全级，没有任何安全防范功能；A1 为最高安全级，该级别要求计算机信息系统的所有构成部件都必须有安全保证。TCSEC 等级标准为计算机安全提供了评价准则，如表 7-1 所示。

表 7-1　TCSEC 安全等级

类别	级别	名　称	主 要 功 能
A	A1	验证设计级	可形式化认证。该级要求构成系统的所有部件来源必须都有安全保证
B	B3	安全域防护级	全面的访问控制、可信恢复
	B2	结构化防护级	具有良好的结构化设计、形式化安全模型。要求对系统中所有对象加标签，并给设备分配安全级别
	B1	标识安全防护级	强制存取控制(MAC)，支持多级安全，对象必须在访问控制之下，不允许拥有者修改他们的权限
C	C2	受控存取保护级	较完善的自主存取控制(DAC)、审计，限制了受控的存取控制
	C1	自主安全防护级	自主存取控制，要求硬件有一定的安全保护
D	D	最低安全级	未设任何安全指标，无安全功能

1999 年 9 月我国颁布的《计算机信息系统安全保护等级划分准则》(GB 17859—1999，以下简称《准则》)，将计算机信息系统安全保护能力划分为 5 个等级：第一级，用户自主保护级；第二级，系统审计保护级；第三级，安全标记保护级；第四级，结构化保护级；第五级，访问验证保护级。《准则》指出标准适用计算机信息系统安全保护技术能力等级的划分，计算机信息系统安全保护能力随着安全保护等级的增高逐渐增强。

(1) 用户自主保护级：本级的计算机信息系统可信计算基(trusted computing base of computer information system)通过隔离用户与数据，使用户具备自主安全保护的能力。它具有多种形式的控制能力，对用户实施访问控制，即为用户提供可行的手段，保护用户和用户组信息，避免其他用户对数据的非法读写与破坏。该级为第一级，可运行公开信息。

(2) 系统审计保护级：与用户自主保护级相比，本级的计算机信息系统可信计算基实施了更细的自主访问控制，它通过登录规程、审计安全性相关事件和隔离资源，使用户对自己的行为负责。该级为第二级，可运行内部信息，如一些院校不与互联网相连的校园网。

(3) 安全标记保护级：本级的计算机信息系统可信计算基具有系统审计保护级所有功能。此外，还提供有关安全策略模型、数据标记及主体对客体强制访问控制的非形式化描述，具有准确地标记输出信息的能力，消除通过测试发现的任何错误，阻止非授权用户读取敏感信息。该级为第三级，可以运行秘密信息，如综合信息网。

(4) 结构化保护级：本级的计算机信息系统可信计算基建立于一个明确定义的形式化安全策略模型之上，它要求将第三级系统中的自主和强制访问控制扩展到所有主体与客体。此外还要考虑隐蔽通道。本级的计算机信息系统可信计算基必须结构化为关键保护元素和非关键保护元素。计算机信息系统可信计算基的接口也必须明确定义，使其设计与实现能经受更充分的测试和更完整的复审，加强了鉴别机制，支持系统管理员和操作员的职能，提供可信设施管理，增强了配置管理控制，系统具有相当的抗渗透能力。该级为第四级，可运行机密信息。

(5) 访问验证保护级：本级的计算机信息系统可信计算基满足访问监控器需求。访问监控器记录主体对客体的全部访问，访问监控器本身是抗篡改的，必须足够小，能够分析和测试。该级为第五级，可运行绝密信息。

涉密信息系统按照所处理信息的最高密级，由低到高划分为秘密级、机密级和绝密级 3 个级别。其总体防护水平分别不低于信息安全等级保护中信息系统的第三级、第四级和第五级的要求。计算机信息系统按照处理信息的密级和遭受攻击破坏后给安全与利益造成损害的程度，划分为 5 个防护等级。处理信息的最高密级与国家标准相同。计算机信息系统建设单位应当根据国家和有关规定，确定系统处理信息的最高密级和系统的保护级别，采取与其防护等级相应的防护措施。

2. 技术安全保密标准

技术安全保密标准依据国家标准化法及实施条例和标准化管理办法等有关法律、法规制定，由标准化管理部门统一管理，在全国统一施行。技术安全保密标准是法规体系中的特殊形式，它的特点是各类标准门类繁多，构成复杂，是国家法律、法规及规章的具体体现。

7.2.3 信息安全保密制度

在长期的保密实践中，各级、各单位特别是各级保密工作部门按照保密的要求，在战备训练、设施、场所防护、文件管理、通信、政治工作、后勤工作、装备工作、科研及泄密案件查处等方面，制定并施行了一系列行之有效的保密制度。这些保密制度针对性和操作性较强，体现了我国保密工作的方针，是保密法规体系的重要组成部分。这里，简要介绍几种重要的保密制度。

1. 定密及解密制度

1）定密

定密是保密管理工作的一项重要内容。在保密工作中，或多或少地存在着密与非密界限混淆、密级界定不准、核心秘密与非核心秘密界限不清的现象。秘密范围及其密级划分规定是确定密级的基本依据。对秘密的具体范围及其密级划分有明确规定的，可依据规定“对号入座”；未做明确规定的，按规定的密级权限确定；把握不准的，可请示上级；特殊情况下，可先确定密级后上报。

具体确定秘密的等级，通常由经办部门或承办人提出，经有权确定该项密级的主管领导审定。确定密级的同时，应确定该项秘密的保密期限和知悉范围，并按规定标识密级。如果一份秘密载体中，只有部分内容属秘密或该部分的密级比其他部分高，而且可与整体分离时，应单独标明该部分的密级。

定密是依照法定的程序确定的。某一秘密事项的等级确定后，即具有法律效力。因此，密级的确定，要认真对待，避免凭主观印象定密，或“宁高勿低”，忽视便于工作的原则；或“宁低勿高”，造成泄密隐患。

2）密级调整与解除

秘密的秘密性会随时间的推移、各种制约条件的变化而发生变化。因此，要及时调整变更密级，以使密级始终能准确反映该事项的秘密程度。密级的调整由原定密单位提出，主管领导审核批准。归档的秘密载体，由保密档案部门会同有关业务部门进行调整。密级调整后，应及时告知有关单位。

解密是保密工作的重要内容，是实现对秘密动态管理的重要措施。根据我国保密法律法规的有关精神，秘密的解密有两种：一是保密期满后自行解密，如果保密期限需延长，原定密单位应在保密期满前提出并确定延长期限。二是保密期限未满，但公开后无损于或更有利于国家安全和利益，应提前解密。提前解密需要严格按照有关权限和法定程序实施，并及时告知有关单位或人员。

2. 秘密载体管理制度

秘密载体的产生、印刷、传递、使用、管理及销毁等各个环节都有明确的管理规定。在复制秘密载体方面规定，依照秘密、机密、绝密级，分别由不同级别的单位领导审批或经原制密单位同意。在携带秘密载体方面规定，因工作需要确需携带的，须按秘密、机密、绝密级审批，携带或传递秘密载体出境须按照国家专门规定执行。在销毁秘密载体方面规定，由二人以上到保密工作部门指定或许可的场所销毁。磁盘等存储介质应进行彻底消磁处理，必要时进行物理销毁。要防止在销毁环节流失涉密载体，造成泄密。特别是绝密载体，要采取特殊措施处理，严防泄密。

3. 涉密信息系统安全保密制度

各类涉密信息系统的建设，必须符合安全保密标准，其安全保密建设要与项目建设同步设计、同步实施、同步验收。一是对涉密信息系统建设进行审批、论证。保密部门的审批要在系统建设前进行，主要审查技术方案、集成单位资质、设备选用及管理措施等是否符合安全保密要求，同时对系统整体安全保密进行论证。二是坚持同步建设，系统建设与保密建设同步进行。信息系统建成后必须经过保密部门检测合格方能投入使用。三是对信息系统的安全性定期进行检测评估。要对检测评估结果及时进行分析研究，采取安全措施，解决存在的问题。四是健全涉密信息系统使用的管理制度，例如签订保密协议制度、使用登记签名制度、定期和不定期保密检查制度等。

4. 重大活动和涉密会议保密制度

重大活动和涉密会议的保密工作由主办单位负责。要制定专项保密方案，采取严密保密措施，指定专人负责。要分析活动中可能出现的泄密隐患，进行安全保密漏洞检查和风险评估；要对环境、场所和各种设备进行技术安全保密检查，加强安全警戒。对涉密会议要根据工作需要限定参加会议人员的范围；依照保密规定使用会议设备和管理会议的文件、资料；严禁将手机、MP3、MP4 等电子设备带入会场，特殊情况下确需带入会场的手机必须取出电池；会议主办单位须对会议场所组织安全检查，采取运用信号阻断器等保密措施；对参加会议人员进行保密教育，明确保密要求。

5. 涉密人员的保密教育管理制度

对掌管或经常接触秘密的人员，要加强政治思想教育、保密教育和法纪教育，要定期或适时对所属人员进行保密形势、法规、制度、纪律、责任、义务、知识、技术、经验教训等内容的教育，树立正确的人生观，提高政治敏锐性。对重要涉密人员还应该进行必要的审查和严格的管理。一是对涉密资格进行审查，审查内容主要包括政治立场、思想品德、遵纪守法、主要社会关系、性格、嗜好等。一般由用人单位负责审查，实行先审后用。二是加强日常教育管理，组织必要的保密技能培训，经常进行保密检查。因违反保密纪律受到记过以上处分的，应调离重要涉密岗位。三是严格控制出境。未经审查批准不得出境，有关主管机关认为其出境后会危及秘密安全的，不得批准出境。四是涉密人员在离岗前，需安排一定时间进行脱密。五是涉密单位的各级领导干部，不得向家属、亲友及其他无关人员谈论和泄露秘密。

6. 设施保密制度

对禁区和属于国家秘密而不对外开放的其他场所、部位，应当采取有效的保密防护措施。一是划定安全控制区域，设置禁止进入的标志；二是采取安全警戒手段，配备警卫力量、监控、报警、伪装掩饰等保密措施；三是加强对人员出入设施的管理；四是对外开放要严格审批手续，除依照国家有关规定经过批准外，不得擅自决定对外开放或扩大开放范围；五是对要害部位要采取特殊安全保密措施，对可能接触秘密的其他场所和部位，也应采取保密措施，具体保密规定由其主管机关制定或会同有关保密工作部门共同制定。

7. 新闻出版保密审查制度

新闻宣传或出版实行保密审查制度。保密审查根据不同情况分别由各级政治工作部门、有关业务部门和保密部门负责。《新闻出版保密规定》要求，凡单位和个人，拟在内外公开发行的报纸、书刊、电子出版物及公开的广播、电视、互联网等媒体上发表学术、国防科学技术论文和反映数据及情况的各类稿件，投稿前必须进行保密审查。保密审查主要由稿件涉及事项的团级以上业务主管部门或作者所在的团级以上单位负责。业务主管部门把握的部分，可提请上级业务主管部门或同级保密工作部门审查。保密审查实行供稿、用稿“双把关”，按照谁审查谁负责的原则追究责任。提请保密审查，应当提出书面申请，并对稿件的信息来源、参考涉密材料作出说明。保密审查单位审查后，应出具书面意见。

7.3　信息安全保密管理的内容

信息安全保密管理必须着眼提高管理成效，积极引入现代保密管理理念，广泛借鉴国内外先进经验，着重围绕提高保密预防能力和泄露处置能力，在保密管理、法规管理、监督检查等方面，建立健全顺畅高效的工作机制，努力提高信息安全保密管理水平。

7.3.1　各级组织的信息安全保密职责

保密工作坚持统一领导、分级负责、归口管理的原则。这个原则充分体现在保密工作的组织领导体制、相互关系和保密工作机构职责等方面。

1. 保密工作的组织领导体制

随着形势的变化和体制改革的要求，保密领导管理体制作过多次调整，但始终坚持了党对保密工作的统一领导。中央保密委员会是党中央统一领导党政军保密工作的领导机构，各级党的保密委员会是党管保密工作的专门组织。上级保密委员会对下级保密委员会的工作负有指导和监督职责。保密委员会的日常工作由保密委员会的工作机构承办。

2. 各级保密委员会工作职责

组织对涉密技术系统及其所载涉密信息和数据、涉密场所、技术安全保密防护产品等进行技术安全保密检测，推广应用信息安全保密技术和产品；督促、检查保密工作方针政策和法规制度的贯彻落实情况，组织严重泄密事件的鉴定和查处；检查和指导本单位及重大活动的安全保密工作；组织指导本单位保密工作干部的业务培训；向同级党委和上级保密委员会报告本单位保密工作情况，并就保密工作中的方针、政策问题提出意见或建议；研究决定本单位保密工作中的其他重大问题。

3. 各级领导的保密工作职责

抓好保密工作是各级领导的基本职责。各级主官对所属单位的保密工作负全责，分管领导负直接责任，其他领导都有相应责任。各级领导干部履行保密工作责任制的情况，纳入政绩考核内容，凡履行保密工作领导职责不力的不能提拔使用。

首先，各级领导要从政治和战略高度，充分认识加强新形势下信息安全保密工作的重要性，加强对信息安全保密工作的领导。把保密工作列入党委议事日程，定期研究，定期检查，及时解决信息安全保密工作中存在的问题。在人员、经费、器材、设施等方面为保密部门提供必要条件，保证信息安全保密工作的健康发展。其次，实行信息安全保密工作领导责任制。各级主官是本单位信息安全保密工作的第一责任人，要把保密工作作为一项经常性工作切实抓好落实。再次，各级领导要以身作则，模范遵守保密法规制度。

基层单位主官对基层单位保密工作负全责。保证秘密在基层的安全，努力增强信息安全保密意识，是基层信息安全保密工作的立足点和着眼点，也是最基本的任务。基层单位主官保密工作职责体现在5个方面：一是保证信息安全保密法规、制度和上级关于保密工作的指示、要求在本单位得到认真贯彻执行；二是建立和完善信息安全保密工作责任制，使信息安全保密工作在本单位有人抓，有人管；三是有计划、有针对性地开展保密法律法规、保密技术与方法等内容的宣传教育，不断提高所属员工对保密重要性、泄密危害性的认识，增强信息安全保密意识，对各种可能的窃密活动保持高度警惕；四是加强信息安全保密管理，适时组织检查，及时发现信息安全保密工作的薄弱环节，采取有力措施，提高基层员工信息安全保密操作技能，消除可能造成泄密的各种隐患；五是适时组织信息安全保密工作经验交流，激励和鼓舞在保密工作中取得明显成绩的员工，对信息安全保密意识淡薄、违反保密规章制度的行为进行批评教育和必要的惩处，不断提高信息安全保密工作的成效。

4. 各业务部门保密管理职责

秘密总是依附渗透在各项业务工作中，保密工作与业务工作具有密不可分的必然联系。保守秘密，做好信息安全保密工作，不是强加给哪个部门和单位的分外工作，更不是可有可无、可轻可重的临时工作，而是自身业务工作的客观需要。它要求信息安全保密工作必须结合各项业务工作去做。

首先，将保密工作融入主管业务工作中。策划组织各项业务工作必须同时考虑保密建设的要求，使保密工作与业务工作成为不可分割的整体，做到同部署、同实施、同验收。

其次，严格规范业务工作中的保密规定和保密程序。各项业务工作都有严格的保密要求和工作程序，参加具体业务工作的人员要认真学习并熟练掌握这些规定和要求，并在工作实践中一丝不苟地执行。

再次，确保信息安全保密法规、制度和上级指示在本业务部门的贯彻执行。要落实信息安全保密工作责任制，责任到人，并不断提高业务人员信息安全保密操作技能，定期检查本部门信息安全保密情况，发现问题，及时解决，消除可能出现的泄密隐患。

7.3.2 信息安全保密管理基本内容

广义的信息安全保密管理涉及国家和建设的各个领域和诸多方面，内容十分丰富。狭义的信息安全保密管理指保密工作部门依据保密政策、法规，对所属单位、人员保守秘密工作进行有效控制的活动。其主要内容主要包括密级鉴定、保密审批、保密监督检查、保密评估、严重违规行为与泄密事件的查处及奖励与惩处等。

1. 密级鉴定

密级鉴定是保密工作部门依照有关法律、法规和规章，对涉嫌涉及秘密事项的性质、关系和事实等进行的甄别、检验、确认、证明等行为。涉嫌涉及秘密事项是对下列两类情形作出鉴别和认定的事项。一是标有秘密标志的文件、资料和其他涉密载体的真伪，以及其是否在保密期限内，是否变更密级和解密；二是未标有秘密标志的文件、资料和其他涉密载体是否属于秘密及属于何种密级。密级鉴定是维护国家安全和利益，甄别秘密的重要管理行为，是保密管理的基础。

密级鉴定是保密工作部门和有关行政机关就相关涉密事件作出处理的前提，具有很强的严肃性和规范性。在实施密级鉴定时，应注意以下 3 点。一是严格遵循秘密及密级具体范围的法律规定。二是鉴定必须按有关程序进行，通常分以下 5 个步骤：①审查被鉴定材料的完整性和有无进行密级鉴定的必要；②审查被鉴定材料的真伪和出处；③向被鉴定材料生产单位或业务主管部门了解有关情况，并要求其出具密级鉴定的意见；④依照有关保密规定和被鉴定材料产生单位或业务主管部门的意见，对被鉴定材料作出鉴别和认定;⑤出具密级鉴定书。三是鉴定书要符合有关技术规范,做到格式规范、要素齐全。密级鉴定书一般包括以下内容:被鉴定材料中具体事项的名称,鉴定依据和鉴定结论,需要说明的其他情况,鉴定机关的名称和鉴定日期。保密工作部门出具的密级鉴定书应该加盖单位公章。

2. 保密审批

保密审批通常指保密工作部门在自己职权范围内,依照保密管理具体单位的请求而批准某种事项或同意某种行为的管理活动。

保密审批主要涉及对涉密人员与涉密事项的审批。对涉密人员的审批主要有对某些重要涉密岗位拟选调、聘用人员的审批,对重要涉密人员转业、出境出国的审批等。对涉密事项的审批主要有对涉密工程、信息系统等项目建设、使用的审批,对从事保密科技产品研制与生产的审批,对复制秘密的审批,对涉外活动中携带或使用秘密文件资料的审批,对涉外合作中涉及秘密事项的审批,对有关部门对外提供秘密事项的审批等。

保密审批的基本要求包括按照权限范围审批,严禁越权审批;严格审查和把关,实行审批人责任制;履行审批手续,提高审批效率。

3. 保密监督检查

保密监督检查是各级保密工作部门,依照保密法律、法规规定的权限,对所属单位、人员的保密工作情况进行检查、评价和督促的执法行为,是一项经常性的保密管理工作。加强保密监督检查,是促进保密各项规章制度落实的重要途径。所有单位和人员必须接受保密工作部门依法实施的保密监督检查。

保密监督检查手段概括起来主要有两种:一是行政措施,二是技术措施。前者主要靠组织保密检查,通过听、看、问、查、测、考,了解情况,发现问题,纠正错误。根据预期目标,检查可以采取不同形式,如全面检查、专题检查、预先通知检查和突击检查等。技术措施主要是依靠科学技术手段,对声、光、电、磁等各类无形信号进行检测,对要害部位进行不间断监控。在信息安全保密管理过程中,这两种保密监督检查措施互为补充,缺一不可。

保密监督检查的内容是保密工作部门根据一定时期的工作重心、管理目标和实际需要确定的。监督检查的对象不同,任务和内容也不完全相同。保密检查的内容主要包括保密工作的组织领导情况,领导干部落实保密工作责任制的情况,秘密密级的确定、变更和解密情况,保密制度建设与落实情况,保密宣传教育开展情况,保密技术防范措施的落实情况,对涉密人员的管理情况,保密工作条件建设情况,泄密事件查处工作的情况等。对检查发现存在严重问题应责令整改,必要时保密工作部门可采取强制处置措施。

4. 保密评估

保密评估是新形势下保密工作部门的一项重要职责,从内容上可分为泄密危害评估、保密工作绩效评估和防护效能评估3种。泄密危害评估指保密工作部门对泄密事件已经造成或可能造成危害的范围、程度而组织实施的评价与估量。泄密危害评估应坚持公正、客观、权威、准确的原则。保密工作绩效评估指保密工作部门就某单位、部门一个时期或某项保密工作的成绩、效能而组织实施的综合考核与评价。绩效评估应坚持实事求是、注重实绩的原则,并同奖励与惩罚结合起来,以提高评估的成效。防护效能评估指保密工作部门对涉及秘密的建设项目、信息系统等安全保密性能组织实施的评价与估量。防护效能评估应以保密法规标准为依据，做到公开、公正、透明，结论准确有效。

严重违规与泄密事件的危害评估要掌握以下情况。

(1) 被泄密秘密事项的具体内容及其密级和保密期限；

(2) 泄密已经或可能造成的危害及其危害程度；

(3) 事件发生、发现的经过及主要情节；

(4) 当事人基本情况、主观动机及对事件应负的责任；

(5) 相关领导及其他有关责任人应负的责任；

(6) 事件是否可以补救和可以补救的具体措施；

(7) 事件性质及加强信息安全保密工作的措施。

在评估泄密事件时，相关部门和单位要相互支持，密切配合，及时交流情况，以求客观评估，准确定性，恰当处理。

5. 严重违规行为与泄密事件查处

按泄密者的动机可分为故意泄密和过失泄密。严重违反保密规定的，不管是否造成泄密后果都要进行查处。

严重违规行为和泄密事件查处，指保密工作部门依法对泄露秘密的单位和个人的行为或事件进行调查，并单独作出处理意见或督促、建议有关机关和单位作出相应处理决定的行为。对泄露秘密事件的查处，一般在保密工作部门的组织或参与下由有关单位与部门联合查处。

对严重违规行为和泄密事件查处工作的具体内容包括查处所泄露的秘密的具体内容、密级；对已经造成或者可能造成危害的范围、程度做出鉴定、评估；查明事件的过程及具体情节，分清各当事人的责任；采取补救措施；对严重违规行为和泄密责任者提出处理意见并督促有关机关、单位做出处理决定；针对严重违规行为和泄密事件暴露的问题提出改进和加强保密工作的意见。查处应按照发现严重违规和泄密事件、立案审查、调查研究、分析原因、行政处理、提出改进措施等程序进行。

信息安全保密管理的重要内容是对保密工作做出成绩或贡献的组织或个人实施奖励，对造成泄密事件的行为实施处罚。保密奖励和处罚是强化保密管理的重要措施，也是维护保密法律法规严肃性的重要手段。

7.3.3 信息安全保密管理

信息安全保密，实质上就是信息防御，就是构建信息盾牌。信息安全保密不但会直接影响成败和人员的生死，而且关系国家的安危和民族的存亡。信息安全保密就是战斗力，保密就是保“打赢”。

1. 信息安全保密的特点和要求

从海湾战争、科索沃战争、阿富汗战争和伊拉克战争的实践来看，信息安全保密呈现以下几个特点。

1) 对抗更激烈

战争关系国家、民族的根本利益和生死存亡，是双方的生死搏斗。因此，双方为达成既定战略目的，将投入一切可能动员的资源，在全时空、全方位内进行激烈对抗。双方窃密和保密斗争会摆脱平时的种种限制，投入更大，涉及面更广，手段措施更多，对抗程度更激烈。随着现代武器装备信息化程度的不断提高，信息对抗渗透到各方面，成为士兵战场生存的关键和前提。这就决定了双方的保密与窃密的对抗，必然会比平时更激烈、复杂和残酷。

2）目的更直接

平时与行动中的信息安全保密的最终目的都是为了“保生存、保胜利”，但行动中的信息安全保密的目的性体现得更充分，更直接。行动中的双方对决于战场，生死存亡、成败胜负决于瞬间，“保存自己，消灭敌人”是行动中最现实、最紧迫的最高目的和中心任务。信息安全保密的直接目的与最终目的完全重叠，更集中、更直接地体现在“保生存、保胜利”上。

3）重点更突出

行动中的部署是一切工作的中心任务，与胜负关系最为直接的方针、目标、计划和命令等是行动中的信息安全保密的核心和重点。只要战争一日不停，这个重点就不会改变。

4）方法更多样

行动中受需求的牵引和战机稍纵即逝的影响，信息安全保密除继续使用平时一切方法和手段外，必要时可使用一些特殊的方法和手段。例如，平时因受尊重和维护公民隐私权等法规限制，无权对个人通信进行检查，但行动中往往会根据需要或经专门立法，可在必要时对个人通信进行检查。又如，对敌方设立的侦察窃密设施和器材，平时除通过外交手段或实施规避、干扰等软性措施外，基本上无法采取更有效的方法，但行动中则可根据需要，以兵力或火力突击予以清除。

5）成效更明显

信息安全保密存在的任何漏洞都可能招致企图、目的和行动的暴露，而与胜负休戚相关的信息一旦泄露，则会在很短时间内造成重大人员伤亡、物资严重损失甚至行动失败。在贝卡谷地之战中，叙利亚因盲目开机造成“萨姆-6”导弹技术参数泄露，在数分钟内就招致导弹攻击而遭灭顶之灾；而在科索沃战争中，南联盟采取了严密的保密措施，在北约强大空中力量的反复攻击下仍有效地保存了兵力。可见，行动中的信息安全保密的效果更明显。

2. 信息安全保密的主要内容

信息安全保密工作涉及政治、后勤各方面，具有很强的综合性、渗透性特点。主要包括核心秘密载体管理、保密管控、行动中的通信保密、信息系统的安全防护、行动中的新闻管制等内容。此外，还包括在必要时对给我方安全保密造成严重威胁的重要目标实施攻击等行动。

1）核心秘密控制与管理

计划、命令、指示、报告、请示等文书，以及有关企图、决心、意向等情况，是涉及全局的核心秘密。其表现形式可能是传统的文、图、表等纸质文书，也可能是录音、录像、电报、光盘、磁带等形式的载体，历来是保密的重中之重。

2）信息安全保密管控

信息安全保密管控，指对各类人员、重要技术等重点目标、重要行动秘密信息的管理和控制。其目的是隐蔽企图、目标和行动，保证秘密安全，防止因泄密而可能遭到的损失。信息安全保密管控是一项需要各方齐抓共管的综合性工作，既是管理的重要内容，又是保密的主要方式。

3）通信保密

通信保密，包括无线通信保密、有线通信保密、通信终端保密及邮电和通信台站保密等。

（1）无线通信保密。

一是严防通信密码、密语被破译。二是严禁使用明码、明语或民用移动电话传递秘密信息。三是严防无线电通信台站被侦察和测向。

（2）有线通信保密。

要做到不在无保密措施的有线通信中传递秘密信息；不使用无绳电话；除特殊情况外不使用通用电话；架设线路时应尽量避开易于进行窃听窃录的地段和方向。同时，要经常对有线通信线路及设备进行巡查，及时发现和排除窃密、泄密隐患。

（3）通信终端保密。

通信终端保密包括 4 方面要求。一是对各类通信终端进行电磁泄漏安全检查，确认合格后方可入网使用。二是凡使用保密终端发送过的信息，不得再使用非保密手段发送。三是发送重要秘密信息时，应当采取技术安全措施，防止电磁泄漏造成泄密。四是对通信终端及其密码、密钥、技术资料等绝密内容资料，应指定专人管理，需要时应派出警卫，紧急情况下立即销毁；一旦泄密，应立即采取补救措施，以防损失扩大。

（4）邮电通信保密。

在信息技术高度发达的情况下，仍要重视邮电等传统通信手段中的保密工作。在邮电通信保密中要满足以下要求。一是加强对邮电的检查。严禁在普通邮件中涉及秘密；对外联络禁止使用真实番号，一律使用代号；进驻新的地区后应及时更换代号；统一规定通信地址；设立专门办理信函、邮件的邮电站，以防邮电泄密。二是对各类各级邮电通信台站实施警戒，同时采取技术防范措施，严防敌特侦察、袭击、破坏。

4）信息网络系统安全管控

在信息化条件下，对信息网络系统的安全防护，既是未来信息战的重要内容，又是信息安全保密的重要内容和方法之一。

对网络化信息系统的主要威胁有物理攻击、口令攻击、连线攻击、密码攻击、程序攻击和脆弱性攻击等。

针对信息网络系统面临的威胁，要全力做好安全防护工作。信息网络系统尽量采用具有我国自主知识产权的软硬件产品，积极采取多种网络信息安全防护技术，防止用各种手段破坏信息网络系统，及时消除各类网络安全保密隐患。应当预留诸如人力通信、信鸽通信等手段，以备信息网络系统遭敌攻击而瘫痪之急需。

信息安全保密仅防范是不够的，还要注重打击敌方重要侦察设施设备，可以以兵力、火力、电磁和网络攻击等软硬手段实施攻击行动。

5）新闻管制

新闻管制，指对报纸、广播、电视、电影、书刊、音像制品、电子光盘、摄影、绘画、网络新闻等媒体中涉及秘密的新闻报道，按照有关规定进行检查、审批和控制发布的活动。其目的是防止秘密泄露，引导舆论为赢得战争胜利创造有利条件。

(1) 建立新闻管制机构。

通常在联合机构中设立新闻管制部门，负责新闻管制工作。该机构的主要职责是：密切与部门联系，统一宣传报道口径；统一发布可公开报道的新闻；对媒体的新闻稿实施审核检查；组织记者进行采访活动；制定有关新闻报道的程序、内容、方法等规定。

(2) 对媒体记者进行严格审查和筛选。

对违反规定进行新闻采访或未经审查擅自发布消息而造成危害的记者，应及时取消其采访资格。

(3) 发布公报。

新闻管制机构应根据进程及需要，与指挥机关共同商定公报内容，统一口径，并以公开新闻发布会的形式公开发布，以避免各种小道消息流传。公报的内容应做到内外有别，严禁将内部掌握的情况公开发布。

(4) 严格稿件送审制度。

凡是拟公开发表的新闻稿件，必须按照有关保密规定，由新闻管制机构承办，严格审查。重要稿件应由新闻管制部门审查，并经稿件所涉及的单位领导人和本人审核签字。

(5) 引导新闻方向，配合行动。

通过引导新闻报道方向，暗示或诱导对方，甚至根据需要有意制造假新闻、散布假消息，转移公众注意力，诱使敌方判断和决策失误，历来是各国保守秘密、争取战争主动权的重要做法。通常根据需要，采取由指挥机关直接发布消息，或由特定人员以特定方法“透露”特定消息的方法实施。

3. 信息安全保密的组织管理

信息安全保密的组织管理，指联合指挥员及其指挥机关，根据统一的意图，围绕统一的计划，对信息安全保密实施的筹划、组织、管理与协调活动。其目的是充分发挥信息安全保密的整体效能，以最小的代价获取最大的胜利。

1) 建立信息安全保密组织管理机构

建立信息安全保密组织管理机构，是信息安全保密工作落实的组织保证，也是指挥员及其指挥机关必须首先解决的问题之一。信息安全保密组织机构必须与平时保密领导管理系统相衔接，与指挥系统相融合，与信息安全保密任务相适应。

2) 部署信息安全保密工作

紧密围绕决心，部署信息安全保密工作，是信息安全保密组织管理机构的首要职责，也是与信息安全保密紧密衔接，赢得胜利的基本途径。

3) 组织信息安全保密行动

要采取各种方式，密切关注实施情况，随时发现和解决可能出现的各种问题。当信息安全保密基本按照预定计划展开时，应当坚定地贯彻既定决心，按规定的任务、目标、要求及时间、地点行动。当情况出现意想不到的变化时，应当迅速查明情况，冷静分析和判断情况。如果没有发生根本性变化，通常应当继续按照计划行动。若情况已发生重大变化，应当立即报告，迅速中止行动，并根据已经变化的情况，及时定下新的决心，下达命令和指示，组织采取新的保密行动和措施。当保密力量遭损失、系统遭破坏时，应当及时查明情况，消除后果，尽快恢复。

7.3.4 保密奖励与泄密惩处

保密法规同其他法规一样，要起到规范人们行为的作用，就必须对符合规范、成绩突出者给予奖励，对违背规范者给予制裁。这种奖惩机制，不仅直接作用于行为人，而且会间接地教育其他人。因此，了解保密法规中关于奖惩的规定，对于更好地依法保密，防止违法行为具有重要作用。

1. 保密奖励实施

对在保密工作中做出突出贡献的单位和个人给予奖励，是为了表彰这些同志的先进事迹，激励其本人，并为其他人树立学习的榜样。

1）奖励的条件

《中国人民解放军纪律条令（试行）》第 14 条中规定，对保守、维护国家和秘密事迹突出的要给予相应的奖励。《中国人民解放军保密条例》第 5 章第 33 条规定，凡是具备下列条件之一者都应依照《中国人民解放军纪律条令（试行）》的有关规定给予奖励。

一是对保密技术、产品、设施的研究开发有重要贡献的；

二是在紧急情况下，保护秘密安全的；

三是对盗窃、毁坏、出卖秘密的行为举报或侦破有功的；

四是发现泄露或遗失秘密，及时采取措施，避免重大损失的；

五是在保密工作中做出显著成绩的。

2）奖励的实施

对保密工作中事迹突出者给予奖励，由各级组织根据奖励对象成绩的大小或事迹的突出程度，按照《中国人民解放军纪律条令（试行）》规定的奖励项目和权限实施奖励。对受奖者的事迹和成绩，应在一定范围内宣扬，以起到奖励一个人、激励一大片的作用。

《技术安全保密条例》规定，对符合下列条件之一的单位和人员给予奖励：发现或消除重大技术泄密隐患的；在研制技术安全保密防护产品中有发明、创造的；创造新的技术安全保密检测技术或方法的；其他在技术安全保密工作中成绩突出的。

2. 严重违规和泄密事件的惩处

严重违规和泄密事件的处理是查处工作的重要环节。它主要包括 3 个方面的内容：一是处罚严重违规与泄密事件的责任者；二是下发通报，总结教训，教育人员，进一步查找薄弱环节，采取改进措施；三是向上级保密部门写出查处报告。

1）严重违规和泄密事件的法律责任

凡是具备下列情形之一者，都应依照有关规定，对主管人员和直接责任人员给予处分，构成犯罪的，依法追究刑事责任：盗窃、毁坏、出卖秘密的；泄露或遗失重要秘密的；利用秘密进行非法活动的；发生泄密事件，隐情不报或未及时采取补救措施的；玩忽职守，使秘密安全遭受危害的；其他违反保密制度危害秘密安全的。

2）刑事处罚

刑事处罚指对构成犯罪的泄密者依法追究刑事责任。泄密犯罪有以下两种情况。

第一种,泄露国家和组织秘密罪。违反保密法规,泄露国家和组织的重要秘密,情节、后果严重的,即构成泄露国家和组织秘密罪。泄密罪的犯罪客体是国家和组织的保密法规制度,直接侵犯的对象是国家和组织秘密,犯罪的主体是个人。《保密法》规定,无论故意或过失泄露国家秘密,情节严重,都构成泄密罪。犯罪的客观方面,主要指犯罪事实。关键看是否具备以下3个条件:一是要有违反国家和保密法规规定的行为;二是要有泄露国家和秘密的行为;三是必须情节严重。所谓情节严重,一般指密级高的,如泄露了绝密级国家和军事秘密;已造成严重后果或足以造成严重后果的;泄密者的动机和行为特别恶劣,如以泄密为手段,以达到牟取暴利、到国外定居、陷害他人、乱搞两性关系等目的。

对构成泄露国家和组织秘密罪的人员,要依据《中华人民共和国刑法》第432条的规定予以刑事处罚。该条规定:"违反保守国家秘密法规,故意或过失泄露秘密,情节严重的,处五年以下有期徒刑,或者拘役;情节特别严重的,处五年以上十年以下有期徒刑。""战时犯前款罪的,处五年以上十年以下有期徒刑;情节特别严重的,处十年以上有期徒刑或者无期徒刑。"

第二种,为境外的机构、组织和人员,窃取、刺探、收买、非法提供国家和组织秘密罪。这与第一种犯罪的性质有很大的不同。衡量是否构成本罪,主要看行为人是否有为境外的机构、组织、人员窃取、刺探、收买、非法提供国家和组织秘密的行为。只要有,不管是受境外机构、组织、人员的要求、指使,还是自己主动与其联系,也不管是采取了所有窃取、刺探、收买、非法提供4种手段,还是只采取了其中一种或几种,除非"情节显著轻微,不认为犯罪的",均构成本罪。

对本罪的刑事处罚,依据《中华人民共和国刑法》第431条第2款的规定,"处十年以上有期徒刑、无期徒刑或者死刑"。

3)行政处分

行政处分对象是严重违规和泄密没有构成犯罪或虽已构成犯罪,但被依法免于刑事处罚的责任者。对战士的行政处分有7种:警告、严重警告、记过、记大过、降职或降衔(衔级工资档次)、撤职或取消士官资格、除名等。对责任者,处分有6种,警告、严重警告、记过、记大过、降职或者降级、撤职等。对责任者按照有关行政管理规定执行。

《中国人民解放军纪律条令(试行)》明确规定:违反国家的保密规定,造成泄密,情节较轻的,给予警告、严重警告处分;情节较重的,给予记过、记大过处分;情节严重的,给予降职(级)、降衔(级)、撤职、取消士官资格处分。《中华人民共和国保密法实施办法》(以下简称《实施办法》)规定,对泄露国家秘密尚不够刑事处罚,有下列情节之一的,应当从重给予行政处分:泄露国家秘密已造成损害后果的,以谋取私利为目的泄露国家秘密的;泄露国家秘密危害不大但次数较多或数量较大的,利用职权强制他人违反保密规定的。对直接责任人要追究刑事责任或纪律处分,并调离岗位,有关领导要追究领导责任。《实施办法》还规定,泄露国家秘密已经人民法院判处刑罚的,以及被依法免于刑事处罚的,应当从重给予行政处分。一般来说,对泄露秘密级国家或军事秘密,情节轻微的,泄露机密级国家或军事秘密,情节轻微,未造成损害后果的,可给予从轻处分或免于行政处分。泄露绝密级国家或军事秘密,情节特别轻微的,也可适当从轻给予行政处分,但不能免于行政处分。处分通常提交党委(支部)讨论决定,首长实施,并按照《中国人民解放军纪律条令(试行)》规定的权限审批。

4）党纪处分

对泄密责任者是共产党员的还要实施党纪处分。党纪处分有5种：警告、严重警告、撤销党内职务、留党察看、开除党籍。《中国共产党纪律处分条例(试行)》第109条规定：丢失秘密文件资料或者泄露党和国家秘密，情节较轻的给予警告、严重警告或者撤销党内职务处分；情节较重的，给予撤销党内职务、留党察看或开除党籍处分。在保密工作方面失职，致使发生重大泄密事故，造成或可能造成较大损失的，对负有主要领导责任者，给予警告或者严重警告处分；造成或者可能造成重大损失的，对负有主要领导责任者给予撤销党内职务处分。对责任人实施党纪处分，必须遵守《党章》规定的程序。党组织在对泄密责任者作出党纪处分的同时，还可以视情建议有关行政机关给予必要的行政处分，或移交法庭追究刑事责任。

行动中或执行特殊任务时，有严重违规和泄密行为的要从重处理。

对严重违规与泄密事件的查处，既关系到维护保密法规制度的严肃性，关系到保密工作的落实，又关系到行为人及其单位的切身利益，是一项政策性很强的工作。查处工作必须做到以事实为依据，以法规为准绳，实事求是，切忌感情用事，切忌主观臆造。

3. 泄密事件的上报与补救

《保密法》规定："国家工作人员或者其他公民发现国家秘密已经泄露或者可能泄露时，应当立即采取补救措施并及时报告有关机关、单位，有关机关、单位接到报告后，应当立即作出处理。"发生泄密事件应当及时报告保密工作主管部门和上级有关部门，并迅速查明被泄露秘密的内容、密级、造成或可能造成危害的范围和程度，采取补救措施。所谓补救措施指有利于防止秘密泄露，减轻或避免泄密危害后果的一切合法行为。补救措施是在秘密已经泄露或可能被泄露时所采取的必要措施。

1）上报

严重违规和泄密事件一旦出现，当事人要主动上报，及时采取补救措施，减少危害。当事人所在组织要迅速查明情况，及时上报处理。保密工作实行泄密事件一事一报和年度综合分析报告制度。发生泄密事件，各级保密部门要在24小时内逐级上报有关情况；年底前，各单位保密工作部门应向上级报告年度泄密案件的发生和查处情况。

2）补救

发现泄密事件后，主动采取补救措施，对于减轻泄密危害具有重要作用。在发现泄密现象和行为时，可以采取的补救措施有以下几点。一是立即阻止。当发现有人已经或即将发生泄密行为，如有人在公共场所谈论秘密事项，或对秘密载体保管不善，或出售的废品中夹带有秘密物品等，应立即上前劝阻，向行为人提醒有关保密制度，使其停止泄密行为。二是立即查明并控制知密范围。当泄密事件已经发生，应立即查清秘密已扩散到什么范围，并向已经知密的人员提出告诫，让其不再扩散，以免造成严重后果。三是立即将情况报告或将秘密物品送交有关部门。发现泄密事件后，应立即将自己了解的情况，包括泄密事件的时间、地点、环境、行为人、秘密内容及自己已经采取的措施向有关保密和安全部门报告；如果是捡到或发现了秘密物品，应送交有关部门，请他们采取进一步的措施加以补救。

补救的重要措施之一是善后管理。首先，要对泄密事件进行严肃处理；其次，通过对泄密事件发生情况和原因的分析，寻找现实工作中存在的泄密隐患，制定堵塞漏洞的办法，并以此作为信息安全保密的警示教育，起到警诫作用。

通过泄密事件发生的具体情况和原因分析而制定的保密措施具有更强的针对性。特别是对一个时期（如半年或一年）泄密事件的综合分析，可以从中发现信息安全保密工作的薄弱环节和保密制度存在的缺陷，从而确定下一步信息安全保密工作的重点。利用泄密事件进行宣传教育，可以使人们较为直观地感受到现实生活中应当注意的问题，明确自身的信息安全保密义务和责任。特别是以本单位所发生的泄密事件为内容进行保密教育，具有更强的教育效果。

7.4　信息安全保密管理的技术与方法

7.4.1　涉密实体物理安全保密管理

本节重点介绍设施、涉密文档、常用信息设备的信息安全保密技术与方法。针对设施主要介绍办公要地防窃听、设施防窃照和保密室的安全防护；针对涉密文档的安全保密主要介绍涉密文件防复印、电子文档防复制和移动存储介质的安全管理问题；针对常用的一些信息设备，主要介绍防计算机电磁辐射泄密、会议音响防泄露、设备防失窃、防内置和办公设备的管控问题。

1. 设施的安全保密

设施的安全保密是信息安全保密的重要内容之一，办公要地防窃听、设施防窃照及保密室安全防护尤为重要。

窃听技术大体可分为无线窃听、有线窃听、声窃听、光窃听等。最新微电子技术、声电技术、光电技术、计算机技术及信号传输技术等都已引入窃听设备研制之中，窃听设备正向高效率、多功能、综合利用方向发展。

设施可能被窃照的途径主要有：通过侦察照相卫星等空中侦察手段对设施进行照相侦察；通过在我重要单位周边租赁房屋，用摄像头长期监视我设施和相关活动；冒充游客窃照我设施，如在重要场所附近的旅游景区拍摄重要涉密事项等。

保密室作为存放、处理和使用秘密的重要场所，安全防护措施必须有严格的要求和规范。要害部位的安全防护和保密室一样，必须按照相关要求进行建设和管理。随着科学技术的发展，各种新的安全防护技术正在不断应用到保密室。

2. 涉密文档的安全保密

涉密文档包括纸质和电子文档。私自复印秘密文件是造成泄密的主要途径之一。加强秘密文件的管理是防复印的关键。秘密文件的管理必须严格遵守相关保密制度，应贯穿文件的产生、使用、存放、销毁全过程，最大限度减少无关人员接触秘密的可能。防复印技术包括两个方面：一是使文件不能被复印；二是查知文件是否被复印。防复印技术手段的应用能够加强相关保密制度的落实。

随着办公自动化的发展，越来越多的秘密文件以电子文档的形式存储在计算机中。

如何防范涉密文件被有意或无意地复制，造成涉密信息的泄露和失控，是信息安全保密工作的重要内容。

存储介质用于存储和处理各种信息，按介质类型可分为磁介质、半导体介质、光介质等，包括软盘、磁带、磁卡、硬盘、U盘、智能卡、存储卡和光盘等。各种存储介质被广泛应用在计算机等多种信息系统中，特别是移动存储介质，存储的信息量大，携带方便，使用频繁，容易造成泄密，管控的难度很大。对存储介质的安全管理主要是防止记录的秘密信息被非法窃取和使用。

3. 信息设备的安全保密

信息技术的发展，各种信息设备的不断涌现，给保密工作带来了一定的挑战。认识信息技术产品的安全隐患，制定必要的保密措施，才能正确使用信息设备，确保信息安全保密。

计算机被广泛用于处理、存储和传递秘密信息，有效地提高了工作效率和质量。但计算机主机及其附属电子设备会产生电磁波辐射，辐射的电磁波可能携带计算机正在处理的数据信息。尤其是显示器，由于显示的信息是给人阅读的，不加任何保密措施，所以其产生的辐射很容易造成信息泄密。使用专门的接收设备将这些电磁辐射接收下来，经过处理，就可恢复还原出原信息。

会议音响设备主要存在两个方面的泄密可能：一是使用无线话筒；二是会议音响设备电磁泄漏。会议音响设备，如扩音机、调音台等，元件复杂、开机时功率较大，使用一段时间后容易产生电磁耦合寄生振荡，会产生电磁辐射，有的辐射波会携带话音信号，在会场外用一台接收机就可接收到会议谈话情况，从而造成泄密。

重要会议具有很高的机密性，是敌特实施窃密的重点。如何确保会议安全，防止秘密泄露，是会议组织者必须考虑的问题。

应加强涉密设备的管理。要防范各种信息设备，特别是记录秘密信息的各类设备的丢失。

“内置”指在信息设备内增加软硬件模块，给系统安置后门，窃取秘密信息，对系统的正常使用一般没有影响。常见的可以内置的信息设备包括计算机、手机、掌上电脑、传真机、复印机、打印机、扫描仪、碎纸机等。

现代办公系统中，除上述信息设备外，还有许多办公设备在大量使用。新型的打印机、复印机、扫描仪、打印复印扫描传真一体机等，大多具有存储、联网功能，如果管理不善、使用不当会带来安全隐患。

7.4.2 通信信息安全保密管理

随着电话的普及、移动电话的迅速发展、各种通信新技术的涌现，通信手段越来越丰富，通信信息安全保密的隐患也越来越突出。不少人对此缺乏认识，或虽有认识但不知如何防范，致使通信泄密的风险大大增加。

现代通信从传输媒质上可分为有线通信和无线通信两大类。目前我国主要的通信网有公众和专用的固定电话网、移动通信网、卫星通信网、集群通信网等。本节主要介绍常用通信方式的信息安全保密隐患，提出相应的防范措施，并特别强调必须严格按照有关规定使用通信工具。

1. 电话网的信息安全保密

人们在工作和日常生活中大量使用的有线电话服务是由公共交换电话网络提供的。公共交换电话网络中存在着诸多信息安全保密隐患，为保证电话使用的安全保密，除采取必要的技术手段之外，最根本的是必须严格遵守有关保密要求，规范电话使用行为。

电话网建立在电路交换基础上，基本上是一个封闭的网络和业务体系，大多数业务是点对点服务，用户的行为基本可控。从信息安全保密的角度看，电话网在技术与管理上有如下特点。

传统意义上的电话网，由于以上特性，电话用户的信息保密性、完整性、可用性、可控性都能得到一定程度的保证。但是，电话网仍然存在许多信息安全保密隐患，特别是随着现代通信技术的发展，配套设备生产的全球化，运营商规模的扩大，各种新技术的应用，电话网和移动网、互联网的开放互联，其信息安全保密问题越来越严重。

电话网的简要连接情况如图7-1所示。

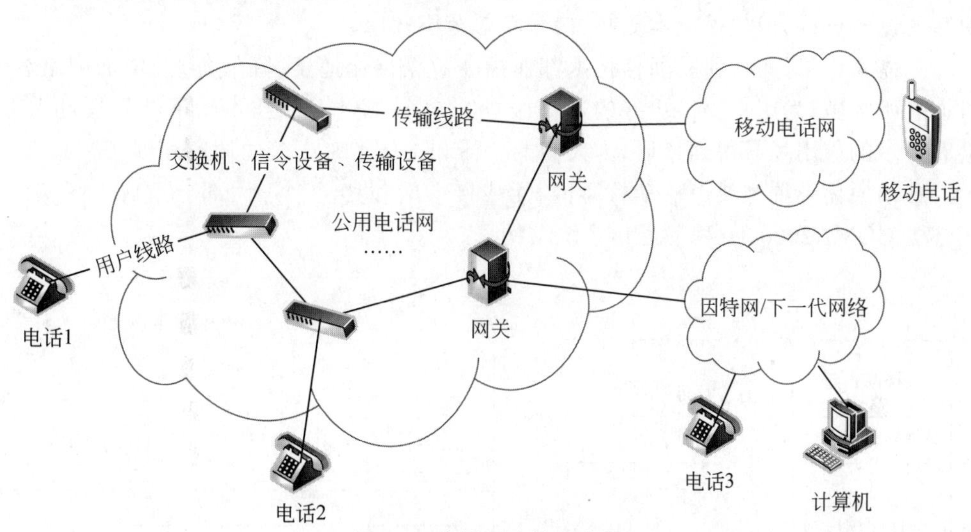

图7-1　电话网连接示意图

实际上，电话用户通话过程中的每一个环节、每一步都可能导致泄密，特殊人员必须严格按照有关规定规范电话使用行为，不得使用普通电话谈论、传送涉密信息，如需用电话传递涉密信息，必须按规定采取保密措施。从技术角度讲，目前通常采用的电话网信息安全保密防范措施有加密技术、专网技术、干扰技术、电磁屏蔽技术和合理布线等。

2. 移动通信网的信息安全保密

随着移动通信技术的发展，移动通信工具正在全面影响着人们的工作、生活，已成为日常生活的一部分。但是，很多人对移动通信工具使用中的信息安全保密隐患和防范措施缺乏了解。本部分简要介绍移动通信系统的安全体制，分析移动通信工具使用中的安全保密隐患，并对移动通信工具的安全使用提出若干措施和办法。

随着移动通信技术的不断发展，每一代技术都有其独特的特点和优势，能够提供更快、更稳定、更高效的通信服务。目前，主流的移动通信技术包括2G、3G、4G和5G。

2G(第二代移动通信)主要采用数字信号传输,提供语音通信和简单的短信服务。其主要技术包括TDMA、CDMA和GSM等。2G技术的优势在于通信成本低、信号稳定、覆盖范围广,但数据传输速度较慢,无法满足现代人的高速数据传输需求。

3G(第三代移动通信技术)主要采用宽带数字信号传输,提供更快的数据传输速度和更多的服务,如视频通话、移动互联网、多媒体信息等。其主要技术包括WCDMA、CDMA2000和TD-SCDMA等。3G技术的优势在于数据传输速度快、支持多媒体信息传输、网络容量大,但信号覆盖范围较窄,建设成本高。

4G(第四代移动通信技术)主要采用LTE技术,提供更高的数据传输速度和更低的延迟,支持更多的应用场景,如高清视频、云计算、物联网等。4G技术的优势在于数据传输速度快、延迟低、网络容量大、信号覆盖范围广,但建设成本高。

5G(第五代移动通信技术)主要采用毫米波技术和大规模MIMO技术,提供更高的数据传输速度、更低的延迟和更大的网络容量,支持更多的应用场景,如智能交通、智能医疗、智能制造等。5G技术的优势在于数据传输速度极快、延迟极低、网络容量极大、支持更多的设备连接,但建设成本更高,信号覆盖范围较窄。

总体来说,每一代移动通信技术都在提高数据传输速度、降低延迟、增加网络容量等方面有所突破,为用户提供更好的通信服务。未来,随着5G技术的不断发展和普及,将会有更多的应用场景得到拓展,为人们的生活和工作带来更多的便利和创新。

移动通信系统主要由移动核心网、无线接入网和移动台三大部分组成。图7-2简要描述了CDMA2000-1x移动通信系统结构。

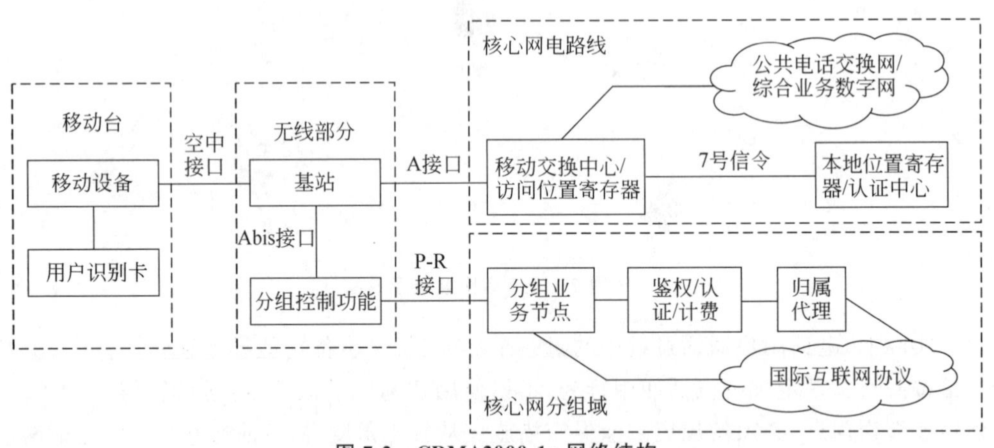

图7-2 CDMA2000-1x网络结构

安全总是相对的。虽然移动通信系统采用了多种安全机制,但仍然存在很多安全漏洞,面临着许多安全威胁。国际有关标准组织通过分析和归类,列出了几十种移动通信网可能面临的安全威胁,并按威胁出现的可能性和影响的大小划分威胁的等级,其中窃听、冒充通信参与者、冒充用户和盗取手机身份等都是高风险威胁。从信息安全保密的角度来看,人们日常使用手机的安全保密隐患很多直接来源于网络本身的安全问题。

固定电话用户的位置都是确定的,而移动用户的特点是位置具有不确定性和移动性。但在移动通信网中,又必须要跟踪并确定移动台的位置,至少精确到蜂窝小区,才能接通移动台。移动台的位置信息是一种非常重要的信息，虽然通信者对其知之甚少，但某些对手机用户位置感兴趣的人或组织，可以通过用户随身携带的手机来确定其位置，掌握其活动规律。

3. 其他通信系统的信息安全保密

无线局域网(WLAN)指以无线信道作传输媒介的计算机局域网，能快速、方便地解决网络接入问题，使联网计算机具有可移动性。蓝牙(bluetooth)是一种新型低功率无线接口，可以使便携式计算机、手机及其他设备相互间进行无线通信。集群通信系统是一种共享资源、分担费用、共用信道设备及服务的多用途、高效能的无线调度通信系统，可集中控制和管理信道并以动态方式分配信道给用户。卫星通信指车辆、舰船、飞机及移动终端在运动中利用卫星作为中继器进行的通信。

蓝牙技术作为一种无线数据与语音通信的开放性全球规范，以低成本近距离无线通信为基础，实现了设备间的无线连接。蓝牙技术已经大量应用在计算机、掌上电脑、手机、打印机、传真机、键盘、鼠标、游戏操纵杆等数字设备中。

集群通信系统的安全威胁主要包括4方面：非法窃听、非授权访问数据、对完整性的威胁和拒绝服务攻击。

卫星通信系统由通信卫星、测控站、网管和众多的移动终端组成。通信卫星既有同步轨道卫星，又有中、低轨道运行的小型卫星。卫星通信的工作频段选择必须考虑其电波应能穿过电离层，传播损耗和其他附加损耗应尽可能小，经常使用的是C波段(4～8GHz)、Ku波段(10～18GHz)、Ka波段(18～31GHz)。低轨道运行的小型卫星也有使用1GHz以下的频段，多为与地面无线系统共享频段，在无线频段管理不完善的地区易受干扰。

7.4.3　网络信息安全保密管理

计算机网络技术的发展提高了人们采集信息、处理信息、存储信息、传输信息的能力，改变了未来战争的样式。网络技术在提高能力的同时，也带来了网络信息的安全保密问题。了解和掌握网络信息安全保密的相关知识，对于我们理解信息安全保密的法规，自觉践行信息安全保密的规章制度，切实做好网络信息安全保密工作具有重要意义。

计算机网络的信息安全保密涉及计算机终端的安全性、计算机网络传输的安全性，以及网络信息安全保密与检查等问题。

1. 终端安全保密

计算机终端是计算机网络中信息存储、传输、处理的基础单元，是特殊人员日常使用计算机网络的基本工具。了解计算机终端所面临的安全风险，掌握计算机终端的安全防护技术和方法，是网络信息安全保密的基础。

网络攻击者常常使用木马病毒控制目标主机，并通过木马病毒盗取系统中的秘密信息。木马病毒程序对一般用户而言，破坏性极大。

防火墙是目前较为成熟的网络安全防护技术之一，根据部署位置的不同，防火墙可以分为网络防火墙和主机防火墙。网络防火墙部署在内部网络与外部网络的边界上，多以软硬件集成系统的形式出现；主机防火墙则部署在用户的终端上，多是安装在主机上的软件系统。

2. 网络安全保密

终端安全防护是涉密信息存储安全的基础，而网络安全防护是涉密信息传输安全的基础。了解网络传输中的安全风险，掌握网络信息加密传输的方法，同样是网络信息安全保密的重要内容。

作为一种被动的攻击方法，网络嗅探一般不会主动向外发送数据包，在网络中很难检查出嗅探器的存在。因此，涉密信息的网络传输安全保密主要应着眼于信息的加密。加密传输使得攻击者即使能够得到传输数据，也难以还原其中的信息。现代密码学为我们提供了可靠的加密机制和方法。

在网络信息传输中应用的密码算法大致有3类，分别是分组密码算法、公钥密码算法和散列函数。分组密码算法、公钥密码算法和散列函数为信息的保密传输提供了可能。分组密码算法用于信息的加密，公钥密码算法解决了分组密码算法的密钥共享问题，散列函数可以保证消息的完整性，公钥密码算法和散列函数相结合可以解决通信方身份鉴别的问题。

目前专用计算机网络和通用计算机网络采用相同的技术，为保障专用计算机网络的安全，防止互联网上的各种攻击对专网造成危害，一般采用物理隔离的措施，即专用计算机信息系统不得直接或间接地与国际互联网或其他公共信息网络相连接，确保“上网计算机不涉密，涉密计算机不上网”。

3. 网络安全检查

在网络信息安全保密工作中，除了需要做好终端的安全防护和网络传输的安全保密，还要加强网络安全检查和监督，及时发现并消除安全漏洞与隐患，确保各项制度措施落到实处。网络安全检查是管理的重要手段，它可以帮助我们查找安全漏洞，发现并纠正各种违规和泄密行为，监督各项制度和措施的落实。

网络安全检查是一个科学、系统的过程，应按规定的程序和方法进行。专用计算机网络安全检查包括检查准备、检查实施和综合评估3个阶段。在条件许可的情况下，安全检查应当安排专职人员监督安全检查全过程，填写监督记录表。

特殊人员在使用互联网时必须做到以下事项。

(1) 涉密计算机不得连接互联网；

(2) 连接互联网的计算机不得存储涉密信息；

(3) 不得在互联网上发布任何与自己特殊身份相关的信息；

(4) 不得在互联网上发布任何与单位相关的信息；

(5) 不得发布任何涉及设施的图像、照片、视频信息；

(6) 不得在互联网上谈论秘密相关的内容；

(7) 不得在互联网上使用电子邮件或其他任何方式传输涉及秘密信息。

(8) 不得在连接互联网的计算机中使用存储或曾经存储过秘密信息的移动存储介质。

网络信息安全保密是信息安全保密的重要课题，涉及的内容非常丰富。对于大多数用户而言，网络信息安全保密工作的重点是做好终端的安全防护和信息传输的安全保密。防火墙、加密网络通信协议等网络安全技术从一定程度上提高了终端安全防护的能力，增强了网络信息传输的安全保密性。但安全是动态的、相对的，在合理使用安全防护手段的同时，必须通过定期的网络安全检查保证安全管理制度的落实和安全技术的有效运作，发现并弥补计算机终端和网络系统中存在的安全漏洞，不断提高网络安全水平。

7.5　本章小结

本章介绍了信息安全保密管理的基本概念、法规体系、技术标准、保密制度，阐述了保密保管的保密职责、基本内容、奖励和惩处，相关技术和方法等，并简要介绍了保密管理相关的技术和方法。鉴于目前互联网中存在众多的安全威胁，各种安全技术尚无法确保网络的安全，因此在接触互联网的过程中必须严格遵守相关保密要求，贯彻好信息安全保密管理的各项法规制度。

思考题

1. 在办公室内，一位涉密人员在使用涉密计算机处理机密级信息时，同时用手机和家人通话，是否存在泄密隐患？

2. 在办公室内，有一部地方线电话和一部内部电话，只要谈论涉及内部事项都使用内部电话，是否符合保密要求？为什么？

3. 某单位办公室有涉密计算机和非涉密计算机各一台，因为资金紧张只配备了一台打印机，采用转换开关连接在这两台计算机上使用，是否符合保密要求？为什么？

4. 某单位员工为了保证自己的涉密计算机不被病毒感染，定期使用个人U盘从互联网下载最新病毒库，然后插入涉密计算机更新病毒库，是否符合保密要求？为什么？

第8章 信息安全策略管理

在计算机技术飞速发展的今天，由于硬件技术、软件技术、网络技术和分布式计算技术的推动，增加了计算机系统访问控制的难度，使控制硬件使用为主要手段的中心式安全控制的效果大大降低，信息安全问题变得越来越突出，受重视程度也日渐提高，而信息安全策略管理是组织解决信息安全问题最重要的步骤，是解决信息安全问题的重要基础。

8.1 信息安全策略管理概述

安全策略是一种处理安全问题的管理策略的描述，策略要能对某个安全主题进行描绘，探讨其必要性和重要性，解释清楚什么该做，什么不该做。安全策略必须遵循3个基本概念：确定性、完整性和有效性。安全策略须简明，在生产效率和安全之间应该有一个好的平衡点，易于实现，易于理解。

信息安全策略管理(information security policy management)是一个组织机构中解决信息安全问题最重要的部分。在一个小型组织内部，信息安全策略管理的制定者一般应该是该组织的技术管理者，在一个大的组织内部，信息安全策略管理的制定者可能是一个由多方人员组成的小组。一个组织的信息安全策略管理反映出一个组织对于现实和未来安全风险的认识水平，以及对于组织内部业务人员和技术人员安全风险的假定与处理。

8.1.1 基本概念

信息安全策略管理是一组规则，它定义了一个组织要实现的安全目标和实现这些安全目标的途径。

从管理的角度看，信息安全策略管理是组织关于信息安全的文件，是一个组织关于信息安全的基本指导原则。其目标在于减少信息安全事故的发生，将信息安全事故的影响与损失降低到最小。从信息系统来说，信息安全的实质就是控制和管理主体(用户和进程)对客体(数据和程序等)的访问。这种控制可以通过一系列的控制规则和目标来描述，这些控制规则和目标就称为信息安全策略管理。信息安全策略管理描述了组织的信息安全需求，以及实现信息安全的步骤。

信息安全策略管理可以划分为两个部分：问题策略(issue policy)和功能策略(functional policy)。问题策略描述了一个组织所关心的安全领域和对这些领域内安全问题的基本态度。功能策略描述如何解决所关心的问题，包括制定具体的硬件和软件配置规格说明、使用策略及雇员行为策略。

8.1.2 特点

信息安全策略管理必须制定成书面形式，如果一个组织没有书面的信息安全策略管理，就无法定义和委派信息安全责任，无法保证所执行的信息安全控制的一致性，信息安全控制的执行也无法审核。信息安全策略管理必须有清晰和完全的文档描述，必须有相应的措施保证信息安全策略管理得到强制执行。在组织内部，必须有行政措施保证既定的信息安全策略管理被不折不扣地执行，管理层不能允许任何违反组织信息安全策略管理的行为存在。同时，也需要根据业务情况的变化不断地修改和补充信息安全策略管理。

信息安全策略管理的内容应有别于技术方案。信息安全策略管理只是描述一个组织保证信息安全的途径的指导性文件，它不涉及具体做什么和如何做的问题，只须指出要完成的目标。信息安全策略管理是原则性的，不涉及具体细节，对于整个组织提供全局性指导，为具体的安全措施和规定提供全局性框架。在信息安全策略管理中不规定使用什么具体技术，也不描述技术配置参数。

信息安全策略管理的另外一个特性就是可以被审核，即能够对组织内各个部门信息安全策略管理的遵守程度给出评价。

信息安全策略管理的描述语言应该是简洁的、非技术性的和具有指导性的。例如，一个涉及对敏感信息加密的信息安全策略管理条目可以这样描述："任何类别为机密的信息，无论存储在计算机中，还是通过公共网络传输时，必须使用本公司信息安全部门指定的加密硬件或加密软件予以保护。"

这个叙述没有谈及加密算法和密钥长度，所以当旧的加密算法被替换，新的加密算法被公布的时候，无须对信息安全策略管理进行修改。

8.1.3 信息安全策略管理的制定原则

在制定信息安全策略管理时，要遵循以下的原则。

（1）先进的网络安全技术是网络安全的根本保证。用户对自身面临的威胁进行风险评估，决定其所需要的安全服务种类，选择相应的安全机制，然后集成先进的安全技术，形成一个全方位的安全系统。

（2）严格的安全管理是确保安全策略落实的基础。各计算机网络使用机构、企业和单位应建立相应的网络安全管理办法，加强内部管理，建立合适的网络安全管理系统，加强用户管理和授权管理，建立安全审计和跟踪体系，提高整体网络安全意识。

（3）严格的法律、法规是网络安全保障的坚强后盾。计算机网络是一种新生事物，它的好多行为目前无法可依，无章可循，导致网络上计算机犯罪处于无序状态。面对日趋严重的网络犯罪，必须建立与网络安全相关的法律、法规，使不法分子难以轻易发动攻击。

8.1.4 信息安全策略管理的制定过程

制定信息安全策略管理的过程应该是一个协商的团体活动，信息安全策略管理的编写者必须了解组织的文化、目标和方向，信息安全策略管理只有符合组织文化，才更容易被遵守。所编写的信息安全策略管理还必须符合组织已有的策略和规则，符合行业、地区和国家的有关规定和法律。信息安全策略管理的编写者应该包括业务部门的代表，熟悉当前的信息安全技术，深入了解信息安全能力和技术解决方案的限制。

衡量一个信息安全策略管理的首要标准就是现实可行性。因此信息安全策略管理与现实业务状态的关系是：信息安全策略管理既要符合现实业务状态，又要能包容未来一段时间的业务发展要求。在编写策略文档之前，应当先确定策略的总体目标，必须保证已经把所有可能需要策略的地方都考虑到。首先要做的是确定要保护什么，以及为什么要保护它们。策略可以涉及硬件、软件、访问、用户、连接、网络、通信及实施等各个方面，接着就需要确定策略的结构，定义每个策略负责的区域，并确定安全风险量化和估价方法，明确要保护什么和需要付出多大的代价去保护。风险评估也是对组织内部各个部门和下属雇员对于组织重要性的间接度量，要根据被保护信息的重要性决定保护的级别和开销。信息安全策略管理的制定，同时还需要参考相关的标准文本和类似组织的安全管理经验。

信息安全策略管理草稿完成后，应该将它发放到业务部门去征求意见，弄清信息安全策略管理会如何影响各部门的业务活动，之后往往要对信息安全策略管理作出调整。最终，任何决定都是财政现实和安全之间的一种权衡。

8.1.5 信息安全策略管理的框架

信息安全策略管理的发展已经远远超出了所发布的传统应用的使用策略。每种访问计算机系统的新方法和开发的新技术，都会导致创建新的安全策略。而信息安全策略管理的制定者往往综合风险评估、信息对业务的重要性，考虑组织所遵从的安全标准，制定组织相应的信息安全策略管理，这些策略可能包括以下几方面的内容。

1. 加密策略

描述组织对数据加密的安全要求。

2. 使用策略

描述设备使用、计算机服务使用和雇员安全规定以保护组织的信息和资源安全。

3. 线路连接策略

描述诸如传真发送和接收、模拟线路与计算机连接、拨号连接等安全要求。

4. 反病毒策略

给出一些有效减少计算机病毒对组织的威胁的指导方针，明确在哪些环节必须进行病毒检测。

5. 应用服务提供策略

定义应用服务提供者必须遵守的安全方针。

6. 审计策略

描述信息审计要求，包括审计小组的组成、权限、事故调查、安全风险估计、信息安全策略管理符合程度评价、对用户和系统活动进行监控等活动的要求。

7. 电子邮件使用策略

描述内部和外部电子邮件接收、传递的安全要求。

8. 数据库策略

描述存储、检索、更新等数据库数据管理的安全要求。

9. 第三方的连接策略

定义第三方接入的安全要求。

10. 敏感信息策略

对于组织的机密信息进行分级,按照它们的敏感度描述安全要求。

11. 内部策略

描述对组织内部的各种活动安全要求,使组织的产品服务和利益受到充分保护。

12. 互联网接入策略

定义在组织防火墙之外的设备和操作的安全要求。

13. 口令防护策略

定义创建、保护和改变口令的要求。

14. 远程访问策略

定义从外部主机或网络连接到组织的网络进行外部访问的安全要求。

15. 路由器安全策略

定义组织内部路由器和交换机的最低安全配置。

16. 服务器安全策略

定义组织内部服务器的最低安全配置。

17. VPN 安全策略

定义通过 VPN 接入的安全要求。

18. 无线通信策略

定义无线系统接入的安全要求。

8.2　信息安全策略管理规划与实施

信息安全策略管理的制定首先要进行前期的规划工作,包括确定安全策略保护的对象、确定参与编写安全策略的人员,以及信息安全策略管理中使用的核心安全技术。同时也要考虑制定原则、参考结构等因素。

8.2.1　确定安全策略保护的对象

1. 信息系统的硬件与软件

硬件和软件是支持业务运行的平台,是信息系统的主要构成因素,它们应该首先受到安全策略的保护。因此,整理一份完整的系统软硬件清单是首要的工作,其中还要包括系统涉及的网络结构图,如图 8-1 所示。可以有多种方法来建立这份清单及网络结构图。不管用哪种方法,都必须确定系统内所有的相关内容都已经被记录。在绘制网络结构图以前,先要理解数据是如何在系统中流动的。根据详细的数据流程图可以显示出数据的流动是如何支持具体业务运行的,并且可以找出系统中的一些重点区域。重点区域指需要重点应用安全措施的区域。也可以在网络结构图中标明数据(或数据库)存储的具体位置,以及数据如何在网络系统中备份、审查与管理。

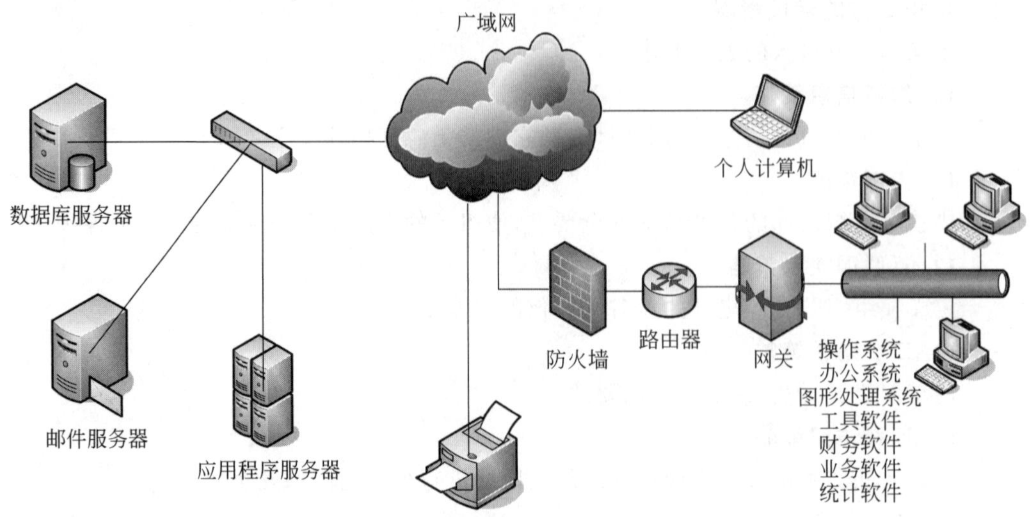

图 8-1　系统软硬件及网络系统结构图

2. 信息系统的数据

计算机和网络所做的每一件事情都造成了数据的流动和使用。由于数据处理的重要性,在定义策略需求和编制物品清单的时候,了解数据的使用和结构是编写安全策略的基本要求。

1）数据处理

数据是组织的命脉。在编写策略的时候,策略必须考虑数据是如何处理的,怎么保证数据的完整性和保密性。除此以外,还必须考虑如何监测数据的处理。

当使用第三方的数据时,大部分的数据源都有关联的使用和审核协议,这些协议可以在数据的获取过程中得到。作为数据清单的一部分,外部服务和其他来源也应该被加入清单中。清单中要记录谁来处理这些数据,以及在什么情况下这些数据被获得和传播。

2）个人数据

在业务运作过程中,可以通过很多方法来搜集个人数据。无论数据是如何获得的,都必须指定策略以使所有人都明白数据是如何使用的。

涉及隐私策略的时候,必须定义好隐私条例。策略里面应该声明私有物、专有物及其他类似信息在未经预先同意时是不能被公开的。

3. 人员

在考虑人员因素时,重点应该放在哪些人在何种情况下能够访问系统内资源。策略对那些需要的人授予直接访问的权利,并且在策略中还要给出"直接访问"的定义。在定义了谁能够访问特定的资源以后,接下来要考虑的就是强制执行制度和对未授权访问的惩罚制度。对违反策略的现象是否有纪律上的处罚,在法律上又能做些什么,这些都应考虑。

8.2.2　确定安全策略使用的主要技术

在规划信息系统安全策略中,还需要考虑该安全策略使用的是何种安全核心技术。

一般来说，常见的安全核心技术包括以下几方面。

1. 防火墙技术

目前，保护内部网络免遭外部入侵的比较有效的方法为防火墙技术。防火墙是一个系统或一组系统，它在内部网络与互联网间执行一定的安全策略。一个有效的防火墙应该能够确保所有从互联网流入或流向互联网的信息都经过防火墙，且所有流经防火墙的信息都应接受检查。

现有的防火墙主要分为包过滤型、代理服务器型、复合型及其他类型（双宿主主机、主机过滤以及加密路由器）。

2. 入侵检测技术

入侵检测系统通过分析、审计记录，识别系统中任何不应该发生的活动，并采取相应的措施报告与制止入侵活动。入侵活动不仅包括发起攻击的人（如恶意的黑客）取得超出合法范围的系统控制权，也包括收集漏洞信息、造成拒绝访问（DoS）等对计算机系统造成危害的行为。入侵行为不仅来自外部，同时也包括内部用户的未授权活动。通用入侵检测系统模型如图 8-2 所示。

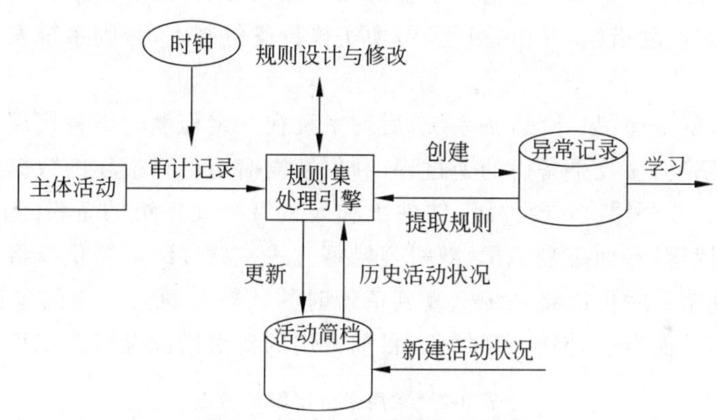

图 8-2 通用入侵检测系统模型

入侵检测系统根据其采用的技术可以分为异常检测和特征检测，根据系统所监测的对象可分为基于主机的入侵检测系统（host-based intrusion detection system，HIDS）、基于网络的入侵检测系统（network-based intrusion detection system，NIDS）和基于网关的入侵检测系统，根据系统的工作方式可分为离线检测系统与在线检测系统。

在检测方法上，一般有统计方法、预测模式生成方法等，详细如表 8-1 所示。

表 8-1 入侵检测方法

入侵检测方法	简单描述
统计方法	成熟的入侵检测方法，具有学习主体的日常行为的能力
预测模式生成	根据已有的事件集合按时间顺序归纳出一系列规则，通过不断地更新规则准确预测
专家系统	用专家系统判断有特征的入侵行为
击键监视系统	对用户击键序列的模式分析检测入侵行为

续表

入侵检测方法	简 单 描 述
基于模型的入侵检测方法	使用行为序列产生的模型推测
状态转移分析	使用状态转换图分析审计事件
模式匹配	利用已知的入侵特征编码匹配检测
软计算方法	使用神经网络、遗传算法与模糊技术等方法

3. 备份技术

在使用计算机系统处理越来越多日常业务的同时，数据失效问题变得十分突出。一旦发生数据失效，如果系统无法顺利恢复，最终结局将不堪设想。因此，信息化程度越高，备份和灾难恢复措施就越重要。

对计算机系统进行全面的备份，并不只是复制文件那么简单。一个完整的系统备份方案应包括备份硬件、备份软件、日常备份制度(backup routines)和灾难恢复措施(disaster recovery plan，DRP)4个部分。选择了备份硬件和软件后，还需要根据自身情况制定日常备份制度和灾难恢复措施，并由管理人员切实执行备份制度，否则系统安全将仅仅是纸上谈兵。

所谓备份，就是保留一套后备系统，后备系统在一定程度上可替代现有系统。与备份对应的概念是恢复，恢复是备份的逆过程，利用恢复措施可将损坏的数据重新建立起来。

备份可分为3个层次：硬件级、软件级和人工级。硬件级的备份指用冗余的硬件来保证系统的连续运行，如磁盘镜像、双机容错等方式。软件级的备份指将数据保存到其他介质上，当出现错误时可以将系统恢复到备份时的状态。而人工级的备份是原始的采用手工的方法，简单而有效，但耗费时间。目前常用的备份措施及特点如表8-2所示。

表 8-2 常用备份措施及特点

常用备份措施	特 点
磁盘镜像	可防止单个硬盘的物理损坏，但无法防止逻辑损坏
磁盘阵列	采用 RAID5 技术，可防止多个硬盘的物理损坏，但无法防止逻辑损坏
双机容错	双机容错可以防止单台计算机的物理损坏，但无法防止逻辑损坏
数据复制	可以防止系统的物理损坏，可以在一定程度上防止逻辑损坏

4. 加密技术

网络技术的发展凸显了网络安全问题，如病毒、黑客程序、邮件炸弹、远程侦听等，这一切都为安全性造成障碍，但安全问题不可能找到彻底的解决方案。一般的解决途径是信息加密技术，它可以提供安全保障，如在网络中进行文件传输、电子邮件往来和进行合同文本的签署等。

数据加密的基本过程就是对原来为明文的文件或数据按某种算法进行处理，使其成为不可读的一段代码(通常称为“密文”)，只能在输入相应的密钥之后才能显示出本来内容，通过这样的途径来达到保护数据不被非法窃取。该过程的逆过程为解密，即将该编码

信息转化为其原来数据的过程。

加密在网络上的作用就是防止有用的或私有化的信息在网络上被拦截和窃取。加密后的内容即使被非法获得也是不可读的。

加密技术通常分为两大类："对称式"和"非对称式"。对称式加密就是加密和解密使用同一个密钥。这种加密技术目前被广泛采用，如美国政府所采用的DES加密标准就是一种典型的对称式加密方法。非对称式加密就是加密和解密所使用的不是同一个密钥，通常有两个密钥，分别称为"公钥"和"私钥"，它们两个必须配对使用，否则不能打开加密文件。其中的"公钥"是可以公开的，解密时只要用自己的私钥即可以，这样就很好地避免了密钥的传输安全性问题。

数字签名和身份认证就是基于加密技术的，它的作用就是用来确定用户身份的真实性。应用数字签名最多的是电子邮件，由于伪造一封电子邮件极为容易，使用加密技术基础上的数字签名，就可确认发信人身份的真实性。

类似数字签名技术的还有一种身份认证技术，有些站点提供FTP和Web服务，如何确定正在访问用户服务器的是合法用户，身份认证技术是一个很好的解决方案。

8.2.3　安全策略的实施

当所有必要的信息系统安全策略都已经制定完毕后，就应该开始考虑策略的实施与推广。在实施与推广的过程中，也应该对随时产生的问题加以记录，并更新安全策略以解决类似的安全问题。

但同时信息安全不是业务组织和工作人员自然的需求，信息安全需求是在经历了信息损失之后才有的。因此，管理对信息安全是必不可少的。

1. 注意当前网络系统存在的问题

安全策略制定完成后，现有的策略也许不能完全覆盖企业信息系统的所有方面、角落或细节，而且随着时间的推移，企业信息系统会有不同程度的改变，这时就要注意当前网络(信息)系统是否存在问题，存在哪些问题。常见的问题有以下几个方面。

(1) 系统设备和支持的网络服务大而全。其实越少的服务意味着越少的攻击机会。

(2) 网络系统集成了很多方便但安全性并不好的服务，例如，在企业网络上传输声音文件，共享视频文件等。

(3) 复杂的网络结构潜伏着不计其数的安全隐患，甚至不需要特别的技能和耐心就有人可发起危害极大的攻击活动。

当发现现有的信息安全策略管理不能很好地解决这些问题时，就需要及时制定新的策略对现有的策略予以补充与更新。

2. 网络信息安全的基本原则

在信息安全策略管理已经得到正常实施的同时，为了计算机和网络达到更高的安全性，必须采用一些网络信息安全的基本规则。

(1) 安全性和复杂性成反比；

(2) 安全性和可用性成反比；

(3) 安全问题的解决是个动态过程；

(4) 安全是投资,不是消费;

(5) 信息安全是一个过程,而不是一个产品。

3. 策略实施后要考虑的问题

安全策略实施的同时还要注意易损性分析、风险分析和威胁评估,其中包括资产的鉴定与评估、威胁的假定与分析、易损性评估、现有措施的评价、分析的费用及收益、信息的使用与管理、安全措施间的相关性如何等。有些问题在策略实施过程中也需要认真考虑。

4. 安全策略的启动

安全策略"自顶向下"的设计步骤使得指导方针的贯彻、过程的处理、工作的有效性成为可能。

启动安全策略主要包括下面几方面:启动安全策略、安全架构指导、事件响应过程、可接受的应用策略、系统管理过程、其他管理过程。具体的模型如图 8-3 所示。

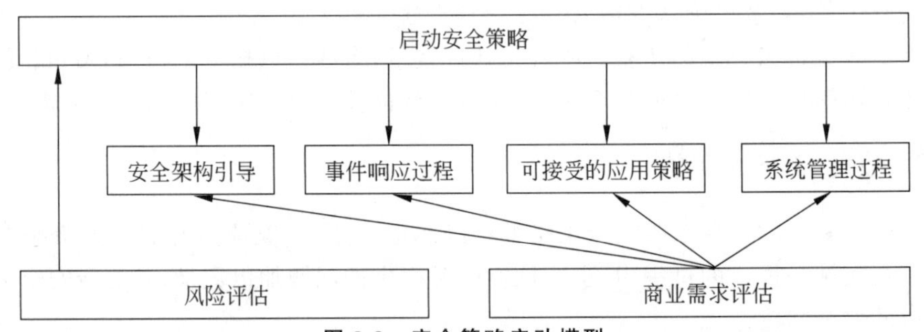

图 8-3 安全策略启动模型

(1) 启动安全策略:解释了策略文档的设计目的,以及组织性和过程状态描述。

(2) 安全架构指导:指在风险评估过程中对发现的威胁所采取的对策,例如防火墙的放置位置,什么时间使用加密,Web 服务器的放置位置和怎样与商业伙伴、客户进行通信联系等。安全架构指导确保了安全计划设计的合理性、审核与有效控制。该部分需要专门的技术,需要接受外部的咨询机构的服务或内部培训,包括基于 Web 资源、书本、技术文件与会议讨论等形式。

(3) 事件响应过程:在出现紧急情况时,通常考虑的呼叫对象,包括公司管理人员、业务部门经理、系统安全管理小组、警察等。按照什么样的顺序进行呼叫是事件响应过程处理的一部分。

(4) 可接受的应用策略:计算机系统和网络安全策略的启动将引出各种各样的应用策略。策略的数量与类型依赖于当前的商务需求分析、风险的评估与企业文化。

(5) 系统管理过程:管理过程说明了信息如何标记与处理,以及怎样去访问这些信息。对商业需求和风险、某些地方的安全架构指导有适当了解,就可以制定出专有的平台策略和相关的处理过程。

5. 实施中的法律问题

应该注意避免信息安全策略管理违反法律、法规和合同。信息系统的设计、使用和管理应该符合法律和合同安全要求。与法律有关的问题如下。

(1) 知识产权与版权;

（2）软件著作权；

（3）人事信息的私有性和数据保护；

（4）组织记录的安全防护；

（5）防止监控手段的误用；

（6）加密控制规定；

（7）证据收集；

（8）事故处理。

8.3　环境安全策略

计算机硬件及其运行环境是网络信息系统运行的最基本因素，其安全程度对网络、信息的安全有着重要的影响。由于自然灾害、设备自然损坏和环境干扰等自然因素，以及人为有意或无意破坏与窃取等原因，计算机设备和其中信息的安全会受到很大的威胁。下面通过讨论信息系统中硬件设备及其运行环境，以及面临的各种安全威胁和防护策略，简要介绍利用硬件技术来编制、实现环境安全策略的一些方法。

环境安全策略应该简单而全面。首先，审查现有的设施(计算机、服务器、通信设备等)，并用非专业词汇来定义它。编写策略文档时所用的语言描述是非常重要的，尤其是策略所用的语言描述的风格，可以影响文档本身及其他人如何看待策略。环境安全结构策略还要考虑冗余电力供应的可行性或对公共平台的访问。

8.3.1　环境保护机制

环境保护涉及的主要机制或措施由空调系统、防静电系统、防火系统等构成。制定环境保护策略前，应首先对一些环境保护机制或措施有所了解，然后针对自身的情况，就可以对相关的策略做出一个正确的定位。

1. 空调系统

计算机房内空调系统是保证计算机系统正常运行的重要设备之一。通过空调系统使机房的温度、湿度和洁净度得到保证，从而使系统正常工作。重要的计算机系统安放处应有单独的空调系统，它比公用的空调系统在加湿、除尘方面应该有更高的要求。环境控制的主要指标有温度、湿度和洁净度等，其中机房温度一般控制在(20±2)℃，相对湿度一般控制在(50±5)%，机房内一般应采用乙烯类材料装修，避免使用挂毯、地毯等吸尘材料。人员进出门应有隔离间，并应安装吹尘、吸尘设备以排除进入人员所带的灰尘。空调系统进风口应安装空气滤清器，并应定期清洁和更换过滤材料，以防灰尘进入。

2. 防静电措施

为避免静电的影响，最基本的措施是接地，将物体积聚的静电迅速释放到大地。为此，机房地板基体(或全部)应为金属材料并接地，使人或设备在其上运动产生的静电随时可释放出去。机房内的专用工作台或重要的操作台应有接地平板，必要时，每人可带一个金属手环，通过导线与接地平板连接。此外，工作人员的服装和鞋最好用低阻值的材料制作，机房内避免湿度过低，在北方干燥季节应适当加湿，以免产生静电。

3. 防火机制

为避免火灾，应在安全策略中标明采取以下防火机制。

1）分区隔离

建筑内的机房四周应设计为一个隔离带，以使外部的火灾至少可隔离1小时。

2）火灾报警系统

为安全起见，机房应配备多种报警系统，并保证在断电后24小时之内仍可发出警报。报警器为音响或灯光报警，一般安放在值班室或人员集中处，以便工作人员及时发现并向消防部门报告，组织人员疏散。

3）灭火设施

机房所在楼层应有消防栓和必要的灭火器材与工具，这些物品应具有明显的标记，且须定期检查。

4）管理措施

计算机系统实体发生重大事故时，为尽可能减少损失，应制订应急计划。建立应急计划时应考虑对实体的各种威胁，以及每种威胁可能造成的损失等。在此基础上，制定对各种灾害事件的响应程序，规定应急措施，使损失降到最低限度。

8.3.2 电源

电源是计算机系统正常工作的重要因素。供电设备容量应有一定的储备，所提供的功率应是全部设备负载的125%。计算机房设备应与其他用电设备隔离，它们应为变压器输出的单独一路而不与其他负载共享一路。策略中应采用电源保护装置，重要的计算机房应配置抵抗电压不足的设备，如UPS或应急电源。另外，计算机系统和工作场地的接地是非常重要的安全措施，可以保护设备和人身的安全，同时也可避免电磁信息泄露。具体措施有交/直流分开的接地系统、共地接地系统等。

8.3.3 硬件保护机制

硬件是组成计算机的基础。硬件防护措施仍是计算机安全防护技术中不可缺少的一部分。特别是对于重要的系统，需将硬件防护与系统软件的支持相结合，以确保安全。其中包括两方面的策略：计算机设备的安全和外部辅助设备的安全。

1. 计算机设备的安全

可采用计算机加锁和使用专门的信息保护卡来实现。

2. 外部辅助设备的安全

包括打印机、磁盘阵列和中断的设备安全。其中，打印机使用时一定要遵守操作规则，出现故障时一定要先切断电源，数据线不要带电插拔。磁盘阵列要注意防磁、防尘、防潮、防冲击，避免因物理上的损坏而使数据丢失。终端上可加锁，与主机之间的通信线路不宜过长，显示敏感信息的终端还要防电磁辐射泄漏。

8.4　系统安全策略

建立系统安全策略的主要目的是在日常工作中保障信息安全与系统操作安全。系统安全策略主要包括WWW服务策略、数据库系统安全策略、邮件系统安全策略、应用服务系统安全策略、个人桌面系统安全策略及其他业务相关系统安全策略等。下面分别进行介绍。

8.4.1　WWW服务策略

WWW作为互联网提供的重点服务目前应用已经日益广泛，且用户对WWW服务的依靠逐渐多方面化、多层次化，因此制定一份WWW服务策略是非常必要的。

1. WWW服务的安全漏洞

WWW服务的漏洞一般可以分为以下几类。

(1) 操作系统本身的安全漏洞；

(2) 明文或弱口令漏洞；

(3) Web服务器本身存在一些漏洞；

(4) CGI(common gateway interface)安全方面的漏洞。

2. Web欺骗

Web欺骗指攻击者以受攻击者的名义将错误或易于误解的数据发送到真正的Web服务器，以及以任何Web服务器的名义发送数据给受攻击者。简而言之，攻击者观察和控制着受攻击者在Web上做的每一件事。

Web欺骗包括两个部分：安全决策和暗示。

1) 安全决策

安全决策往往都含有较为敏感的数据。如果一个安全决策存在问题，就意味着决策人在做出决策后，关键数据的泄露将导致决策失败。

2) 暗示

目标的出现往往传递着某种暗示。Web服务器提供给用户的是丰富多彩的各类信息，人们的经验值往往决定了接受暗示的程度，但暗示中往往包含有不安全的操作活动。人们习惯于此且不可避免地被这种暗示所欺骗。

3. 针对Web欺骗的策略

Web欺骗是互联网上具有相当危险性而不易被察觉的欺骗手法。可以采取的一些保护策略如下。

(1) 改变浏览器，使之具有反映真实URL信息的功能，而不会被蒙蔽；

(2) 对与通过安全连接建立的Web服务器-浏览器对话。

8.4.2　电子邮件安全策略

伴随着网络的迅速发展，电子邮件也成为互联网上最普及的应用。电子邮件的方便性、快捷性及低廉的费用赢得了众多用户的好评。但是，电子邮件在飞速发展的同时也遇到了安全问题。解决的方法包括两方面：反病毒和内容保密。

1. 反病毒策略

病毒通过电子邮件进行传播具有两个重要特点：①传播速度快，传播范围广；②破坏力大。对于电子邮件用户而言，杀毒不如防毒。如果用户没有运行或打开附件，病毒是不会被激活的。因此，可行的安全策略是使用以实时扫描技术为基础的防病毒软件，它可以在后台监视操作系统的文件操作，在用户进行磁盘访问、文件复制、文件创建、文件改名、程序执行、系统启动和准备关闭时检测病毒。

2. 内容保密策略

未加密的电子邮件信息会在传输过程中被人截获、阅读并加以篡改，保证其通信的安全已经成为人们高度关心的问题。电子邮件内容的安全取决于邮件服务器的安全、邮件传输网络的安全及邮件接收系统的安全。因而保证电子邮件内容安全的策略主要有以下两种。

(1) 采用电子邮件安全网关，也就是用于电子邮件的防火墙。进入或输出的每一条消息都经过网关，从而使安全策略可以被执行(在何时、向何地发送消息)，病毒检查可以被实施，并对消息签名和加密。

(2) 在用户端使用安全电子邮件协议。目前有两个主要协议：S/MIME(Secure/MIME)和 PGP(Pretty Good Privacy)。这两个协议的目的基本上相同，都是为电子邮件提供安全功能，对电子邮件进行可信度验证，保护邮件的完整性及反抵赖。

8.4.3 数据库安全策略

数据库安全策略的目的是最大限度地保护数据库系统及数据库文件不受侵害。现有的数据库文件安全技术主要通过以下 3 个途径来实现。

(1) 依靠操作系统的访问控制功能实现；

(2) 采用用户身份认证实现；

(3) 通过对数据库加密来实现。

在此基础上，数据库安全策略的具体实现机制有以下几点。

(1) 在存储数据库文件时，使用本地计算机的一些硬件信息及用户密码加密数据库文件的文件特征说明部分和字段说明部分；

(2) 在打开数据库文件时，自动调用本地计算机的一些硬件信息及用户密码，解密数据库文件的文件特征说明部分和字段说明部分；

(3) 如果用户要复制数据库文件，则在关闭数据库文件时，进行相应的设置。

实现过程如图 8-4 所示。

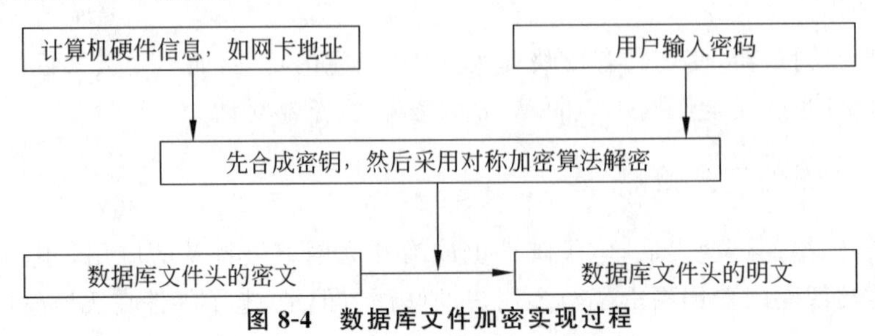

图 8-4 数据库文件加密实现过程

8.4.4 应用服务器安全策略

应用服务器包括很多种，这里简要描述 FTP 服务器和主机的 Telnet 服务的安全策略。

1. FTP 的安全策略

FTP 被广泛应用，在互联网迅猛发展的形势下，安全问题日益突出，解决的主要方法和手段有以下几方面。

(1) 对于反弹攻击进行有效防范。最简单的方法就是封住漏洞，服务器最好不要建立 TCP 端口号在 1024 以下的连接；另外，禁止使用 PORT 命令也是一个可选的防范反弹攻击的方案。

(2) 进行限制访问。在建立连接前，双方需要同时认证远端主机的控制连接、数据连接的网络地址是否可信。

(3) 进行密码保护。服务器限制尝试输入正确口令的次数，若出现几次尝试失败时，服务器应关闭和客户的控制连接；另外，服务器可以限制控制连接的最大数目，或探查会话中的可疑行为并在以后拒绝该站点的连接请求。

(4) 防范端口盗用。使用操作系统无关的方法随机分配端口号，让攻击者无法预测。

2. Telnet 服务的安全策略

Telnet 是一个非常有用的服务。可以使用 Telnet 登录上一个开启了该服务的主机来执行一些命令，便于进行远程工作或维护。但 Telnet 本身存在很多安全问题，如传输明文、缺乏强力认证过程、没有完整性检查及传输的数据没有经过加密等。解决的策略是替换在传输过程中使用明文的传统 Telnet 软件，使用 SSLTelnet 或 SSH 等对数据加密传输的软件。

8.5 病毒防护策略

计算机病毒可以在很短的时间内感染整个计算机或网络系统，甚至使整个系统瘫痪，从而带来系统无法正常工作的后果。计算机病毒有很多种类，如蠕虫病毒、宏病毒等。计算机病毒大多会对计算机系统带来重大的损害。避免受到病毒程序的干扰，除了应用有效的杀毒软件以外，制定相应的病毒防护策略也是保障系统安全运行的重要途径。

8.5.1 病毒防护策略具备的准则

病毒防护策略需要具备下列准则。

(1) 拒绝访问能力；

(2) 病毒检测能力；

(3) 控制病毒传播的能力；

(4) 清除病毒能力；

(5) 数据恢复能力。

8.5.2 建立病毒防护体系

目前的反病毒机制已经趋于成熟。但是,仍然需要建立多层防护来保护核心网络,尤其是要防止病毒通过电子邮件等媒介进行传播。而且,还必须在安全操作中心建立起全面的监控功能和事件反应功能。

1. 网络的保护

反病毒策略的一个重要目标就是在病毒进入受保护的网络之前就挡住它。90%以上的新病毒是通过电子邮件传播的,因此电子邮件是反病毒首要关注的重点。建议在电子邮件网关处使用不同的反病毒检查引擎以增加安全性。

各类杀毒软件对新病毒的反应速度不同,病毒扫描程序通常会漏掉1%~3%的病毒。在不同的层上采用不同的保护提供了多层的反病毒防护。如果电子邮件漏掉了一个病毒或对新的病毒做出反应迟缓,桌面计算机病毒扫描还有机会发现它,反之亦然。但是,对于电子邮件网关的要求和电子邮件安全要求正在日趋相同。因此,供应商提供了全面的电子邮件安全保护,包括防火墙、入侵检测、拒绝服务攻击保护、反病毒、内容检查、关键字过滤、垃圾邮件过滤和电子邮件加密。任何电子邮件反病毒策略中两项至关紧要的功能就是根据关键字进行内容过滤,以及对附件进行过滤(这项功能使用户可以在一个新的病毒发作的早期,在病毒还没有被清楚定义出来之前就对该病毒进行隔离)。

2. 建立分层的防护

虽然90%以上的用户都采用了反病毒软件,但还是有很多用户遭到了病毒攻击并造成了相当的经济损失。新的病毒利用多种安全漏洞,并且通过多种方式攻击系统。安全部门必须把多种安全组件和策略整合起来进行全方位的防护,并推荐使用多种类多层次的反病毒机制。并且制定出涵盖范围全面的反病毒策略,例如,防火墙、入侵检测、电子邮件过滤、漏洞评估和反病毒等。

3. 发展趋势

全面综合的安全管理控制平台是未来发展趋势。使用户能够建立多领域的防护来抵挡即将出现的更多的恶性病毒攻击,并在今后建立起跨领域的安全策略。但是,控制平台技术本身还不够成熟,并且相互之间的支持还很缺乏。

8.5.3 建立病毒保护类型

建立完整的病毒保护程序需要三类策略声明。第一类声明所需的是病毒监视和测试的类型。第二类声明是系统完整性审查,它有助于验证病毒保护程序的效果。最后一类声明的是对分布式可移动媒介的病毒审查。

1. 病毒测试

应该在每个互联网系统上安装和配置杀毒软件,并根据管理员的规定提供不间断的病毒扫描和定期更新。

2. 系统完整性检查

系统完整性检查可以用多种方式来实施。最常见的是保存一份系统文件的清单,并在每次系统启动的时候扫描这些文件以发现问题。还可以使用系统工具来审查系统的全体配置和文件、文件系统、公共区二进制文件的完整性。

8.5.4 病毒防护策略要求

1. 对病毒防护的要求

(1) 策略必须声明对病毒防护的要求,并说明它只用于病毒防护;

(2) 策略必须声明用户应该使用得到同意的病毒保护工具,并且不应该取消该功能。

2. 对建立病毒保护类型的要求

(1) 病毒防护策略应该反映使用的防护方案的类型,但不需要反映具体使用什么产品;

(2) 病毒防护策略应该公开说明使用的扫描类型;

(3) 在建立病毒保护程序时,策略应该包括病毒测试的方法、系统安全性审查。

3. 对牵涉病毒的用户的要求

(1) 策略应该声明用户不能牵涉病毒。

(2) 为增加策略的震慑力,可酌情添加一条声明指出违反者可能会被解雇和诉诸法律。

8.6 安全教育策略

安全教育指对所有人员进行安全培训,培训内容包括所有其他技术安全策略所涉及的操作规范与技术知识。适当的安全培训会使包括信息系统的管理人员与所有的系统最终用户都能充分理解信息系统安全的重要性,并且对于日常的安全规范操作逐渐形成自定的模式。

1. 安全教育

安全意识和相关各类安全技能的教育是安全管理中重要的内容,其实施力度将直接关系安全策略被理解的程度和被执行的效果。

在安全教育具体实施过程中应该有一定的层次性且安全教育应该定期、持续地进行。

(1) 主管信息安全工作的各级管理人员,其培训重点是了解掌握企业信息安全的整体策略及目标、信息安全体系的构成、安全管理部门团队的建立和管理制度的制定等;

(2) 负责信息安全运行管理及维护的技术人员,其培训重点是充分理解信息安全策略管理,掌握安全评估的基本方法,对安全操作和维护技术的合理运用等;

(3) 普通用户的培训重点是学习各种安全操作流程,了解和掌握与其相关的安全策略知识,包括自身应该承担的安全职责等。

2. 安全教育策略的机制

通常来讲,安全问题经常来源于系统最终用户和系统管理员的工作疏忽。疏忽有可能使系统被病毒侵犯或遭到攻击。

管理阶层往往通过创建并执行一套全面的IT安全策略来规范用户的行为,这样就可以降低甚至消除一些错误带来的风险。然后通过对最终用户进行教育,使他们知道怎样消除安全隐患。运用这些安全策略,在一定程度上就会防止出现安全漏洞。

一套好的安全策略应该包括最终用户和系统管理员两方面。在最终用户方面，策略应该清楚地规定用户可以利用计算机设备和应用软件做什么，并且要在安全教育策略中说明。在策略中应该包括以下内容。

(1) 数据和应用所有权：帮助用户理解他们能够使用哪些应用和数据，而哪些应用和数据是他们可以和其他人共享的。

(2) 硬件的使用：加强企业内正在执行的指导方针、规定对于工作站、笔记本计算机和手持式设备的正确操作。

(3) 互联网的使用：明确互联网、用户组、即时信息和电子邮件的正确使用方式。

从系统管理员的角度，应该使用包括以下内容的基于策略的规则来加固最终用户策略。

(1) 账号管理：规定可以被接受的密码配置，以及规定在需要的时候，系统管理员如何切断某个特定用户的使用权限。

(2) 补丁管理：规定对发布补丁消息的正确反应，以及规定如何进行补丁监控和定期的维护。

(3) 事件报告制度：不是所有的紧急事件都是同样重要的，因此，策略里必须包括一个计划，规定每个紧急事件应该通报哪些人。

策略制定完成之后，还必须随着网络、操作系统、软件配置的变化及用户的增减而时时更新。对于安全教育策略，应该随时因整体策略的调整而调整。

8.7 本章小结

本章首先讲述了信息安全策略管理的基本概念，并对信息安全策略管理的规划和实施有关的问题进行讨论，接着具体阐述了环境安全策略、系统安全策略、病毒防护安全策略等相关内容，最后介绍了安全教育策略。

思考题

1. 信息安全策略管理是什么？它有何特点？
2. 如何进行信息安全策略管理的规划与实施？
3. 信息安全策略管理使用了哪些主要技术？
4. 什么是环境安全策略？环境安全策略包括哪些方面的内容？
5. 系统安全策略的目标是什么？包括哪些内容？
6. 病毒防护策略的功能有哪些？有什么要求？
7. 什么是安全教育策略？

第9章

信息安全管理政策法规

信息安全管理政策法规是信息安全管理和保障的重要组成部分，是安全管理的强制手段，是适应和保障信息化发展的总体安全策略，是全面提高安全水平，规范安全管理进行信息安全管理工作的依据。本章对法律、行政法规、部门规章、司法解释、规范性文件和政策文件等内容进行概要阐述。

9.1 法　　律

我国信息安全管理相关法律主要包括《中华人民共和国个人信息保护法》《中华人民共和国数据安全法》《中华人民共和国网络安全法》《中华人民共和国电子商务法》《中华人民共和国电子签名法》《全国人民代表大会常务委员会关于加强网络信息保护的决定》《全国人民代表大会常务委员会关于维护互联网安全的决定》等。

为了保障网络安全，维护网络空间主权和国家安全、社会公共利益，保护公民、法人和其他组织的合法权益，促进经济社会信息化健康发展，我国制定了《中华人民共和国网络安全法》。2019年10月26日第十三届全国人民代表大会常务委员会第十四次会议通过了《中华人民共和国密码法》。《中华人民共和国电子商务法》规范了平台内经营者的权益，通过电子商务平台销售商品或提供服务的电子商务经营者有了法律保障。为了规范电子签名行为，确立电子签名的法律效力，维护有关各方的合法权益，制定了《中华人民共和国电子签名法》。为了保护网络信息安全，保障公民、法人和其他组织的合法权益，维护国家安全和社会公共利益，制定了《全国人民代表大会常务委员会关于加强网络信息保护的决定》。我国的互联网，在国家大力倡导和积极推动下，在经济建设和各项事业中得到日益广泛的应用，使人们的生产、工作、学习和生活方式已经开始并将继续发生深刻的变化，对于加快我国国民经济、科学技术的发展和社会服务信息化进程具有重要作用。同时，如何保障互联网的运行安全和信息安全问题已经引起全社会的普遍关注。为了兴利除弊，促进我国互联网的健康发展，维护国家安全和社会公共利益，保护个人、法人和其他组织的合法权益，制定了《全国人民代表大会常务委员会关于维护互联网安全的决定》。

9.2 行政法规

为了保障信息基础设施安全，维护网络安全，依据《中华人民共和国网络安全法》，2021年制定了《关键信息基础设施安全保护条例》。为促进互联网信息服务健康有序发展，保护公民、法人和其他组织的合法权益，维护国家安全和公共利益，国务院授权重新组建的国家互联网信息办公室负责全国互联网信息内容管理工作，并负责监督管理执法，下发了《国务院关于授权国家互联网信息办公室负责互联网信息内容管理工作的通知》(国发〔2014〕33号)。为保护著作权人、表演者、录音录像制作者(以下统称权利人)的信息网络传播权，鼓励有益于社会主义精神文明、物质文明建设的作品的创作和传播，根据《中华人民共和国著作权法》，制定了《信息网络传播权保护条例》。为了加强对互联网上网服务营业场所的管理，规范经营者的经营行为，维护公众和经营者的合法权益，保障互联网上网服务经营活动健康发展，促进社会主义精神文明建设，制定了《互联网上网服务营业场所管理条例》。为了保护计算机软件著作权人的权益，调整计算机软件在开发、传播和使用中发生的利益关系，鼓励计算机软件的开发与应用，促进软件产业和国民经济信息化的发展，根据《中华人民共和国著作权法》，制定了《计算机软件保护条例》。为了适应电信业对外开放的需要，促进电信业的发展，根据有关外商投资的法律、行政法规和《中华人民共和国电信条例》，制定了《外商投资电信企业管理规定》。为了规范互联网信息服务活动，促进互联网信息服务健康有序发展，制定了《互联网信息服务管理办法》。为了规范电信市场秩序，维护电信用户和电信业务经营者的合法权益，保障电信网络和信息的安全，促进电信业的健康发展，制定了《中华人民共和国电信条例》。为了加强对计算机信息网络国际联网的安全保护，维护公共秩序和社会稳定，根据《中华人民共和国计算机信息系统安全保护条例》《中华人民共和国计算机信息网络国际联网管理暂行规定》和其他法律、行政法规的规定，制定了《计算机信息网络国际联网安全保护管理办法》。为了加强对计算机信息网络国际联网的管理，保障国际计算机信息交流的健康发展，制定了《中华人民共和国计算机信息网络国际联网管理暂行规定》。为了保护计算机信息系统的安全，促进计算机的应用和发展，保障社会主义现代化建设的顺利进行，制定了《中华人民共和国计算机信息系统安全保护条例》。

9.3 部门规章

中共中央网络安全和信息化委员会办公室、中华人民共和国国家互联网信息办公室先后制定了《网信部门行政执法程序规定》《个人信息出境标准合同办法》《互联网信息服务深度合成管理规定》《数据出境安全评估办法》《互联网用户账号信息管理规定》《互联网信息服务算法推荐管理规定》《网络安全审查办法》《汽车数据安全管理若干规定(试行)》《网络信息内容生态治理规定》《儿童个人信息网络保护规定》《区块链信息服务管理规定》《互联网域名管理办法》《互联网信息内容管理行政执法程序规定》。为了规范网络出版服务秩序，促进网络出版服务业健康有序发展，根据《出版管理条例》《互联网信息服务管理办法》及相关法律法规，制定了《网络出版服务管理规定》。为便于外国机构在我国境内依法提供金融信息服务，满足国内用户对金融信息的需求，促进金融信息服务业健康、有序发展，根据《国务院关于修改〈国务院对确需保留的行政审批项目设定行政许可的决定〉的决定》(国务院第548号令)，制定了《外国机构在中国境内提供金融信息服务管理规定》。为了保护电信和互联网用户的合法权益，维护网络信息安全，根据《全国人民代表大会常务委员会关于加强网络信息保护的决定》《中华人民共和国电信条例》《互联网信息服务管理办法》等法律、行政法规，制定了《电信和互联网用户个人信息保护规定》。为了规范互联网信息服务市场秩序，保护互联网信息服务提供者和用户的合法权益，促进互联网行业的健康发展，根据《中华人民共和国电信条例》《互联网信息服务管理办法》等法律、行政法规的规定，制定了《规范互联网信息服务市场秩序若干规定》。为了加强对互联网文化的管理，保障互联网文化单位的合法权益，促进我国互联网文化健康、有序地发展，根据《全国人民代表大会常务委员会关于维护互联网安全的决定》《互联网信息服务管理办法》及国家法律法规有关规定，制定了《互联网文化管理暂行规定》。为维护国家利益和公共利益，保护公众和互联网视听节目服务单位的合法权益，规范互联网视听节目服务秩序，促进健康有序发展，根据国家有关规定，制定了《互联网视听节目服务管理规定》。

9.4 司法解释

《最高人民法院、最高人民检察院关于办理非法利用信息网络、帮助信息网络犯罪活动等刑事案件适用法律若干问题的解释》于 2019 年 6 月 3 日由最高人民法院审判委员会第 1771 次会议、2019 年 9 月 4 日由最高人民检察院第十三届检察委员会第二十三次会议通过，自 2019 年 11 月 1 日起施行。根据《中华人民共和国民法通则》《中华人民共和国侵权责任法》《全国人民代表大会常务委员会关于加强网络信息保护的决定》《中华人民共和国民事诉讼法》等法律的规定，制定了《最高人民法院关于审理利用信息网络侵害人身权益民事纠纷案件适用法律若干问题的规定》。为保护公民、法人和其他组织的合法权益，维护社会秩序，根据《中华人民共和国刑法》《全国人民代表大会常务委员会关于维护互联网安全的决定》等法律规定，对办理利用信息网络实施诽谤、寻衅滋事、敲诈勒索、非法经营等刑事案件适用法律的若干问题作出了《最高人民法院、最高人民检察院关于办理利用信息网络实施诽谤等刑事案件适用法律若干问题的解释》。为正确审理侵害信息网络传播权民事纠纷案件，依法保护信息网络传播权，促进信息网络产业健康发展，维护公共利益，根据《中华人民共和国民法通则》《中华人民共和国侵权责任法》《中华人民共和国著作权法》《中华人民共和国民事诉讼法》等有关法律规定，结合审判实际，制定了《最高人民法院关于审理侵害信息网络传播权民事纠纷案件适用法律若干问题的规定》。为依法惩治利用互联网、移动通信终端制作、复制、出版、贩卖、传播淫秽电子信息、通过声讯台传播淫秽语音信息等犯罪活动，维护公共网络、通信的正常秩序，保障公众的合法权益，根据《中华人民共和国刑法》《全国人民代表大会常务委员会关于维护互联网安全的决定》的规定，对办理该类刑事案件具体应用法律的若干问题作出了《最高人民法院、最高人民检察院关于办理利用互联网、移动通信终端、声讯台制作、复制、出版、贩卖、传播淫秽电子信息刑事案件具体应用法律若干问题的解释》。为依法惩治利用互联网、移动通信终端制作、复制、出版、贩卖、传播淫秽电子信息，通过声讯台传播淫秽语音信息等犯罪活动，维护社会秩序，保障公民权益，根据《中华人民共和国刑法》《全国人民代表大会常务委员会关于维护互联网安全的决定》的规定，对办理该类刑事案件具体应用法律的若干问题作出了《最高人民法院、最高人民检察院关于办理利用互联网、移动通信终端、声讯台制作、复制、出版、贩卖、传播淫秽电子信息刑事案件具体应用法律若干问题的解释(二)》。

9.5 规范性文件

中共中央网络安全和信息化委员会办公室、中华人民共和国国家互联网信息办公室先后制定了《工业和信息化部 国家互联网信息办公室关于进一步规范移动智能终端应用软件预置行为的通告》《关于实施个人信息保护认证的公告》《互联网跟帖评论服务管理规定》《互联网弹窗信息推送服务管理规定》《移动互联网应用程序信息服务管理规定》《国家互联网信息办公室关于开展境内金融信息服务报备工作的通知》《关于印发〈常见类型移动互联网应用程序必要个人信息范围规定〉的通知》《互联网用户公众账号信息服务管理规定》《关于印发〈网络音视频信息服务管理规定〉的通知》《国家互联网信息办公室 国家发展和改革委员会 工业和信息化部 财政部关于发布〈云计算服务安全评估办法〉的公告》。为促进微博客信息服务健康有序发展,保护公民、法人和其他组织的合法权益,维护国家安全和公共利益,根据《中华人民共和国网络安全法》《国务院关于授权国家互联网信息办公室负责互联网信息内容管理工作的通知》,制定了《微博客信息服务管理规定》。为加强对互联网新闻信息服务单位内容管理从业人员(以下简称"从业人员")的管理,维护从业人员和社会公众的合法权益,促进互联网新闻信息服务健康有序发展,根据《中华人民共和国网络安全法》《互联网新闻信息服务管理规定》,制定了《互联网新闻信息服务单位内容管理从业人员管理办法》。为规范开展互联网新闻信息服务新技术新应用安全评估工作,维护国家安全和公共利益,保护公民、法人和其他组织的合法权益,根据《中华人民共和国网络安全法》《互联网新闻信息服务管理规定》,制定了《互联网新闻信息服务新技术新应用安全评估管理规定》。为规范互联网群组信息服务,维护国家安全和公共利益,保护公民、法人和其他组织的合法权益,根据《中华人民共和国网络安全法》《国务院关于授权国家互联网信息办公室负责互联网信息内容管理工作的通知》,制定了《互联网群组信息服务管理规定》。为规范互联网论坛社区服务,促进互联网论坛社区行业健康有序发展,保护公民、法人和其他组织的合法权益,维护国家安全和公共利益,根据《中华人民共和国网络安全法》《国务院关于授权国家互联网信息办公室负责互联网信息内容管理工作的通知》,制定了《互联网论坛社区服务管理规定》。为进一步提高互联网新闻信息服务许可管理规范化、科学化水平,促进互联网新闻信息服务健康有序发展,根据《中华人民共和国行政许可法》《互联网新闻信息服务管理规定》,制定了《互联网新闻信息服务许可管理实施细则》。为加强对互联网直播服务的管理,保护公民、法人和其他组织的合法权益,维护国家安全和公共利益,根据《全国人民代表大会常务委员会关于加强网络信息保护的决定》《国务院关于授权国家互联网信息办公室负责互联网信息内容管理工作的通知》《互联网信息服务管理办法》和《互联网新闻信息服务管理规定》,制定了《互联网直播服务管理规定》。为规范互联网信息搜索服务,促进互联网信息搜索行业健康有序发展,保护公民、法人和其他组织的合法权益,维护国家安全和公共利益,根据《全国人民代表大会常务委员会关于加强网络信息保护的决定》《国务院关于授权国家互联网信息办公室负责互联网信息内容管理工作的通知》,制定了《互联网信息搜索服务管理规定》。为了进一步推进依法治网，促进互联网新闻信息服务单位依法办网、文明办网，规范互联网新闻信息服务，保护公民、法人和其他组织的合法权益，营造清朗网络空间，根据《互联网信息服务管理办法》《互联网新闻信息服务管理规定》《国务院关于授权国家互联网信息办公室负责互联网信息内容管理工作的通知》，制定了《互联网新闻信息服务单位约谈工作规定》。为进一步加强对互联网危险物品信息的管理，规范危险物品从业单位信息发布行为，依法查处、打击涉及危险物品违法犯罪活动，净化网络环境，保障公共安全，公安部、国家互联网信息办公室、工业和信息化部、环境保护部、国家工商行政管理总局、国家安全生产监督管理总局联合制定了《互联网危险物品信息发布管理规定》《互联网用户账号名称管理规定》《即时通信工具公众信息服务发展管理暂行规定》。

9.6 政策文件

中共中央网络安全和信息化委员会办公室、中华人民共和国国家互联网信息办公室等还先后印发了《关于加强网络直播规范管理工作的指导意见》《App违法违规收集使用个人信息行为认定方法》《关于不再指导企业主办的商业性网络安全会议、竞赛活动的通知》，其中《关于不再指导企业主办的商业性网络安全会议、竞赛活动的通知》中关于各有关单位，在促进网络安全技术产业发展、培养发现网络安全人才方面发挥了积极作用，中央国家部委和相关司局原则上不再作为指导单位。《关于推动资本市场服务网络强国建设的指导意见》中指出“党的十八大以来，以习近平同志为核心的党中央高度重视网络安全和信息化工作，我国网信事业取得积极进展，网络强国建设不断深入推进，涌现出一大批互联网、信息设备制造、信息传输、信息技术服务等领域的网信企业，有效拓展了经济发展新空间，为深化供给侧结构性改革提供了新动力。”为落实网络强国战略，深化标准化工作改革，构建统一权威、科学高效的网络安全标准体系和标准化工作机制，支撑网络安全和信息化发展，经中央网络安全和信息化领导小组同意，提出了《关于加强国家网络安全标准化工作的若干意见》。

在《关于变更互联网新闻信息服务单位审批备案和外国机构在中国境内提供金融信息服务业务审批实施机关的通知》中规定，根据《国务院关于授权国家互联网信息办公室负责互联网信息内容管理工作的通知》及有关部门职能调整相关精神，国家互联网信息办公室承担以下审批备案职能：新闻单位设立的登载超出本单位已刊登播发的新闻信息、提供时政类电子公告服务、向公众发送时政类通讯信息的互联网新闻信息服务单位的审批；非新闻单位设立的转载新闻信息、提供时政类电子公告服务、向公众发送时政类通讯信息的互联网新闻信息服务单位的审批；外国机构在中国境内提供金融信息服务业务的审批。省、自治区、直辖市互联网信息办公室负责新闻单位设立的登载本单位已刊登播发新闻信息的互联网新闻信息服务单位的备案。

为提高党政机关网站安全防护水平，保障和促进党政机关网站建设，经中央网络安全和信息化领导小组同意，就关于加强党政机关网站的安全管理提出了《关于加强党政机关网站安全管理的通知》的相关规定。

9.7 本章小结

信息安全管理的政策法规以法律和政策为手段，在明确安全责任的需求、知晓安全措施和手续的需求，以及尊重其他用户的权利和合法利益的需求等基础上，结合国家的法律、行政法规、部门规章、司法解释、规范性文件和政策文件，涵盖安全性原则，系统地阐述了高层次的需求，如为了保证网上交易信息的安全，制定与实施相关的法规等，做到从源头上解决信息安全管理。

思考题

1. 简述信息安全管理的法律、行政法规、部门规章、司法解释、规范性文件和政策文件的主要依据。

2. 综述信息安全法规体系，阐述法律、行政法规、部门规章、司法解释、规范性文件和政策文件的区别。

3. 简述《中华人民共和国网络安全法》的要点。

4. 简述信息安全管理的司法解释组织实施。

5. 简述的信息安全管理的政策文件的运用。

参考文献

[1] 国家市场监督管理总局,国家标准化管理委员会. 中华人民共和国国家标准:信息安全技术:关键信息基础设施安全保护要求[S]. GB/T 39204—2022,2022.

[2] 国家市场监督管理总局,国家标准化管理委员会. 中华人民共和国国家标准:信息安全技术:网络安全等级保护基本要求[S]. GB/T 22239—2019,2019.

[3] 陈雪鸿,杨帅锋,孙岩. 工业控制系统安全等级保护测评研究[J]. 信息安全研究,2020,6(3):272-278.

[4] 王子博,张耀方,陈翊璐,等. 基于分层任务网络的攻击路径发现方法[J]. 计算机科学,2023,50(9):35-43.

[5] 仲蓓鑫,林浩,孔苏鹏,等. 基于区块链技术的多源网络数据隐私保护方法[J]. 信息安全研究,2021,7(1):86-89.

[6] 胡俊,沈昌祥,公备. 可信计算 3.0 工程初步[M]. 2 版. 北京:人民邮电出版社,2019.

[7] 张焕国,赵波,王骞,等. 可信云计算基础设施关键技术[M]. 北京:机械工业出版社,2019.

[8] 支悦言. 无人机视觉传感器攻击方法研究[D]. 南京信息工程大学,2021.

[9] 殷梓杰. 基于区块链的数据资产交易技术研究与应用[D]. 重庆邮电大学,2021.

[10] 赛虎学院. 2021 年都发生了哪些重大网络安全事件. [EB/OL]https://www.sohu.com/a/485787054_120136504. 2021-08-26.

[11] C. Sanders,J. Smith. 网络安全监控:收集、检测和分析[M]. 李泊松,李燕红,译. 北京:机械工业出版社,2018.

[12] 周长利,陈永红,田晖,等. 保护位置隐私和查询内容隐私的路网 K 近邻查询方法[J]. 软件学报,2020(2).

[13] 闫光辉,刘婷,张学军,等. 抵御背景知识推理攻击的服务相似性位置 k 匿名隐私保护方法[J]. 西安交通大学学报,2020,54(1).

[14] 姜海洋,曾剑秋,韩可,等. 5G 环境下移动用户位置隐私保护方法研究[J]. 北京理工大学学报,2021,41(01):84-92.

[15] 宋成,金彤,倪水平,等. 一种面向移动终端的 K 匿名位置隐私保护方案[J]. 西安电子科技大学学报,2021,48(03).

[16] 陈思,付安民,苏铓,等. 基于差分隐私的轨迹隐私保护方案[J]. 通信学报,2021,42(09):54-64.

[17] 王蔚. 基于有序加权和熵权的信息安全风险评估[J]. 项目管理技术,2022,20(05):55-59.

[18] 宋晨. 基于粗糙集及模糊综合评价的网络攻击效果评估模型研究[D]. 北京邮电大学,2021.

[19] 武连全. 地铁突发公共安全事件应急处置能力评估[J]. 城市轨道交通研究,2022,25(12):71-75.

[20] 韩晓亚,王厚天,杜军等. 大规模天基组网演化建模及效能评估方法[J]. 航天器工程,2023,32(01):8-15.

[21] SHI Likuan, PEI Yang, YUN Qijia, GE Yuxue. Agent-based effectiveness evaluation method and impact analysis of airborne laser weapon system in cooperation combat[J]. Chinese Journal of Aeronautics, 2023, 36(4).

[22] 郝志强,李俊,陈立全,等. 数据安全专题序言[J]. 计算机科学,2023,50(9):1-2.

图书资源支持

感谢您一直以来对清华版图书的支持和爱护。为了配合本书的使用，本书提供配套的资源，有需求的读者请扫描下方的“书圈”微信公众号二维码，在图书专区下载，也可以拨打电话或发送电子邮件咨询。

如果您在使用本书的过程中遇到了什么问题，或者有相关图书出版计划，也请您发邮件告诉我们，以便我们更好地为您服务。

我们的联系方式：

清华大学出版社计算机与信息分社网站：https://www.shuimushuhui.com/

地　　址：北京市海淀区双清路学研大厦 A 座 714

邮　　编：100084

电　　话：010-83470236　010-83470237

客服邮箱：2301891038@qq.com

QQ：2301891038（请写明您的单位和姓名）

资源下载：关注公众号“书圈”下载配套资源。

资源下载、样书申请

书圈

图书案例

清华计算机学堂

观看课程直播